# 数据挖掘技术

王小妮　著

北京航空航天大学出版社

## 内 容 简 介

本书是基于数据挖掘经典算法及数据挖掘领域最新研究技术进行数据分析的教材。全书内容包括数据挖掘概述、分类算法、聚类算法、关联规则算法及相应典型算法的算法描述及分析等。对当前数据挖掘的新技术——流数据挖掘技术、高维聚类算法、分布式数据挖掘、物联网数据挖掘进行了详细的介绍。该部分在讲述基本概念及典型算法的基础上配有新研究的算法模型及分析,并有实验数据分析及结果显示。最后对其他数据挖掘新技术,包括业务活动监控挖掘技术、云计算平台架构和数据挖掘方法及思维流程数据挖掘技术进行了描述。

本书可以作为高等院校信息管理、数理统计等专业有关数据挖掘教学的本科生或者研究生的专业课教材,也可以作为各类相关培训班的教材,还可以作为从事数据分析、智能产品软件开发人员的参考书及数据挖掘爱好者的自学用书。

## 图书在版编目(CIP)数据

数据挖掘技术 / 王小妮著 . -- 北京:北京航空航
天大学出版社,2014. 8
ISBN 978 - 7 - 5124 - 1376 - 4

Ⅰ.①数… Ⅱ.①王… Ⅲ.①数据采集—教材 Ⅳ.
①TP274

中国版本图书馆 CIP 数据核字(2014)第 199323 号

## 数据挖掘技术

王小妮 著

责任编辑:史 泉 史世芬

\*

北京航空航天大学出版社出版发行

北京市海淀区学院路 37 号(邮编 100191) http://www.buaapress.com.cn
发行部电话:(010)82317024 传真:(010)82328026
读者信箱:bhpress@263.net 邮购电话:(010)82316524
北京时代华都印刷有限公司印装 各地书店经销

\*

开本:787×960 1/16 印张:15 字数:336 千字
2014 年 8 月第 1 版 2014 年 8 月第 1 次印刷 印数:4 000 册
ISBN 978 - 7 - 5124 - 1376 - 4 定价:29.00 元

# 前　言

　　数据挖掘是从大量的数据中通过算法搜索隐藏于其中的信息的过程。当今社会,随着计算机网络、分布式系统及物联网的发展,产生了海量数据、高维数据及遍布在不同地方的分布式数据。快速、有效地获取有价值的信息并及时捕捉到敏感信息的变化,对于企业决策者迅速作出决策判断、拓展集团客户市场、在新兴市场中立于不败之地起着重要作用。

　　分类、聚类和关联规则是数据挖掘常用的方法。本书在介绍这些方法的基本概念及分类的基础上,描述了几种经典的数据挖掘算法——ID3、C4.5、K-means、K-medoid、BIRCH、CURE、DBSCAN、OPTICS、Apriori、FP-Growth、CluStream、STREAM 等,并针对现在数据的特点,在流数据、高维数据、分布式数据、物联网数据、业务活动监控、云计算等方面提出了现有算法的缺点及改进方法。高维聚类方法针对维度对数据对象间距离和聚类算法精度的影响进行了降维;分布式数据挖掘在分布式 K-means 聚类算法的基础上,针对资源的约束情况对分布式 K-means 算法进行了改进,完成了 DRA-Kmeans 局部和全局数据挖掘;物联网数据挖掘在 RA-Cluster 聚类算法的基础上,针对资源的约束情况对 RA-Cluster 聚类算法及 AOD-Vjr 路由算法进行了改进,完成了 RA-AODVjr 算法。另外,还搭建了云计算平台及相对应的数据挖掘方法。

　　本书适合作为"数据挖掘"、"分布式数据挖掘"、"流数据挖掘"和"数据挖掘算法"课程的教材。

　　本书由王小妮撰写,北京科技大学的高学东、武森、魏桂英老师和郝媛、陈学昌、谷淑娟、陈敏、刘燕驰、白尘等博士给予指导和帮助。该书作者从事数据挖掘方面的教学和研究工作多年,先后发表了多篇数据挖掘方面的 EI 期刊、EI 会议及中文核心期刊论文,主持并参与了多项数据挖掘方面的学校及市教委课题。

　　在本书的编写过程中,得到北京航空航天大学出版社、北京信息科技大学理学院及北京科技大学经济管理学院的大力支持,在此表示衷心感谢! 本书由北京市教委科技计划面上项目(KM201110772018)支持编写。

　　由于编者水平有限,错误及不当之处在所难免,敬请读者批评指正。

作　者

北京信息科技大学

2014 年 3 月

# 目　录

# 第1章 数据挖掘概述

针对商业、工业、信息检索和金融等各种应用所产生的巨大数据集而进行的算法开发,是数据挖掘研究的主要动力。在商业中使用数据挖掘,可以在当今全球化市场竞争中获得明显的优势。比如:零售业使用数据挖掘技术来分析顾客的购买模式,邮购商利用这种技术来选择和定位市场,电信业用其尽快出台网络报警分析和预测,信用卡业用其检测欺诈行为。此外,电子商务的日益增长也产生了大量的在线数据,这些数据急需成熟而复杂的数据挖掘技术。

## 1.1 数据挖掘的概念

### 1.1.1 KDD 与数据挖掘

**1. KDD 概念**

KDD(Knowledge Discovery in Database,数据库知识发现)一词于 1989 年首次出现在美国底特律市举行的第 11 届国际人工智能联合学术会议(International Joint Conference on Artificial Intelligence,IJCAI)上,其本义为"从数据中发现隐含的、先前不知道的、潜在有用的信息的非平凡过程"。1993 年,IEEE 的 Knowledge and Data Engineering 率先出版了 KDD 专刊,随后各类 KDD 会议、研讨会纷纷出现。在 1996 年出版的总结该领域进展的权威论文集《知识发现与数据挖掘研究进展》中,Fayyad 等人对 KDD 和数据挖掘加以区分:KDD 是从数据中辨别有效的、新颖的、潜在有用的、最终可理解的模式的过程;数据挖掘是 KDD 中通过特定的算法在可接受的计算效率限制内生成特定模式的一个步骤。数据挖掘利用某些特定的知识发现算法,在数据中搜索发现隐含在这些数据中的知识。正是由于数据挖掘在数据库知识发现中的重要地位,很多文献对数据挖掘与数据库知识发现不加区别,统称为数据挖掘。KDD 是一个包括数据选择(Data Selection)、数据预处理(Data Preprocessing)、数据变换(Data Transformation)、数据挖掘(Data Mining)、模式评估(Pattern Evaluation)等步骤,最终得到知识的全过程,如图 1.1 所示;而数据挖掘只是其中的一个关键步骤。

KDD 过程的 5 个部分的作用:
- 数据选择:从数据库中提取与分析人物相关的数据。
- 数据预处理:在主要的处理以前对数据进行的一些处理。

- 数据变换：将数据从一种表现形式变为另一种表现形式的过程。
- 数据挖掘：从大量的数据中，通过算法搜索隐藏于其中信息的过程。
- 模式评估：根据某种兴趣度度量，从挖掘结果中识别表示知识的真正有趣的模式。

**图 1.1　KDD 过程**

### 2. 数据挖掘概念

数据挖掘（Data Mining，DM）源于 KDD。第一届知识发现和数据挖掘国际学术会议于 1995 年在加拿大召开，由于与会者把数据库中的"数据"比喻成矿床，"数据挖掘"一词很快就流行开来，自此"数据挖掘"一词被广泛使用。数据挖掘是从大量的数据中，提取人们事先不知道的、有价值的信息和知识的过程。这些数据可能是大量的、不完全的、有噪声的、模糊的、随机的、动态的实际数据；信息和知识包括研究对象间的关系、模式、类别和发展趋势等方面。也有一些文献把数据挖掘叫做数据抽取、数据考古学、数据捕捞。

数据挖掘是一门新兴的边缘学科，涉及的学科领域和方法很多，汇集了来自数据库技术、机器学习、模式识别、人工智能以及管理信息系统等各学科的成果。多学科的相互交融和相互促进，使得数据挖掘这一学科得以蓬勃发展，而且已经初具规模。目前，数据挖掘技术及知识发现被认为是数据库和人工智能领域中研究、开发和应用最活跃的分支之一，是计算机科学界的研究热点。随着全球一体化进程的推进、信息技术的迅速发展和广泛应用，越来越多的企业认识到，要实现组织目标、提高组织效率、提升竞争力，要求企业的业务流程更加柔软和灵活，这也使业务流程中的决策问题被人们所关注。决策的效率和效果直接影响整个业务流程最终目标的实现。数据挖掘技术的引入，极大地改变了业务流程的决策环境，为解决业务流程中的决策问题提供了新的思路。国外许多公司，如通用电器公司、IBM 等，非常重视数据挖掘技术的开发应用，已经提出了基于数据挖掘的商业智能解决方案，相关软件也开始销售。

数据挖掘的对象有很多，如数据仓库（Data Warehouse）、文本、多媒体、WEB 网页等，其中应用最多的是数据仓库。数据仓库和数据挖掘是数据库研究、开发和应用最活跃的分支之一，也是决策支持系统（Decision Support System，DSS）的关键因素。数据仓库是一个支持管理决策过程的、面向主题的、随时间而变的数据集合，它是集成的，也是稳定的。数据挖掘是采用人工智能的方法对数据库或数据仓库中的数据进行分析、获取知识的过程。它们的结合能更好地为企业或有关部门不同范围的决策分析提供有力的依据。

按照驱动的方法，通常把数据挖掘分为自主数据挖掘、数据驱动挖掘、查询数据挖掘以及交互式数据挖掘。如果按用户的活动角度，大体可分三类：模式识别、预测建模和分析评价。数据挖掘的方法有很多，如 Han 等人把概念层次引入数据挖掘，从而使面向属性归纳（Attribute-Oriented Induction，AOI）成为最有效的数据挖掘技术；Michalski 等人提出关联规则及挖掘算法等。

## 1.1.2　数据挖掘过程

　　数据挖掘过程(Data Mining Process)一般可以分为 3 个阶段,包括数据准备(Data Preparation)、模式发现(Pattern Discovery)与挖掘结果(Mining Result)。

　　(1)数据准备阶段用于为后续的模式发现提供高质量的输入数据。主要包括数据净化(Data Cleaning)、数据集成(Data Integration)、数据变换(Data Transformation)和数据归约(Data Reduction)。数据净化是清除数据源中不正确、不完整、不一致或其他方面不符合要求的数据;数据集成是将多个数据源的数据进行统一的存储;数据变换是对数据进行转换,使其满足分析需求;数据归约是通过消减数据量或降低数据维数来提高挖掘算法的效率和质量。数据准备也就是数据预处理,是数据挖掘的瓶颈问题之一。

　　(2)模式发现阶段是数据挖掘过程的核心阶段。首要工作是确定挖掘的任务,然后根据挖掘的任务选择合适的挖掘算法,例如关联规则(Association Rule)、聚类(Cluster)、分类(Classification)等。通过对历史数据的分析,结合用户需求、数据特点等因素全面考虑后,得到供决策使用的各种模式与规则,从该任务的众多算法中选择合适算法进行实际的挖掘操作,得出挖掘结果,即相应的模式。这是数据挖掘研究中最核心、难度最大的领域。

　　(3)挖掘结果阶段关注于规则和模式的可视化(Visualization)表示,即如何将挖掘出来的模式与规则以一种直观、容易理解的方式呈现给用户。数据挖掘得到的模式可能出现不理想甚至不满足用户要求的情况,因此需要对挖掘结果进行评估。对于无关模式或模式中存在的冗余,将其删除;对于不满足要求的模式,重新选择数据,重新进行数据准备和数据挖掘工作,直到符合用户需求。最后得到的数据挖掘结果应解释成为用户可以理解的形式,例如对其进行可视化操作,使其一目了然。

　　一般来说,数据挖掘技术应用过程分为问题描述、分析主题确定、分析任务确定、数据准备、数据分析、方案提出、方案评估和方案实施 8 个阶段,如图 1.2 所示。

　　在问题描述阶段,专家和数据挖掘应用人员将问题分解为条件、约束、当前状态和最终目标。专家和数据挖掘应用人员根据问题分解结果对问题进行分析。通过抽象问题的具体条件、约束和目标,识别问题本质,对问题进行分类。成功描述问题之后,根据问题的本质描述和抽象分类,专家和数据分析人员确定数据挖掘的分析问题,然后根据分析问题,进一步确定详细的分析任务。数据准备阶段的主要任务是数据的预处理工作。原始数据集中存在大量不完整的、还有可能是噪声的、甚至是错误的数据。直接使用原始数据进行数据挖掘,数据挖掘结果的质量难以保证。数据预处理通过数据的净化和填补等操作,清除错误数据,填补缺失数据,保证数据质量,提高数据挖掘的效果。通过数据集成、变换和归约的方式转变数据形式、集成多格式数据、降低数据规模,保证数据挖掘的效率。数据准备阶段工作量大、耗时长,是数据挖掘最基础的工作之一。数据分析阶段目的在于为问题解决方案的提出提供数据支持。数据

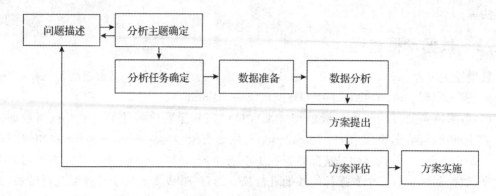

**图 1.2　数据挖掘技术应用过程**

分析阶段首先确定数据挖掘的任务。数据挖掘任务确定后,根据不同的挖掘任务和实际的环境条件选取合适的挖掘算法,进行实际的挖掘操作,发现可支持问题解决方案的模式、规则或趋势等。方案提出后,需要根据问题的描述对方案的可行性和整体效果做出评估。如果方案符合问题描述中的约束,任务完成度高,方案可行性强,那么方案就被实施;如果方案与问题描述中的条件或约束相悖,任务完成度不符合要求,可行性存在疑问,那么方案就被搁置,新的方案设计过程将启动,问题将被重新分析。

## 1.1.3　数据挖掘任务

数据挖掘的目标是从数据库中发现隐含的、有意义的知识,主要有以下 6 类基本任务:

(1) 概念描述(Concept Description):数据库中通常存放大量的细节数据;然而,用户通常希望以简洁的描述形式观察汇总的数据集。要分析一个数据库,获取其中隐藏的信息,往往需要将算法运行于数据库的每一个子集上。所以,如何快速、准确地搜索并标识出相应的数据库子集开将其装入内存,也是一个重要的步骤。这种数据描述可以提供一类数据的概貌,或将它与对比类相区别。此外,用户希望方便、灵活地以不同的粒度和从不同的角度描述数据集。这种描述性数据挖掘称为概念描述。

(2) 关联分析(Association Analysis):关联分析就是从大量数据中发现项集(Item Set)之间有趣的关联。随着大量数据不停地收集和存储,许多业界人士对于从其数据库中挖掘关联规则越来越感兴趣。从大量商务事务记录中发现有趣的关联关系,可以有助于许多商务决策的制定。

(3) 分类和预测(Classification and Prediction):分类和预测是两种数据分析形式,可以用于提取描述重要数据类的模型或预测数据未来的趋势。分类和预测的应用十分广泛,例如,可以建立一个分类模型,对银行的贷款客户进行分类,以降低贷款的风险;也可以通过建立分类模型,对工厂的机器运转情况进行分类,用来预测机器故障的发生。

（4）聚类分析（Cluster Analysis）：根据最大化类内相似性（Similarity）、最小化类间相似性的原则进行聚类，使得在同一个类中的对象具有很高的相似性，而与其他类中的对象很不相似。聚类形成的每个类可以看作一个对象类，由它可以导出规则。聚类也便于将观察到的内容组织成分层结构，把类似的事件组织在一起。

（5）孤立点分析（Outlier Analysis）：数据库中可能包含一些数据对象，它们与数据的一般行为或模式不一致。这些数据对象就是孤立点。许多数据挖掘算法试图使孤立点的影响最小化，或者排除它们；但在一些应用中，孤立点本身可能是非常重要的信息。例如在欺诈探测中，孤立点可能预示着欺诈行为。

（6）演变分析（Evolution Analysis）：数据演变分析描述行为随时间变化的规律和趋势，并对其建模（Modeling）。可以从股票交易数据中挖掘出整个股票市场和特定公司的股票演变规律，以帮助预测股票市场的未来走向，帮助对股票投资做出决策。

数据挖掘任务的完成，一般都可以分为两个阶段，第一阶段是数据预处理，为数据挖掘准备数据；另一个阶段是运行挖掘算法。其中，数据预处理是数据挖掘的瓶颈问题之一。要分析一个数据库，获取其中隐藏的信息，往往需要将算法运行于数据库的每一个子集上。所以，如何快速、准确地搜索并标识出相应的数据库子集并将其装入内存，也是一个重要的步骤。

关于如何组织数据已经有许多研究，如采用算法 $B^+$ 树、哈希索引技术等。

## 1.2　数据挖掘的发展历程

计算机的应用发展大致可归结为 3 个阶段：数值计算（Numerical Calculation），数据处理（Data Processing）和知识处理（Knowledge Processing）。数值计算属于算法研究，用 FORTRAN、PASCAL、C 语言等实现数值计算。数据处理是对大量数据的处理，用数据库语言对信息进行收集、传递、存储、加工、维护和使用。知识处理是从大量积累的历史数据中提取有用的信息，这就是知识发现和数据挖掘的任务。

韩家炜（Han Jiawei）教授在《数据挖掘：概念与技术》一书中介绍过数据挖掘一词的来源。在科研界，最初一直沿用"数据库中的知识发现"，即 KDD（Knowledge Discovery in Database）。在第一届 KDD 国际会议中，委员会曾经展开讨论，是继续沿用 KDD，还是改名为 Data Mining（数据挖掘）。最后大家决定投票表决，采纳票数多的一方的选择。投票结果颇有戏剧性，一共 14 名委员，其中 7 位投票赞成 KDD，另 7 位赞成 Data Mining。最后一位元老提出"数据挖掘这个术语过于含糊，做科研应该要有知识"，于是在科研界便继续沿用 KDD 这个术语。而在商用领域，因为"数据库中的知识发现"显得过于冗长，就普遍采用了更加通俗简单的术语——"数据挖掘"。

到 1993 年，美国电气电子工程师学会（IEEE）的《知识与数据工程》（*Knowledge and Data Engineering*）会刊出版了 KDD 技术专刊，发表的论文和摘要体现了当时 KDD 的最新研究成果和动态。随着来自各个领域的研究人员和应用开发者不断增多,1995 年在加拿大蒙特利尔召开了首届 KDD 国际学术年会,会上把数据挖掘技术分为工程领域的数据挖掘与科研领域的知识发现。此后,此类会议每年召开一次,数量和规模逐渐扩大,从专题研讨会一直发展到国际学术大会,并成为当前计算机领域的研究方向和研究热点。目前对 KDD 的研究主要围绕理论、技术和应用这三个方面展开。1997 年,首届蒙特利尔 KDD 国际学术大会召开。两年后,PAKDD 学术会议(Pacific-Asia Conference on KDD)在亚太地区顺利召开,这标志着亚太地区数据挖掘研究进入发展时期。PAKDD 会议每年召开一次,其中,新加坡第十届 PAK-DD 会议除了进行数据挖掘学术研究外,还与新加坡统计协会(SIS)、新加坡模式识别和机器智能协会(PREMIA)共同组织了一场基于解决电信运营商问题的数据挖掘竞赛。其内容为"如何区分移动通讯网客户中使用第二代(2G)和第三代(3G)服务的用户",旨在明确目前 2G 网络用户中哪些使用者具有巨大的潜在可能性转移到使用移动运营商的 3G 移动网络和服务上。与 KDD 国际学术会议(ACMSIGKDD International Conference on Knowledge Discovery and Data Mining)或 ECML/PKDD 学术会议(European Conference on Machine Learning & European Conference on Principles and Practice of Knowledge Discovery in Databases)定期举办竞赛模式不同,新加坡 PAKDD 会议是继 2000 年第四届京都 PAKDD 会议后,第二次举办类似的比赛。2001—2007 年共 7 年时间中,PAKDD 会议依次由香港、台北、首尔、悉尼、河内、新加坡和南京主办。

由于数据挖掘技术在各领域被广泛应用,其软件市场需求量也变得很大,因此,包括国际知名公司在内的软件公司纷纷加入数据挖掘工具研发的行列中来。根据 National Center for Data Mining at UIC(University of Illinois at Chicago)的 R. Grossman 观点,数据挖掘软件的发展经历了 4 个时代:

第一代:数据挖掘软件支持少数几个用于商业系统数据挖掘算法,这些算法用于数据向量挖掘。Salford Systems 公司早期的 CART 系统就属于这种系统。新加坡国立大学研制的 CBA 是基于关联规则的分类算法,能从关系数据或者交易数据中挖掘关联规则,利用关联规则进行分类和预测。

第二代:数据挖掘软件系统与数据库管理系统(DBMS)集成,支持数据库和数据仓库,具有高性能的接口和较高的可扩展性。这些软件能够挖掘大数据集以及更复杂的数据集和高维数据。但其只注重模型的生成,典型代表有 DBMiner 和 SAS Enterprise Miner。

第三代:数据挖掘系统的特点是和预言模型系统之间能够实现无缝的集成,使得由数据挖掘软件产生的模型的变化能够及时反映到语言模型系统中。由数据挖掘软件产生的预言模型能够自动地被操作型系统吸收,从而与操作型系统中的语言模型相联合提供决策支持的功能。它能够挖掘网络环境下的分布式和高度异质的数据,并且能够有效地和操作型系统集成。其缺点是不能支持移动环境。这一代数据挖掘系统关键的技术之一,是提供对建立在异质系统上的多个预言模型以及管理这些预言模型的元数据提供第一级别的支持。SPSS Clementine 就是属于这一代的产品。

第四代：数据挖掘软件能够挖掘嵌入式系统、移动系统和普遍存在的计算设备产生的各种类型的数据。2001—2006 年，马里兰巴尔的摩州立大学的 Kargupta 正在研制 CAREER 数据挖掘项目，其目的是开发挖掘分布式和异质数据的第四代数据挖掘系统。

# 1.3　数据挖掘的分类

确定数据挖掘的任务并选择挖掘算法是数据挖掘的核心工作，针对同一个挖掘任务又存在多种挖掘算法。目前数据挖掘算法按功能主要分为如下几类：

1) 关联规则算法

大量数据项之间有时会有一定的关联性，关联规则算法就是用来发现这种关联的。关联规则是指搜索业务系统中的所有细节或事务，从中寻找重复出现概率很高的模式。用于关联规则的主要对象是事务型数据库，其中每个事物被定义为一系列相关数据项，要求找出所有能把一组事件或数据项与另一组事件或数据项联系起来的规则。而关联分析则是从给定的数据集寻找发现频繁出现的项集模式。比如，寻找数据子集之间的关联关系，或者某些数据与其他数据之间的派生关系等。关联规则 $X \Rightarrow Y$ 的意思是"数据库中满足条件 $X$ 的记录也一定满足条件 $Y$"。此类算法中最有影响力的是 Agrawal 等人提出的 Apriori 算法。该算法的特点是，频繁项中 $K$ 项集是频繁的性质，则其所有 $K-1$ 子集都是频繁的性质。其他常用的关联规则算法有 FP-Growth、H-mine 和 OP 算法等。

2) 分类算法

分类算法是利用一个分类函数或者分类模型把数据库中的数据项映射到给定的类别中的某一个，通过对训练样本的分析处理，发现指定的某一商品类或事件是否属于某一特定的数据子集的规则。分类是数据挖掘中非常重要的一项任务，分类的目的是利用一个分类函数或分类模型把数据库中的数据项映射到给定类别中的某一个，通过对训练样本集的分析处理，发现指定的某一商品类或事件是否属于某一特定数据子集的规则。在分类发现中，样本个体或数据对象的类别标号是已知的，根据从已知的样本中发现的规则对非样本数据进行分类。分类只是发现的一个基本任务，它对输入的数据进行分析并利用数据中出现的特征为每一个类别构造一个较为精确的描述和模型，即分类器，然后按分类器再对新的数据集进行分类预测。通常构造分类器需要有训练样本数据集作为输入。训练集由一定数量的例子组成，每个例子具有多个属性或特征。大家经常见到并且使用的分类算法主要包括：决策树算法、贝叶斯分类、粗糙集方法、神经网络、朴素贝叶斯、支持向量机、K 紧邻算法、基于案例的推理和遗传算法等。

3) 聚类算法

数据聚类是用于发现在数据库中未知的数据类。这种数据类划分的依据是"物以类聚"，即考察个体或数据对象间的相似性，满足相似性条件的个体或数据对象划分在一组内，不满足相似性条件的个体或数据对象划分在不同的组。由于在数据挖掘之前,数据类划分的数量与类型均是未知的,因此在数据挖掘后需要对数据挖掘结果进行合理的分析与解释。聚类分析是由若干模式(Pattern)组成的,通常,模式是一个度量(Measurement)的向量,或者是多维空间中的一个点。聚类分析以相似性为基础,在一个聚类中的模式之间比不在同一聚类中的模式之间具有更多的相似性。聚类用于从数据集中找出相似的数据并组成不同的组。与分类不同,聚类的输入数据没有类别标号,在开始聚类之前也不知道依照哪些属性进行分组,因此聚类是无导师指导的学习过程。聚类分析是数据挖掘领域的一项非常重要的研究课题,基于聚类分析的算法也不断被人们提出来,如基于划分方法的 K-means 算法、K-medians 算法及针对数据流的 Stream 算法;基于层次方法的 Birch 算法、Cure 算法及针对数据流的 CluStream 算法、HPStream 算法;基于密度方法的 DBSCAN 算法、DENCLUE 算法及针对数据流的 Den-Stream 算法;基于网格的 D-Stream 算法、STING 算法;基于子空间的 GSCDS 算法;基于混合属性的 HCluStream 算法。聚类分析内容非常丰富,有系统聚类法、有序样品聚类法、动态聚类法、模糊聚类法、图论聚类法、聚类预报法等。

4) 时间序列分析

序列模式有人也称其为基于时间的关联规则,它是在数据库中寻找基于一段时间区间的关联模式。它与关联规则的区别就在于序列模式表述的是基于时间的关系,而不是基于数据对象间的关系。时间序列分析(Time Series Analysis)是一种动态数据处理的统计方法。该方法基于随机过程理论和数理统计学方法,研究随机数据序列所遵从的统计规律,以用于解决实际问题。序列分析和时间序列说明数据中的序列信息和与时间相关的序列分析。时间序列包括一般统计分析(如自相关分析、谱分析等),统计模型的建立与推断,以及关于时间序列的最优预测、控制与滤波等内容。经典的统计分析都假定数据序列具有独立性,而时间序列分析则侧重研究数据序列的相互依赖关系。

# 1.4  数据挖掘的研究方法

目前应用比较广泛的数据挖掘方法主要包括:统计分析方法、决策树方法、模糊集方法、粗糙集方法、人工神经网络方法、遗传算法等。

## 1.4.1  统计分析方法

数据挖掘中常用的统计分析方法有回归分析、主成分分析等。

1) 回归分析(Regression Analysis)

回归分析是用函数来近似两个或多个变量之间的计算关系的一种统计分析方法。回归分析是应用极其广泛的数据分析方法之一。它基于观测数据建立变量间适当的依赖关系,以分析数据内在规律,并可用于预报、控制等问题。回归分析按照涉及的自变量的多少,可分为一元回归分析和多元回归分析;按照自变量和因变量之间的关系类型,可分为线性回归分析和非线性回归分析。如果在回归分析中,只包括一个自变量 X 和一个因变量 Y,且二者的关系可用一条直线近似表示,则这种回归分析称为一元线性回归分析。如果回归分析中包括两个或两个以上的自变量 $X_1, X_2, \cdots, X_n$,且因变量 Y 和自变量之间是线性关系,则称为多元线性回归分析。线性回归(Linear Regression)是利用称为线性回归方程的最小平方函数,对一个或多个自变量和因变量之间的关系进行建模的一种回归分析。非线性回归(Nonlinear Regression),其回归参数不是线性的,也不能通过转换的方法将其变为线性的参数。处理非线性回归的基本方法是,通过变量变换,将非线性回归化为线性回归,然后用线性回归方法处理。

2) 主成分分析(Principal Component Analysis,PCA)

主成分分析就是研究如何通过原始变量的为数不多的几个线性组合来概括原始变量的绝大部分信息,它是由 Hotelling 在 1933 年首先提出的。它将分散在一组变量上的信息集中到某几个综合指标(主成分)上,通过降低数据"维数"简化问题。主成分分析的基本思路是:如果不能从第一个线性组合中收集更多的信息时,再从第二个线性组合中收集,直到所收集到的全部的信息能够包含原始数据集的绝大部分信息为止。主成分分析的基本步骤如下:首先是对数据的分析,确定是否有必要进行主成分分析;其次,是选择主成分的累积的贡献率与其特征值来考察要提取的主成分或因子的数目;最后,通过进行主成分分析来将提取新的变量作为存储,方便以后的处理。一般经过主成分分析后,可以获得较少的主成分,它们之中包含了原始数据集的绝大部分信息,用来作为原始全部属性的代表,如此一来就实现了对数据集的降维。一般来讲,如果数据集中存在 n 个属性列,经过主成分分析后最多可产生 n 个主成分,不过要提取 n 个主成分就会失去主成分分析降维的意义。所以通常情况是,提取 90% 以上数据集信息的前 2～3 个主成分来作分析。

## 1.4.2　决策树方法

决策树方法(Decision Tree Method)最早产生于 20 世纪 60 年代。决策树算法是一种逼近离散函数值的方法,它是一种典型的分类方法。这种方法在数据处理过程中,将数据按树状结构分成若干分枝形成决策树,每个分枝包含数据元组的类别归属共性,从每个分枝中提取有用信息,形成规则。利用归纳算法生成可读的规则和决策树后,使用决策对新数据进行分析。本质上决策树是通过一系列规则对数据进行分类的过程。M. L. Littman 针对序贯决策问题,依据信息获取程度的不同,提出了 4 种决策分析方法:

1) 计划(Planning)

在决策主体事先知道环境完整模型的情况下,可以将序贯决策问题划分为两个部分:规划主体(Planner)与决策主体(Agent)。规划主体负责描述环境状态并生成策略,并将策略提交给决策主体;决策主体依据策略执行相应的行动。在这种情况下,规划主体所面临的任务具有

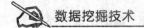

明确的输入和输出,因此可以采用传统的计算机科学方法生成策略。

2) 强化学习(Reinforcement Learning,RL)

在无法或者难以直接获取环境模型的情况下,决策主体获取环境相关信息唯一的方法就是,分析环境对于决策主体行动所作出的反应,即决策主体只能分析当前决策点之前的环境变化信息。随着决策次数的增多,决策主体可以收集更多的环境相关信息,对环境模型的认识也会逐步加深,这就是强化学习。在强化学习的情况下,决策主体被称为强化学习的主体(RL Agent),需要负责收集环境信息并加以分析,从而构建策略,并依据自身所构建的策略执行。

3) 基于模型的强化学习(Model-based Reinforcement Learning)

基于模型的强化学习是计划和加强学习的混合方法,适用于环境模型相对简单,决策主体无法获取环境的完整模型;但是可以获得大量环境信息的情况下,该方法将构建策略问题分为两个部分:建模主体(Modeler)和规划主体(Planner)。建模主体负责收集环境信息并形成经验(Experience),由此建立一个环境的近似模型,作为规划主体的输入;规划主体则根据近似模型生成策略。这种方法可以最大限度地利用已知的环境相关信息,但是其收集信息和构建模型的代价很大,每当获取新信息时就必须重新构建整个环境模型。因此,很多算法采用增量更新作为折中的方法。

4) 基于仿真的加强学习(Simulated Reinforcement Learning)

基于仿真的加强学习同样是计划和加强学习的混合方法,适用于环境极其复杂,无法构建通用计划的情况。该方法是将一个决策主体作为模拟主体(Simulator)引入到已知结构的模型环境中,强迫主体按照未知环境模型的决策方式进行模拟。决策主体在模拟环境中获取的经验与模拟环境结构,可以作为加强学习主体(Learner)的输入,由其构建相应策略。这种方法能够规避复杂的决策环境,帮助决策主体得到适用于普遍或主体关键环境状态的策略,从而保证决策质量。

## 1.4.3 模糊集方法

模糊集方法(Fuzzy Set Method)是把普通集合中的决定隶属关系灵活化,使元素对"集合"的隶属度从集合$\{0,1\}$中的值扩充为$[0,1]$中,即将二值逻辑(0 和 1)推广到无穷多值逻辑($[0,1]$间任何实数)。所谓模糊概念是指这个概念的外延具有不确定性,或者说它的外延是不清晰的,是模糊的。利用模糊集方法对实际问题进行模糊评判、模糊决策、模糊模式识别、模糊关联分析和模糊聚类分析等,将模糊集与其他方法结合起来设计非精确系统的知识挖掘问题。模糊集是通过隶属函数来定义的,能处理不完全数据、噪声或不精确数据。对于同一个模糊概念,有不同的方法建立隶属度函数。

1) 模糊统计法(Fuzzy Statistical Method)

模糊统计法的基本思想是,对论域 $U$ 上的一个确定元素 $v_0$ 是否属于论域上的一个可变动的清晰集合 $A_1$ 作出清晰的判断。对于不同的试验者,清晰集合 $A_1$ 可以有不同的边界,但它们都对应于同一个模糊集 $A$。

　　2) 例证法(Illustration)

　　例证法的主要思想是,从已知有限个 $\mu A$ 的值来估计论域 $U$ 上的模糊子集 $A$ 的隶属函数。$\mu A$ 为定义在 $U$ 上的一个隶属函数。如论域 $U$ 代表全体人类,$A$ 是"高个子的人"。显然 $A$ 是一个模糊子集。为了确定 $\mu A$,先确定一个高度值 $h$,然后选定几个语言真值(即一句话的真实程度)中的一个来回答某人是否算"高个子"。如语言真值可分为"真的"、"大致真的"、"似真似假"、"大致假的"和"假的"5 种情况,并且分别用数字 1、0.75、0.5、0.25、0 来表示这些语言真值。对 $n$ 个不同高度 $h_1, h_2, \cdots, h_n$ 都作同样的询问,即可以得到 $A$ 的隶属度函数的离散表示。

　　3) 专家经验法(Expert Experience Method)

　　专家经验法是根据专家的实际经验给出模糊信息的处理算式或相应权系数值来确定隶属函数的一种方法。在许多情况下,经常是初步确定粗略的隶属函数,然后再通过"学习"和实践检验逐步修改和完善,而实际效果正是检验和调整隶属函数的依据。

　　4) 二元对比排序法(Two Yuan Contrast Compositor Method)

　　二元对比排序法是一种较实用的确定隶属度函数的方法。它通过对多个事物之间的两两对比来确定某种特征下的顺序,由此来决定这些事物对该特征的隶属函数的大体形状。二元对比排序法根据对比测度的不同,可分为相对比较法、对比平均法、优先关系定序法和相似优先对比法等。

## 1.4.4　粗糙集方法

　　粗糙集理论(Rough Set Theory)的基本思想是基于等价关系的粒化与近似的数据分析方法,将数据库这样的元组数据根据属性不同的属性值分成相应的子集,然后进行集合的上、下近似运算,即上近似算子和下近似算子(又称上、下近似集),以生成各子类的判定规则。目前,主要有两种研究方法来定义近似算子:

　　1) 构造化方法(Constructive Method)

　　构造化方法的主要思路就是通过直接使用二元关系的概念来定义粗糙集的近似算子,从而导出粗糙集代数系统。比如 Pawlak 构造性地定义了由等价关系确定的等价类集合就组成了 P1-粗糙集集合,借助上下近似的描述,也可以给出和 P1-粗糙集等价的另外一种定义,称为 P2-粗糙集集合。P1-和 P2-粗糙集通称为 Pawlak 粗糙集。Iwinski 在布尔代数的子代数上来描述粗糙集,他定义粗糙集为一对可定义集。许多学者研究并提出了各种概率模型:模糊集意义下的 a-截集、经典 Pawlak 粗糙集、可变精度粗糙集(VPRS)、决策粗糙集理论等。

　　2) 公理化方法(Axiomatic Method)

　　公理化方法也称为代数方法,有时也称为算子方法。这种方法不像构造化方法中是以二元关系为基本要素的,它的基本要素是一对满足某些公理的一元近似算子,即粗糙代数系统中的近似算子。然后再去找二元关系,使得由该二元关系及其生成的近似空间按构造化方法导出的近似算子恰好就是给定的由公理化方法定义的集合算子。关于公理化的研究主要从公理组的极小化及独立性两方面展开研究工作。近年来许多学者也展开了关于模糊粗糙近似算子、粗糙模糊近似算子、直觉模糊粗糙近似算子的构造性定义及其公理集的研究。

## 1.4.5 人工神经网络方法

人工神经网络(Artificial Neural Network,ANN)是在对人脑组织结构和运行机智的认识理解基础之上模拟其结构和智能行为的一种工程系统。其模型由大量的节点(或称神经元)之间相互连接构成,如图1.3所示,每个节点代表一种特定的输出函数,称为激励函数(Activation Function)。每两个节点间的连接都代表一个对于通过该连接信号的加权值,称之为权重(Weight),这相当于人工神经网络的记忆。在网络构建阶段,神经网络通过调整权重以达到能正确预测输入的训练样本数据的类别归属。

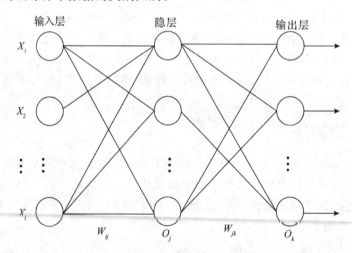

**图1.3 多层前馈神经网络**

人工神经网络按照学习方式可分为以下3种:

1) 有监督学习方式(Supervised Learning)

有监督学习方式是在样本标签已知的情况下,可以统计出各类训练样本不同的描述量,如其概率分布、在特征空间分布的区域等,利用这些参数进行分类器设计。支持向量机SVM(Supper Vector Machine)是以统计学习理论为基础的一种监督式学习方法。其以结构风险最小化为学习原则构造的学习算法,通过计算异类数据的最大间隔超平面得到分类决策函数分类面。

2）无监督学习方式（Unsupervised Learning）

无监督学习方式是在样本标签无法预先知道的情况下，只能从原先没有样本标签的样本集开始进行分类器设计。无监督学习方式可以分为两大类：一类是基于概率密度函数估计的直接方法，即设法找到个类别在特征空间的分布参数再进行分类；另一类称为基于样本间相似性度量的间接聚类方法，即设法定出不同类别的核心或初始类核，然后依据样本与这些核心之间的相似性度量将样本聚集成不同类别。

3）半监督学习方式（Semi-Supervised Learning）

半监督学习方式是监督学习与无监督学习相结合的一种学习方法。它主要考虑如何利用少量的标注样本和大量的未标注样本进行训练和分类的问题。半监督学习对于减少标注代价，提高学习机器性能具有非常重大的实际意义。半监督学习的主要算法有：基于概率的算法、在现有监督算法基础上作修改的方法、直接依赖于聚类假设的方法、基于多试图的方法和基于图的方法。

# 1.4.6　遗传算法

遗传算法（Genetic Algorithm，GA）是一类借鉴生物界的进化规律（适者生存和生物遗传学）演化而来的随机化搜索方法。遗传算法是从代表问题可能潜在解集的一个种群开始的，整个进化过程是通过一代群体向下一代群体演化完成。在每一代中，整个种群的适应度被评价，从当前种群中随机地选择多个个体（基于它们的适应度），通过自然选择和突变产生新的生命种群，该种群在算法的下一次迭代中成为当前种群。遗传算法的构成要素有3种：

1）染色体编码方法（Chromosome Coding Method）

染色体编码方法将遗传算法中优化问题解的参数转换成染色体形式，即把问题的解空间转换到遗传算法所能处理的搜索空间。将遗传散发搜索空间转换为问题解空间的过程称为解码。

2）适应度函数（Fitness Function）

适应度函数作为遗传算法寻优的依据，利用种群中每个个体的适应度值来进行搜索。适应度用于评价个体的优劣程度，适应度越大个体越好，反之适应度越小则个体越差；根据适应度的大小对个体进行选择，以保证适应性能好的个体有更多的机会繁殖后代，使优良特性得以遗传。基本遗传算法与适应度成正比的概率来决定当前群体中每个个体遗传到下一代群体中的概率多少。为正确计算这个概率，要求适应度函数的函数值不能为负值。

3）遗传算子（Genetic Operator）

遗传算法的遗传操作包括选择、交叉和变异3个遗传算子。选择算子使用比例选择算子，交叉算子使用单点交叉算子，变异算子使用基本位变异算子或均匀变异算子。

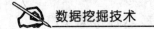

## 1.5　国内外数据挖掘研究现状

目前,国际上数据挖掘的研究比较早、国际知识发现研究知名学者——加拿大 Simon Fraster 大学的 Han Jiawei 教授领导的课题组开发了数据挖掘原型系统 DBMiner。IBM 公司 Almaden 研究中心的 R. Agrawal 等人研究开发的多任务数据挖掘系统 Queot 面向大型数据库系统,包括关联规则、分类规则、序列模式等。

美国斯坦福大学智能数据库系统实验室开发出了大量的商用化数据挖掘系统,如 DBMiner 挖掘系统。该系统包含了许多先进的挖掘算法,并有很多优秀的特点:用户无需具有高级的统计知识也不需经过培训即可使用该软件,因为底层的挖掘细节对于用户是不透明的。

数据挖掘的知识类型多种多样,从关联规则、序列模式(Sequence Pattern)到发现驱动(Discovery-Driven)的分类等,并且由于采用了许多先进的研究成果,因此该产品的发展速度声称是其同类竞争者的 20 倍。此外该系统可以在多种平台上运行,并与许多主流的数据库系统(如 SQL-Sever、Oracle 等)结合紧密;同时还引入了在线分析挖掘技术,使得系统更能充分发挥数据仓库的分析优势。IBM 的 Almaden 实验室所进行的 Quest 项目同样也是数据挖掘研究领域中的佼佼者。该项研究包含了对关联规则、序列模式、分类及时间序列聚类(Time Series Clustering)的研究,其代表性的产品有 DBZIntelligentMinerforData。该产品是在 IB-MDBZ 平台下的系统,当然也有 Windows NT 下的类似产品。此外,美国宾西法尼亚大学的数据挖掘研究小组也在这些方面取得了显著成果,其主要研究包括:利用注释和文本,对数以百万计的文章进行聚类和分析;从多家医院的病人数据库中,发现可以提高医疗质量和降低医疗费用的模式;在构建一个模型中,选择合适的变量;基于 DNA 序列预测基因模式等。

世界上比较知名的数据库公司,如 Oracle、Sybase 等都已经在不同程度上将数据挖掘的有关技术结合到其对应的数据库产品中来,使得大型数据库的功能向智能化的方向迈进了重要的一步。除了上面提到的世界上比较知名的公司和研究机构外,其他还有很多大学的研究机构和学者也对该领域的发展做出了重要贡献,如加拿大的 SimonFraser 大学的 Han JiaWei、比利时赫尔辛基大学的 Toivolmen,都是享誉世界的数据挖掘研究的顶尖学者,他们的许多工作都是该领域中具有奠基性的。

目前,比较有影响的数据挖掘系统有:SAS 公司的 Enterprise Miner,IBM 公司的 Intelligent Miner,SGI 公司的 SetMiner,SPSS 公司的 Clementine,Sybase 公司的 Warehouse Studio,还有 EXPLORA、Knowledge Discovery Workbench、DBMiner 等。当前数据挖掘应用主要集中在电信(客户分析)、零售(销售预测)、农业(行业数据预测)、网络日志(网页定制)、银行(客户欺诈)、生物(基因)、天体(星体分类)、化工、医药等方面。当前它能解决的典型问题是:数据库营销(Database Marketing)、客户群体划分(Customer Segmentation & Classification)、背景分析(Profile Analysis)、交叉销售(Cross-selling)等市场分析行为,以及客户流失性分析(Churn Analysis)、客户信用记分(Credit Scoring)、欺诈发现(Fraud Detection)等。

　　国内数据挖掘的研究起步比较晚,从 21 世纪初才开始,主要的研究机构有:中科院、清华大学、西安交大、上海交大及国防科大等少数几所院校和研究机构。尽管如此,由于数据挖掘技术的广阔应用前景,和其具有的强大功能,促使我们必须迅速展开对其深入的研究。中科院软件所史忠植研究员领导的课题组在 DM 技术的研究上有大量成果,发表若干论文。李得毅院士、孟海军等人也发表了多篇论文。关于 DM 的研究,国内尚处于开始阶段,但是很多 IT 公司都投入大量资金在数据挖掘上面,都有独立团队做数据挖掘方面的工作。

# 本章小结

　　数据挖掘是当今的热点研究问题,旨在分析隐藏在海量数据资源背后的有用知识。随着近些年数据挖掘技术的蓬勃发展,对其研究的热情已经从原来的机器学习、统计学、数据库、人工智能、管理信息系统等领域,迅速扩展到了天文、物理、医学、生物、考古等更多领域。无论是科学研究,还是商业应用,只要有海量数据分析的需求,就能滋养数据挖掘的茁壮成长。

# 参考文献

[1] Hand D J, Mannila H, Smyth P. Principles of Data Mining[M]. Massachusetts: Institute of Technology,2001.

[2] Devore J L. Probability and Statistics for Engineering and Sciences[M]. 4th ed. New York:Duxbury Press,1995.

[3] Agrawal R, Mannila H, Srikant R, et al. Fast discovery of association rules[C]//Advances in Knowledge Discovery and Data MiningC. ambridge, MA:AAAI/MIT Press, 1996.307 328.

[4] 蔡伟杰,张晓辉. 关联规则挖掘综述[J]. 计算机工程,2001,27(5):31-33.

[5] 刘红岩,陈剑. 数据挖掘中的数据分类算法综述[J]. 清华大学学报:自然科学版,2002,42(6):727-730.

[6] 李仁璞. 分类数据挖掘方法的研究[D]. 天津:天津大学,2003.

[7] 武森,高学东,(德)巴斯蒂安 M. 数据仓库与数据挖掘[M]. 北京:冶金工业出版社,2003.

[8] Liu Xiaohui, Cheng Gongxian, Wu John X. Analyzing outliers cautiously[J]. IEEE Transactions on Knowledge and Data Engineering, 2002,14(2):432-437.

[9] 王晓华. 时间序列数据分类方法的研究[D]. 天津:天津大学,2003.

[10] 欧阳为民,蔡庆生. 数据库中的时态数据发掘研究[J]. 计算机科学,1998,25(4): 60-63.

[11] 吴瑞. 不确定理论与 Web 挖掘[M]. 北京:电子工业出版社,2011.

[12] 张公让. 商务智能与数据挖掘[M]. 北京:北京大学出版社,2010.

[13] 戴文化. 基于遗传算法的文本分类及聚类研究[M]. 北京:科学出版社,2008.

[14] Pawlak Z. Rough sets[J]. International Journal of Computer and Information Sciences, 1982,11:341 - 356.

[15] Iwinski T B. Algebraic approach to rough sets[J]. Bulletin of the Polish Academy of Sciences:Mathematics, 1987,35:673 - 683.

[16] Yao Yiyu. Two views of the theory of rough sets in finite universes[J]. International Journal of Approximation Reasoning, 1996,15(4):291 - 317.

[17] Pawlak Z, Skowron A. Rough membership functions[M]//Zadeh L A , Kacprzyk J. Fuzzy Logic for the Management of Uncertainty. New York: John Wiley & Sons, 1994: 251 - 271.

[18] Yao Yiyu, Wong S K M. A decision theoretic framework for approximating concepts [J]. International Journal of Man—Machine Studies, 1992,37(6):793 - 809.

[19] Yao Yiyu. Generalized rough set models[M]//Polkowski L, Skowron A. Rough Sets in Knowledge Discovery. Heidelberg: Physica—Verlag, 1998:286 - 318.

[20] 祝峰,何华灿. 粗集的公理化[J]. 计算机学报,2000,23(3):330 - 333.

[21] Aggarwal C C, Yu P S. Outlier detection for high dimensional data[C]//Proceedings of the 2001 ACM SIGMOD international conference on Management of data. Santa Barbara,CA:ACM Press, 2001:37 - 46.

# 第2章 分类算法分析

分类分析广泛地应用于商业,是数据挖掘最为重要的组成部分之一。分类的目的是利用一个分类函数或分类模型把数据库中的数据项映射到给定类别中的某一个,通过对训练样本集的分析处理,发现指定的某一商品类或事件是否属于某一特定数据子集的规则。在分类发现中样本个体或数据对象的类别标志是已知的,根据从已知的样本中发现的规则对非样本数据进行分类。分类方法成果显著,主要包括决策树归纳分类、贝叶斯分类、神经网络分类、支持向量机、基于案例的推理、粗糙集分类方法、遗传算法等。

## 2.1 分类概念

分类(Classification)是数据挖掘的一项重要任务,是指在数据库的各个对象中找出共同特征,并按照分类模型把它们进行分类。分类分析时将依据"训练集"数据的类标志,对类进行准确的描述或者建立模型,然后用它对数据库中的其他数据分类或者上升为分类规则。在这种分类知识发现中,样本个体或对象的类标志是已知的。数据挖掘的任务在于从样本数据的属性中发现个体或对象的一般规则,从而根据该规则对非样本数据对象进行分类。

分类,首先分析样本个体或数据对象的类别标志已知的训练样本数据集的数据特征,发现分类规则,构造分类函数和分类器。然后,根据所构建的分类函数或分类器,将非样本数据元组映射到给定类别中。一般把分类器中的输入称为"训练集"。训练样本数据中的每一个样本属于一个事先定义好的类,这个事先定义好的类是由一个特定属性来标识的,我们称该属性为类别标识属性(Class Label Attribute)。

分类发现的处理过程:

1) 分类模型的建立

分类模型的建立是通过分析训练样本数据总结出一般性的分类规则,建立分类模型。分类模型以分类规则、决策树或数学公式的形式给出。如图 2.1 所示,其中圆形是红色的,三角是绿色的,矩形是黄色的。

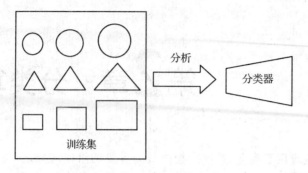

**图 2.1 分类模型的建立**

2) 分类模型的应用

在对建立的分类模型进行应用前,需要对建立的分类模型进行评估,在确保分类模型的准确性及精确度的情况下,才能运用该分类模型对未知其类别的数据样本进行分类处理,如图 2.2 所示。

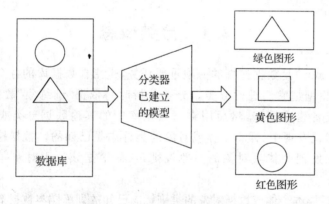

**图 2.2 分类模型的应用**

近年来,国内外的研究人员在分类知识发现领域进行了大量的研究工作和实际应用的推广。分类知识发现技术已被广泛、有效地应用于科学实验、医疗诊断、气象预报、信贷审核、商业预测、案件侦破等领域,引起了工业界和学术界的广泛关注。

## 2.2 分类方法

依据分类知识发现采用的分类模型不同,分类的主要方法有:基于决策树模型的数据分类、基于统计模型的数据分类和基于神经网络模型的数据分类。

1) 基于决策树模型的数据分类

决策树算法是分类发现算法中最常见的一种方法。这种方法在对数据进行处理的过程中,将数据按树状结构分成若干分枝形成决策树,每个分枝包含数据元组的类别归属共性,从每个分枝中提取有用信息,形成规则。

决策树算法包含很多种不同的算法,主要分为 3 类:

(1) 基于统计学理论的方法,以 CART 为代表。这类算法对于非终端节点来说,有两个分枝。

(2) 基于信息理论的方法,以 ID3 算法为代表。此类算法中,非终端的节点的分枝由样本类别个数决定。

(3) 以 AID、CHAIN 为代表的算法。在此算法中,非终端节点的分枝数在两个至样本类别个数范围内分布。

2) 基于统计模型的数据分类——贝叶斯分类

贝叶斯分类是统计学分类方法,它可以预测类成员关系的可能性,如给定样本属于一个特定类的概率。最常用的贝叶斯分类方法有两种,一种是朴素贝叶斯分类,另一种是贝叶斯信息网络分类。

3) 基于神经网络模型的数据分类

神经网络作为一种非线性自适应动力学系统,是解决分类问题的行之有效的方法之一。神经网络以大量简单的节点通过复杂的相互连接后,并行运行实现其功能,系统的知识存储于网络的结构和各单元之间的连接权中。神经网络分类模型虽然具有大规模并行处理、自适应性、自组织性及容错性等诸多优点;但是在实际应用中,神经网络分类模型一般很难取得好的分类效果。原因至少有以下两点:①神经网络分类效果的好坏很大程度上依赖于选取的训练样本,即样本空间的不确定性;②实际分类问题中,各属性之间存在较大的交互性,即搜索的空间存在不确定性。

4) $K$ 最临近数据分类

最临近分类基于类比学习,训练样本用 $n$ 维数值属性描述。每个样本代表 $n$ 维空间的一个点,这样所有的训练样本都存放在 $n$ 维模式空间中。给定一个未知样本,$K$ 最临近分类法搜索模型空间,找出最接近未知样本的 $k$ 个训练样本。这 $k$ 个训练样本是未知样本的 $k$ 个“近邻”。“临近性”用欧几里德距离定义,其中两个点 $X=(x_1,x_2,\cdots,x_n)$ 和 $Y=(y_1,y_2,\cdots,y_n)$ 的欧几里德距离是 $d(X,Y)=\sqrt{\sum_{i=1}^{n}(x_i-y_i)^2}$。未知样本被分配到 $k$ 个最临近者中最公共的类,当 $k=1$ 时,未知样本被指定到模式空间与之最临近的训练样本的类中。

最临近分类是基于要求的最懒散的学习方法,它存放所有的训练样本,并且直到新的样本需要分类时才建立分类。当对给定的待分类的样本进行分类时,可能由于存放的训练样本数量庞大,而导致很高的计算开销,分类计算的速度将被减缓。同时,还可能由于数据中存放许多不相关的属性,而引起临近分类计算工作量的增大,混乱度加大。

5）基于案例推理的数据分类

基于案例推理（Case-Based Reasoning）的分类法是基于要求的，不像最临近分类法将训练样本作为欧氏空间的点存放，案例推理存放的样本或"案例"是复杂的符号描述。当给定一个待分类的新案例时，基于案例的推理首先检查是否存在一个同样的训练案例。如果找到一个，则返回附在该案例上的解；如果找不到同样的案例，则基于案例的推理将搜索具有类似于新案例成分的训练案例。这些案例可以视为新案例的邻接者。

基于案例推理的数据分类的难点是如何找到一个好的相似性度量，评估新案例与标准案例的相似度。

# 2.3  决策树算法

决策树算法思想：①在对数据进行处理的过程中，将数据按树状结构分成若干分枝形成决策树，每个分枝包含数据元组的类别归属共性，从每个分枝中提取有用信息，形成规则。②如何构造精度高、规模小的决策树是决策树算法的核心内容。

决策树一般都是自上而下生成的。每个决策或事件（即自然状态）都可能引出两个或多个事件，导致不同的结果。把这种决策分支画成图形很像一棵树的枝干，故称决策树。

决策树的构造可以分为如下两步：

1）决策树的生成

决策树的生成是指由训练样本数据集生成决策树的过程。一般情况下，训练样本数据集是根据实际需要由实际的历史数据生成的、有一定综合程度的、用于数据分析处理的数据集。例如销售渠道的决策树，如图 2.3 所示。

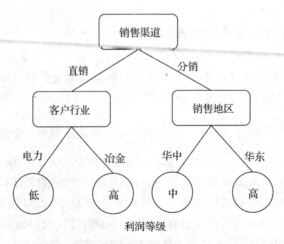

**图 2.3  销售渠道的决策树**

决策节点对应着对元组进行分类的第一个决策属性,分枝对应着元组按该属性进一步划分的取值特征,叶子节点代表着各个类或类的分布。

决策树生成过程:

(1) 用户根据实际需求以及所处理数据的特性,选择类别标识属性和决策树的决策属性集。

(2) 在决策属性集中选择最有分类标识能力的属性作为决策树的当前决策节点。

(3) 根据当前决策节点属性取值的不同,将训练样本数据集划分为若干子集。

(4) 针对上一步中得到的每一个子集,重复进行上述的(2)和(3)两个步骤,直到最后的子集符合结束的 3 个条件之一。

(5) 根据符合条件不同生成叶子节点。

其中 3 个条件为:

① 子集中的所有元组都属于同一类;

② 该子集是已遍历了所有决策属性后得到的;

③ 子集中的所有剩余决策属性取值完全相同,已不能根据这些决策属性进一步进行子集划分。

对满足条件①所产生的叶子节点,直接根据该子集的元组所属类别进行类别标识。满足步骤条件②或条件③所产生的叶子节点,选取子集所含元组的代表性类别特征进行类别标识。

2) 决策树的剪枝

决策树剪枝是对上一阶段所生成的决策树进行检验、校正和修正的过程,主要是采用新的样本数据集(成为测试数据集)中的数据检测决策树生成过程中产生的初步规则,将那些影响预测准确性的分枝剪除。一般情况下,根据测试数据集中的每一元组对生成的规则进行预测准确性的检验。如果预测准确性过低,则将该分枝剪除。

树的剪枝过程:

(1) 先剪枝(Prepruning)。先剪枝是指在建树的过程中终止树的建立以达到对树进行剪枝的目的。终止只是将该节点变成叶子节点,该节点可能包含训练子集中经常出现的类或这些样本的可能分布。先剪枝的关键在于选择阈值。通常使用统计显著性、$\chi^2$ 及信息增益等方式来评估树的分枝的好坏。当在某个节点的分枝将会导致其结果低于预先设置好的阈值时,将终止给定子集的进一步划分。

(2) 后剪枝(Postprining)。后剪枝是在决策树建立之后,对形成的决策树的分枝进行清理的过程。其代表算法为代价复杂度剪枝算法。

代价复杂度剪枝算法的思想:

① 计算生成的决策树中每个非叶子节点被剪除后可能产生的期望出错率,同时计算保留对应分枝所可能产生的期望出错率。

② 如果剪除该节点会产生较大的误差,则该节点应被保留;否则,该节点将被剪除掉。

③ 剪枝后,最低层的未被剪枝的节点成为叶子节点,由剪枝前它的分枝中最常出现的类进行标识。

④ 选用一套独立的测试数据集去评估每一棵生成的决策树的精确度。出错率最低的决策树是人们所希望得到的决策树。

## 2.3.1 ID3 算法

ID3 算法是 J. Ross Quinlan 在 1986 年提出的分类预测算法。它是利用信息论中的信息增益(Information Gain)寻找示例数据库中具有最大信息量的属性字段,建立决策树的一个节点,再根据该属性字段的不同取值建立树的分支,在每个分枝集中重复建立树的下一个节点和分支的过程。

1) ID3 算法描述

① 对当前训练样本集合,计算各属性的信息增益;

② 选择信息增益最大的属性 $A_k$;

③ 把在 $A_k$ 处取值相同的训练样本归于同一子集,$A_k$ 取几个值就得几个子集;

④ 对既含正例又含反例的子集,递归调用建树算法;

⑤ 若子集仅含正例或反例,则对应分枝标上 $P$ 或 $N$,返回调用处。

2) 决策属性信息增益的计算方法

① 设 $S$ 是训练样本数据集,在 $S$ 中定义了 $m$ 个类 $c_i$,$i=1,2,\cdots,m$。$R_i$ 为数据集 $S$ 中属于类 $c_i$ 的子集,$r_i$ 用于表示子集 $R_i$ 中元组的数量。

② 集合 $S$ 在分类中的期望信息量:

$$I(r_1,r_2,\cdots,r_k) = -\sum p_i \log(p_i)$$

式中 $p_i$ 表示任意样本属于 $c_i$ 类的概率,$p_i = r_i/|S|$。$|S|$ 为训练样本数据集中的元组数量。

③ 假设属性 $A$ 共有 $v$ 个不同的取值 $\{a_1,a_2,\cdots,a_v\}$,则通过属性 $A$ 的取值可将数据集 $S$ 划分为 $v$ 个子集,其中 $S_j$ 表示在数据集 $S$ 中属性 $A$ 的取值为 $a_j$ 的子集,$j=1,2,\cdots,v$。

④ 如果用 $s_{ij}$ 表示 $S_j$ 子集中属于 $c_i$ 类的元组的数量,则属性对于分类 $c_i(i=1,2,\cdots,m)$ 的熵(也称为属性 $A$ 对于分类 $c_i(i=1,2,\cdots,m)$ 的期望信息量)可由下式计算:

$$E(A) = \sum ((s_{1j}+\cdots+s_{mj})/|S|) I(s_{1j},\cdots,s_{mj})$$

令 $w_j = (s_{1j}+\cdots+s_{mj})/|S|$,则 $w_j$ 为子集 $S_j$ 的权重,表示 $S_j$ 子集在数据集 $S$ 中的比重;而属性 $A$ 的每个取值对分类的期望信息量 $I(s_{1j},\cdots,s_{mj})$,可由下式给出:

$$I(s_{1j},\cdots,s_{mj}) = -\sum p_{ij} \log(p_{ij})$$

式中 $p_{ij} = s_{ij}/|S_j|$,表示在子集 $S_j$ 中属于类 $c_i$ 的比重。

⑤ 对属性作为决策分类属性的度量值(称为信息增益),由下式给出:

$$\text{Gain}(A) = I(r_1,r_2,\cdots,r_m) - E(A)$$

式中 $I(r_1,r_2,\cdots,r_m)$ 是集合 $S$ 在分类中的期望信息量。也就是能把 $S$ 集合按照 $c$ 分类完全划分开来所需的分类能力,或者说就是所需要的信息量。

$E(A)=\sum w_j I(s_{1j},\cdots,s_{mj})$，是在用 $A$ 属性把 $S$ 划分为 $v$ 个子集后，每个子集的期望信息量与其权重的乘积求和，也就是说用 $A$ 属性划分 $S$ 集合后仍需的信息量。两者相减，就是用属性 $A$ 划分集合 $S$ 所带来的信息增量。

3）ID3 算法的缺点

① ID3 算法只能处理离散型属性。

② 信息增益的特点（信息增益的主要特点是趋于那些有很多值的属性）会直接影响 ID3 算法的运算效率及计算结果。

③ 数据质量的好坏（体现在数据是否存在大量的冗余、数据属性之间的相关性过强以及数据缺损、不完整等）是影响数据挖掘效率及结果的主要原因。

④ 数据存储方式的不同会直接影响 ID3 算法处理的灵活性与交互性。

4）ID3 算法的改进

① 对于取值为连续值或区间值的属性 $A$ 来说，可以选择合适的取值 $v$，使其产生两个（或多个）分支，分别与 $A\leqslant v$ 及 $A>v$ 相对应。

② 针对信息增益进行改进，如采用信息增益率来代替信息增益进行决策属性的选择。

③ 对于不完整数据，一般采用统计学方法进行完整性处理。

## 2.3.2　C4.5 算法

C4.5 算法是 1993 年由 J. Ross Quinlan 提出的决策树生成算法。该算法利用信息增益率来选择属性，完成对连续属性的离散化处理，将知识表示为决策树的形式，并最终形成产生式规则。C4.5 算法由 ID3 算法演变而来，是诸多决策树算法的基础。在应用于单机的决策树算法中，C4.5 算法不仅分类准确率高而且速度最快。

1）C4.5 算法功能

C4.5 算法除了拥有 ID3 算法的功能外，还新增了如下功能：

① 利用信息增益率来创建分枝；

② 具有处理连续属性值的能力；

③ 可以处理缺少属性值的训练样本；

④ 通过使用不同的修剪技术来避免树的不平衡；

⑤ $K$ 次迭代交叉验证。

2）C4.5 算法描述

输入：属性集 D。

```
Tree={}
If D is "pure" OR other stopping criteria met then
    Terminate
End if
```

```
For all attribute a∈D do
Compute information - theoretic criteria if we split on α
End for
a_best = Best attribute according to above computed criteria
Tree = Create a decision node that tests a_best in the root
D_v = Induced sub-datasets from D based on a_best
For all D_v do
Tree_v = C4.5(D_v)
Attach Tree_v to the corresponding branch of Tree
End for
Return Tree
```

3) 信息增益率的计算方法

设 $T$ 为数据集,类别集合为 $\{C_1, C_2, \cdots, C_k\}$,选择一个属性 $V$ 有互不重合的 $n$ 个取值 $\{v_1, v_2, \cdots, v_k\}$,则属性 $V$ 把数据集 $T$ 分为 $n$ 个子集 $T_1, T_2, \cdots, T_n$,其中 $T_i$ 的所有实例取值均为 $v_i$。

令:$|T|$ 为数据集 $T$ 的例子数,$|T_i|$ 为 $v=v_i$ 的例子数,$|C_j|=\text{freq}(C_j, T)$,为 $C_j$ 类的例子数,$|C_j^v|$ 是 $V=v_i$ 例子中具有 $C_j$ 类别的例子数。

① 类别 $C_j$ 的发生概率 $p(C_j)=|C_j|/|T|$。

② 属性 $V=v_i$ 的发生概率 $p(v_i)=|T_i|/|T|$。

③ 属性 $V=v_i$ 的例子中,具有类别 $C_j$ 的条件概率:$p(C_j|v_i)=|Cv_j|/|T_i|$。

根据信息论,类别的信息熵:$H(C)=-\sum p(C_j)\log(p(C_j))$。

类别条件熵:$H(C|V)=-\sum p(v_j)\sum p(C_j|v_i)\log(p(C_j|v_i))$。

信息增益:$I(C|V)=H(C)-H(C|V)$。

属性 $V$ 的信息熵:$H(V)=-\sum p(v_i)\log(p(v_i))$。

信息增益率:$\text{gain\_ratio}=I(C,V)/H(V)$。

C4.5 算法将选择信息增益率最大的属性作为根节点,向下递归建树,最终形成产生式规则。

# 2.4 贝叶斯分类

贝叶斯分类是统计学分类方法,它可以预测类成员关系的可能性,如给定样本属于一个特定类的概率。最常用的贝叶斯分类方法有两种,一种是朴素贝叶斯分类,另一种是贝叶斯信念网络分类。

1) 朴素贝叶斯分类

朴素贝叶斯分类是一个简单、有效而且在实际应用中很成功的分类方法,其性能可以与神

经网络、决策树分类相比,在某些场合优于其他分类方法。朴素贝叶斯分类的工作过程如下:

① 每个数据样本用一个 $n$ 维特征向量 $X=\{x_1,x_2,\cdots,x_n\}$ 表示,分别描述对 $n$ 个属性 $A_1$, $A_2,\cdots,A_n$ 样本的 $n$ 个度量。

② 假设有 $m$ 个类 $C_1,C_2,\cdots,C_m$。给定一个未知的数据样本 $X$(即没有类标号),分类法将预测 $X$ 属于具有最高后验概率(条件 $X$ 下)的类。朴素贝叶斯分类将未知的样本分配给类 $C_i$,当且仅当 $P(C_i|X)>P(C_j|X)$,$1\leqslant j\leqslant m,j\neq i$,这样,最大化 $P(C_i|X)$,$P(C_i|X)=\dfrac{P(X|C_i)P(C_i)}{P(x)}$,其中 $P(C_i|X)$ 称为最大后验假定。

③ 由于 $P(X)$ 对于所有类为常数,只需要 $P(X|C_i)P(C_i)$ 最大即可。如果类的先验概率未知,则通常假定这些类是等概率的,即 $P(C_1)=P(C_2)=\cdots=P(C_m)$,并据此只对 $P(C_i|X)$ 最大化,就可以保证 $P(X|C_i)P(C_i)$ 的最大化。

④ 给定具有许多属性的数据集,计算 $P(X|C_i)$ 的开销可能非常大。为降低计算 $P(X|C_i)$ 的开销,可以作类条件独立的朴素假定。给定样本的类标号,假定属性值相互条件独立,即在属性间不存在依赖关系。计算公式为:

$$P(X|C_i)=\prod_{k=1}^{n}p(x_k|C_i)$$

式中,概率 $p(x_1|C_i)$,$p(x_2|C_i)$,$\cdots$,$p(x_n|C_i)$ 可以由训练样本计算出来。

与其他分类算法相比,朴素贝叶斯分类具有最小的出错率,然而实践中并非如此。原因在于朴素贝叶斯分类是建立在类条件独立假定的基础上的,在实际应用中,这一假定往往不能够得到满足。多数情况是朴素贝叶斯分类建立在近似的类条件独立的基础之上,又因为实际当中往往缺乏可用的概率数据,所以,朴素贝叶斯分类在实际中的效果并不是非常理想。

2) 贝叶斯信念网络分类

朴素贝叶斯分类假定类条件独立,即给定样本的类标号,属性的值相互条件独立,这一假定简化了计算;然而在实践中,变量之间的依赖可能存在。贝叶斯信念网络(Bayesian Belief Network)说明联合条件概率分布,它允许在变量的子集间定义类条件的独立性。

贝叶斯信念网络是一个带有概率注释的有向无环图。这种概率图模型能表示变量之间的联合概率分布(物理的或贝叶斯的),分析变量之间的相互关系,利用贝叶斯定理揭示学习和统计推断功能,实现预测、分类、聚类、因果分析等数据采掘任务。

不过贝叶斯信念网络的计算量较大,在用某些其他方法也可以解决的问题求解中显得效率较低。先验概率密度的确定虽然已经有一些办法,但对具体问题要合理确定许多变量的先验概率仍然是一个比较困难的问题。此外,贝叶斯信念网络需要多种假设为前提,如何判定某个实际问题是否满足这些假设,没有现成的规则,这给实际应用带来困难。以上这些都是需要进一步研究的问题。

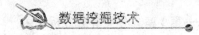

## 2.5　粗糙集方法

数据库知识发现粗糙集（Rough Set,RS）理论,是 Pawlak 教授于 1982 年提出的一种能够定量分析处理不精确、不一致、不完整信息与知识的数学工具。粗糙集理论经过 20 余年的发展,无论在理论研究还是应用研究上都取得了很多成果。

粗糙集对知识做了形式化的定义。给定一个论域 $U$ 与等价关系 $R$,在 $R$ 下对 $U$ 的划分 $U/R$ 即为知识。$U$ 可被划分为有限个类 $X_1,X_2,\cdots,X_n$,使得 $X_i \in U$, $X_i \neq \Phi$, $X_i \bigcap X_j = \Phi$。$i,j=1,2,\cdots,n$, $i \neq j$,且 $\bigcup X_i = U$。

为描述知识的粗糙程度,粗糙集理论引入了近似集的概念。对 $U$ 中概念 $X$,在等价关系 $R$ 下有 $R^- X$ 和 $R_- X$ 分别称为 $X$ 的 $R$ 上近似集和 $R$ 下近似集。

粗糙集方法是近年来提出的用于对不完整数据进行分析、学习的方法。这种方法只依赖数据内部的知识,用数据之间的近似程度表示知识的不确定性。粗糙理论中的一些概念和方法,可以用来从数据库中发现分类规则。其基本思想是:将数据库中元组根据各属性不同的属性值分成相应的子集,然后对条件属性划分的子集与结论属性划分的子集之间的上下近似关系生成判定规则。

## 2.5.1　粗糙集模型扩展

粗糙集模型扩展是粗糙集理论研究的一个重要方向,结合其他理论方法与技术,大量的研究成果涌现出来。纵观各方面的研究成果,粗糙集模型的扩展基本上可以归纳为基于元素、粒、子系统、论域、关系、集合或近似空间等方向进行扩展的。这些方面又常常不是单独出现的,还可以交叉、综合。

1) 基于元素的扩展模型

从集合的观点来看,利用非等价关系显然可以扩展基于元素的粗糙集定义。从算子的观点来看,粗糙集模型中的近似算子可以和模态逻辑中的必然性算子和可能性算子联系起来。关于模态逻辑的研究成果已经很多,如果将模态逻辑中的研究方法与研究成果移植到粗糙集理论研究中来,或者结合粗糙集理论来研究模态逻辑都将是新的研究方向。

2) 基于粒的扩展模型

基于粒的粗糙集定义是从等价类（划分）的角度出发来讨论的。在基于 Pawlak 经典粗糙集的粒计算模型中,划分就是一个基本粒。显然,如果扩展划分的概念,就可以得到基于粒的扩展粗糙集模型;同时,这也为粒计算的模型研究指明了新的研究方向。目前,基于粒的粗糙集理论扩展主要结合了覆盖和形式概念分析理论,如何结合其他粒计算工具扩展粗糙集理论将是未来的研究方向之一。

3）基于子系统的扩展模型

在标准的基于子系统的粗糙集模型中,定义上下近似用到的是相同的子系统。如果要扩展基于子系统的定义,需要两个子系统,一个用于定义上近似,一个用于定义下近似。可以结合拓扑、闭系统、布尔代数、格、偏序等来扩展粗糙集理论;或者,从其他理论出发来探讨它们同粗糙集理论的关系。设计合适的子系统是研究的关键,相关的应用也出现在数据挖掘、信息检索等领域。

4）双论域模型

在经典的 Pawlak 粗糙集模型中考虑的论域通常只有一个,也可以从论域上来推广粗糙集理论。如何结合其他理论从多论域的角度来研究粗糙集理论还有待进一步的工作。

5）概率模型

根据是否使用了统计信息,粗糙集模型扩展大致可以分为两类:一类是经典的代数粗糙集模型,另一类是概率型的粗糙集模型。前述各种模型都是基于代数粗糙集模型的扩展。概率型的粗糙集模型是在粗糙隶属度函数的基础上来讨论的。决策粗糙集理论在网络支持系统、属性选择和信息过滤中得到了应用。更多的基于概率的模型得到发展,比如概率粗糙集模型、可变精度粗糙集模型(VPRS)、参数化粗糙集模型和贝叶斯粗糙集模型等。目前,概率型粗糙集的有关研究主要有 3 个重点:① 概率型上下近似集和正、负、边界区域特征;② 概率型规则的语义解释;③ 概率型粗糙集属性约简理论。

## 2.5.2 粗糙集与其他不确定信息处理理论的关系

随着对粗糙集理论研究的不断深入,与其他数学分支的联系也更加紧密。粗糙集理论研究不但需要以这些理论作为基础,同时也相应地推动这些理论的发展。下面将探讨粗糙集理论与其他不确定信息处理理论的关系:

1）粗糙集和证据理论

粗糙集理论与 Dempster Shafer 证据理论(D-S 证据理论)在处理不确定性的问题方面,产生和研究的方法是不同的,但却有某种相容性。粗糙集理论是为开发规则的机器自动生成而提出的,而 D-S 证据理论主要用于证据推理。D-S 证据理论用一对信任函数和似然函数在给定证据下对假设进行估计和评价。从代数学意义上来讲,任何具有概率特性的信任函数都可以有相应的扩展粗糙集模型,比如,在串行代数、区间代数等结构上已有一些研究成果出现。

2）粗糙集和模糊集

模糊集和粗糙集理论在处理不确定性和不精确性问题方面都推广了经典集合论,两个理论的比较和融合一直是人们感兴趣的话题。

3）粗糙集和形式概念分析

形式概念分析是一种从形式背景建立概念格来进行数据分析的方法。借助粗糙集上下近似算子,对任意一个对象集,我们可以用概念的外延从上下逼近来描述。目前,基于形式概念分析和粗糙集理论的结合研究已经形成一个新的研究热点。研究成果体现在以下几方面：①在形式概念分析中提出不同的近似算子；②将粗糙集的结果引入形式概念分析中，研究形式概念分析的约简问题；③通过模式类型算子描述概念和层次概念组织（即概念格），可应用到粗糙集分析中。此外，形式概念分析中的依赖空间问题也得到了研究。

4）粗糙集和知识空间

粗糙集理论和知识空间理论都是研究知识结构的理论，但它们用于解决不同的实际问题。粗糙集主要研究如何对数据进行分析及知识发现；而知识空间着重对问题集进行分析，从而对个体知识状态进行评估。如何将知识空间和粗糙集理论结合，正在成为一个新的研究方向。虽然粗糙集和知识空间的研究对象不同，但从粒计算的角度来看，它们都可看成由一些基本粒通过不同的方式构造粒结构的过程。

5）粗糙集和粒计算

粒计算是一门飞速发展的新学科。它融合了粗糙集、模糊集及人工智能等多种理论的研究成果。词计算模型、粗糙集模型和商空间模型是 3 个主要的粒计算（Granular Computing，GrC）模型。粗糙集理论已经成为研究粒计算的重要工具。近些年，基于粗糙集理论来研究粒计算的工作尤为突出。两个覆盖生成相同覆盖广义粗集的判别条件、覆盖粒计算模型的不确定性度量、基于集合论覆盖原理的粒计算模型等也得到了研究。

# 2.6 遗传算法

遗传算法（Genetic Algorithm）是一种基于生物进化论和遗传学机理的概率搜索方法，群体搜索策略和个体之间的信息交换是遗传算法的两大特点。基于遗传算法的数据分类主要的设计思想是，在知识树所构成的空间内，充分利用遗传算法进行试探性搜索，使得知识树不断得到进化。虽然其进化结果不一定能得到最优知识树，但是由于它采用适者生存、不适者被淘汰的进化策略，从而使适应性较高的知识树能尽量保留。另外，遗传算法在进化过程中采用了个体基因的调整和重组机制，从而可以产生适应性更强的新个体，产生新的知识树。最后可以在适应值较高的知识树中得到新的规则。

遗传算法是一个搜索过程，它对产生的知识树的评价是在树完全生成以后进行的。可以将树的深度、节点等因素考虑在内，定义评价函数：

$$
\text{fit}(x)=\begin{cases} 0 & (CF(x)\leqslant p) \\ a_{CF}\cdot CF(x)+\dfrac{1}{(b_{\text{avg\_deph}}\cdot \text{avg\_deph}+c_{\text{node}}\cdot \text{node\_num})} & (CF(x)>p) \end{cases}
$$

式中：$p$ 为可信度阈值，用于去除那些不合理的个体；$a_{CF}$、$b_{\text{avg\_deph}}$、$c_{\text{node}}$ 分别为可信度、树深度、节点个数对应的权值系数。

用遗传算法构造决策树，由于树不易编码的特点，导致目前构造的遗传算子大多是直接基于树结构操作的。寻找一种好的编码方法,是遗传算法所亟待解决的首要问题。另外,评价函数的定义中缺少对少量错误事例对构造决策树所造成的影响的评估,评价函数的不完善也是遗传算法应用于数据分类所面临的另一个难题。

# 2.7 其他分类算法

Info-fuzzy(信息–模糊)算法是基于"信息–模糊网络"先进的决策树学习方法,是能够引导出紧凑而准确的分类模式。Info-fuzzy 算法提出了一系列新的增量算法,比在一个存在的概念漂移批量算法产生更精确的分类模型,而且比现有的增量计算方法(OLIN 和 CVFDF)更便宜。Info-fuzzy 算法提出了 4 个增量学习算法:Basic Incremental IFN(基本增量 IFN)、Multi-Model IFN(多模型 IFN)、Pure Multi-Model IFN(纯多模型 IFN)、Advanced Incremental IFN(高级增量 IFN)。

1) 基本增量 IFN

如果一个概念漂移被发现,则该算法创建一个全新的网络。Update_Current_Network 程序的操作包括检查分裂的有效性,研究最后一层的更换,并增加必要的新层。更新的每一个操作旨在减少现有模式的用于新实例分类的错误率。第一个更新程序 Check_Split_Validity 应消除与模型中目前训练窗口不相关的节点。分裂的有效性检查从根节点开始,一直到网络末端。总的想法是确保一个特定节点的当前分裂能有助于从目前的训练集计算的交互信息。非有关分裂的消除应降低错误率。从可再生 OLIN 得出的实践,我们发现,两个相邻的窗口没有任何重大概念漂移,新建的模型和目前模型主要的区别是在最后隐层的信息网络。基于这个原因,第二个程序 Check_Replacement_of_Last_Layer 被用来确定对应到最后隐藏层哪些属性是最恰当的。考虑的属性包括已经与最后层关联属性或为以前的模式最后层次最相关属性。新模型最后一层属性的选定将是基于当前训练窗口的 个最高条件相互信息。最后的程序 New_Split_Process 用于分裂尚未参加更新网络属性的最后一层的节点。

增量方式的基本直觉是,只要没有大的概念漂移被检测,更新现有训练窗口概念的当前分类模型,并且仅当在一个大的概念漂移出现的情况下才建立新模式。其实,再生的方法可以被看作是一种特殊情况增量的做法。如果在每一个新数据到来时,都有一个主要的概念漂移被检测到,则增量方式就和再生方式是一样的。因此,增量方法只有在至少一对相邻的窗口保持稳定的概念时才变得有用。大多数数据流可以预计这个条件,特别是那些训练窗口大小相对较小的地方。

2) 多模型 IFN

第二个增量方法,只要概念长期稳定也会更新一个当前的模型。然而,如果一个概念漂移第一次被检测到,则算法从以前的所有网络中搜索表示当前数据的最佳模式。这个想法是利用数据潜在的周期性,重新使用以前创建的模型,而不像基本增量 IFN 建议的为每一个概念

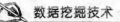 

漂移生成新模式。搜索如下：当一个概念漂移被检测，该算法计算目标属性的熵，并与以前每次训练的窗口比较其目标的熵值，其中一个完全新的网络构建。以前的网络选择依据是，从训练窗口已建成与当前目标的熵最接近的目标熵的网络。所选择的网络是用于下一个有效会晤到来时的实例分类。当概念漂移再次到来时，像在基本增量 IFN 办法中一样，下一个新的网络被创建。

3）纯多模型 IFN

在概念漂移中除了使用之前模型外，还有一种变异多模型方法，其中包括当概念稳定时，之前模型的使用。这意味着当这个概念是稳定的时候，我们将使用一个前模型而不是更新现有模型。这一方法可节省更多的运行时间，因为一个合适的模型很可能在前面一些相邻的窗口中被发现。这种方法是所谓纯多模型 IFN。

4）高级增量 IFN

第四个提出的增量算法，通过放弃对于新数据的预测精度来维持当前模型的信息论质量，加强了增量算法的更新操作。我们使用自上而下的方法重新计算的每一层的条件互信息：从第一层开始，在该层的具有目标属性条件互信息显著减少的情况下，更换该层和在其后的所有层的输入属性。第一层互信息的减少会引发完全重新建设的模型。目前的模型只有在任何层互信息都没有显著减少时保留。在这种情况下，将尝试添加新的尚未在网络出现的表示属性的层。这种方法不直接处理概念漂移检测的问题。信息网络是不断更新的，如果所有网络层已被替换，则概念漂移的发生也就结束了。对于每一个窗口，每一层条件互信息（MI）值将被保存。在模型更新过程中，第 $i$ 层的 MI 值和当前 MI 的值将做一比较。如果当前值和前一个几乎一样高（最多不超过 5% 的差），则第 $i$ 层保持不变；如果当前 MI 值显著降低，则第 $i$ 层被新层替换。

# 本章小结

分类在数据挖掘中是一项非常重要的任务，而决策树方法和粗糙集方法是分类的主要方法。目前，决策树、粗糙集理论分类技术的应用得到了快速的发展，把粗糙集理论与决策树理论相联系，取长补短，充分发挥决策树和粗糙集理论的优点，为分类的实际应用寻找新方法，开辟新途径，是目前的一个新课题。决策树分类技术在数据挖掘中应用广泛，有分类效率高、速度快、理解性好等特点，并在数据挖掘、机器学习、人工智能等领域被广泛地应用。

# 参考文献

[1] 王丽珍,周丽华,陈红梅,等. 数据仓库与数据挖掘原理及应用[M]. 北京:科学出版社,2005.

[2] Chipman H A, George E I, Mcculloch R E. Bayesian CART Model Search[J]. Journal of the American Statistical Association, 1997, 443(93):935-960.

[3] Cheng Jie, Fayyad U M, Irani K B, et al. Improved Decision Trees: A Generalized Version of ID3[C]//Proceedings of the Fifth International Conference on Machine Learning, San Mateo,CA: Morgan Kaufmann Publishers, 1988:100-108.

[4] Cios K, Pedrycz W, Swiniarski R. Data Mining Methods for Knowledge Discovery[M]. Boston:Kluwer Academic Publishers, 1998:56-185.

[5] 林士敏,田凤占,陆玉昌. 贝叶斯学习、贝叶斯网络与数据采掘[J]. 计算机科学,2000, 27 (10):69-72.

[6] 杨林,富元斋,黄立平. 基于神经网络的分类算法的改进[J]. 计算机工程与应用,2002, 38(5):71-73.

[7] 刘明吉,王秀峰,王治宝,等. 一种基于遗传算法的知识挖掘算法[J]. 计算机工程,2000, 26(8):13-14.

[8] Quinlan J S. C4.5:Programs for Machine Learning[M]. San Mateo,CA:Morgan Kaufmann Publishers, 1993.

[9] 蹇滔,胡鹏. C4.5 算法在 Snort 入侵检测信息模糊聚合上的应用[J]. 计算机应用,2009, 29(S2):97-99.

[10] Domingos P, Hulten G. Mining high-speed data streams[C]//Proceedings of the sixth ACM SIGKDD International Conference on Knowledge Discovery and Data Mining. Boston,MA:ACM Press, 2000:71-80.

[11] Hulten G, Spencer L, Domingos P. Mining time-changing data streams[C]//Proceedings of 2001 ACM SIGKDD International Conference on Knowledge Discovery and Data Mining. San Francisco,CA:ACM Press, 2001:97-106.

[12] Fayyad U M, Piatetsky-Shapiro G, Smyth P. From data mining to knowledge discovery: an overview[C]//Advances in Knowledge Discovery and Data Mining. Menlo Park, CA:AAAI/MIT Press, 1996:1-36.

[13] Cohen L, Avrahami G, Last M, et al. Info-fuzzy algorithms for mining dynamic data streams[J]. Applied Soft Computing, 2008,8(4):1283-1294.

# 第3章　聚类算法分析

聚类是数据挖掘领域最为常见的技术之一。聚类基于"物以类聚"的思想,对未知分类的数据划分类别。聚类分析首先计算对象个体或对象类之间的相似程度,然后将满足相似条件的对象个体或对象类分入同一类内;不满足相似条件的对象个体或对象类分入不同类中,使划分结果满足类内元素相似程度高、类间元素相似程度最低的要求。经典聚类方法主要分为划分聚类方法、层次聚类方法、基于密度的聚类方法、基于网格的聚类方法、基于模型的聚类方法、高维聚类方法。这些经典的聚类算法与其他数据分析技术相融合,其研究成果广泛地应用于零售业、生物信息和网络信息安全等研究领域,成为数据分析最为重要的基础理论。

## 3.1　聚类分析概述

### 3.1.1　聚类分析概念

聚类分析是研究数据间逻辑上或物理上的相互关系的技术,它通过一定的规则将数据集划分为在性质上相似的数据点构成的若干个类。聚类分析的结果不仅可以揭示数据间的内在联系与区别,同时也为进一步的数据分析与知识发现,如数据间的关联规则、分类模式以及数据的变化趋势等提供了重要的依据。

在数据挖掘领域,研究工作已经集中在怎样为大型数据库进行有效和实际的聚类分析寻找适当的方法。研究主题集中在聚类方法的可伸缩性、对聚类复杂形状和类型的数据的有效性、高维聚类分析技术以及针对大型数据库中混合数据的聚类方法。具体地说,数据挖掘对聚类的特殊要求如下:

(1)可伸缩性:许多聚类方法在小于1 000个数据对象的小数据集合上工作得很好;但是,一个大规模数据库可能包含几百万个对象,在这样的大数据集合样本上进行聚类可能导致较大偏差。

(2)处理不同类型属性的能力:许多聚类方法只能聚类数值类型的数据;但是,在数据挖掘领域,数据类型是多样的。

(3)用于决定输入参数的领域知识最少:许多聚类方法在聚类分析中要求用户输入一定的参数,例如希望产生类的数目,而且聚类结果对于输入参数十分敏感。参数通常很难确定,特别是对于包含高维对象的数据集来说,更是如此。要求用户输入参数不仅加重了用户的负担,也使得聚类的质量难以控制。

(4)发现任意形状的聚类:许多聚类方法基于欧氏距离来决定聚类。基于这样的距离度量的算法趋向于发现具有相似此尺度和密度的球状簇。

(5)处理噪声数据的能力:绝大多数的现实世界中的数据库都包含了孤立点、空缺、未知数据或错误的数据。有些聚类方法对于这样的数据较为敏感,可能导致低质量的聚类结果。

(6)对于输入数据的顺序不敏感:有些聚类方法对于输入数据的顺序是敏感的。例如,同一个数据集合,当以不同的顺序提交给同一个方法时,可能生成差别很大的聚类结果。

(7)处理高维数据的能力:一个数据库或者数据仓库可能包含若干维或者属性。许多聚类方法擅长处理低维的数据,可能只涉及两到三维。在高维空间中聚类数据对象是非常有挑战性的,特别是这样的数据可能非常稀疏,而且高度偏斜。

(8)基于约束的聚类:现实世界中的应用可能需要在各种约束条件下进行聚类。要找到既满足特定的约束,又具有良好聚类特性的数据分组是一项具有挑战性的任务。

(9)聚类结果的可解释性和可用性:用户希望聚类结果是可解释的、可理解的、可用的。也就是说,聚类可能需要和特定的语义解释和应用相联系。

## 3.1.2 聚类分析中的数据类型

传统的聚类分析方法几乎都是基于数值型数据作为研究的。但是在现实中,数据挖掘的对象与种类多样复杂,这就需要聚类算法不仅能够处理数值型属性数据,同时也可以处理其他非数值型的数据类型,以适应不同的需要。通常来讲,在数据挖掘中出现的数据记录属性类型有:二元型、区间标度型、标称型、序数型、比例标度型变量等基本的数据类型,以及由它们的组合产生的属于混合类型的属性变量。

1) 二元型、比例标度型变量

二元变量仅有两个状态:0 和 1,它们分别表示某个事件的两个对立的状态。例如,描述一台机器是否正常工作的变量 ORnot,1 表示正常工作,而 0 表示不工作。假设用处理区间变量的方式去处理二元变量,可能会产生错误的聚类结果,所以要用不同的方式来计算其相似度。

一种方法是关于给定的数据对象类计算相似度矩阵的。若假设全部二元数据有一样的权值,将得到一张 2 行 2 列的可能性结果,如表 3.1 所列。在表中,$q$ 是有关记录 $i$ 和 $j$ 值都为 1 的变量的个数,$r$ 是有关记录 $i$ 值为 1 而记录 $j$ 值为 0 的变量的个数,$s$ 是有关记录 $i$ 值为 0 而记录 $j$ 值为 1 的变量的个数,$t$ 是有关记录 $i$ 和 $j$ 值都为 0 的变量的个数。变量的总数为 $p,p=q+r+s+t$。

表 3.1　二元变量的可能性

| 对象 $j$ 对象 $i$ | 1 | 0 | Sum |
|---|---|---|---|
| 1 | $q$ | $r$ | $q+r$ |
| 0 | $s$ | $t$ | $s+t$ |
| sum | $q+s$ | $r+t$ | $p$ |

对称二元变量:若其两个状态是相同权值的,即有相同的价值,则称二元变量为对称的二元变量。

关于对称的二元变量相似度定义为恒定相似度。恒定的相似度中,评估两个记录 $i$ 和 $j$ 之间相似度的最常用的系数即为简单匹配系数:

$$d(i,j)=\frac{r+s}{q+r+s+t} \qquad (3-1)$$

不对称二元变量:若其两个状态不是相同权值的,即没有相同的价值,则该二元变量为不对称的二元变量。通常来讲,会对其输出结果进行比较,一般将出现概率比较小的结果设定为 1,而将另一种结果设定为 0。若将两个不对称的二元变量都取值为 1 的状况(称之为正匹配)确定为比两个取值都为 0 的状况(称之为负匹配)更加可信,那么这样的二元变量通常确定为似乎仅有一个状态。类似这样的相似度我们叫它为非恒定相似度。就非恒定相似度来讲,最有名的评价系数是 Jaccard 系数。在其处理过程中,负匹配个数 $t$ 被设定为是次要的,可以被省略。

$$d(i,j)=\frac{r+s}{q+r+s} \qquad (3-2)$$

比例标度型变量:在非线性的标度中选取正的度量值,如指数标度,符合如下的公式:

$$Ae^{Bt} 或 Ae^{-Bt} \qquad (3-3)$$

式(3-3)中的 $A$ 和 $B$ 是正的常数,如细菌数目的增长或者放射性元素的衰变等。用比例标度型变量计算记录之间的相似度,一般有 3 种方法:

① 选用类似处理区间标度变量的方式。不过,此类做法并非一个好的选择,因为标度可能已经被改变了。

② 将比例标度型变量作对数变换,例如记录 $i$ 的 $f$ 变量的值 $x_{if}$ 被转换为 $y_{if}$,$y_{if}=\log_2(x_{if})$。转化后 $y_{if}$ 值的处理是基于距离度量方式的。

③ 将 $x_{if}$ 看作连续的序数型数据,将其秩作为区间标度的值来对待。

2) 标称型变量

标称型的变量是在二元型变量基础上的扩展,一般存在 2 个以上的状态值。例如,字符串 Color 就是一个标称型的变量,它的几个取值为橙色、红色、紫色、黄色和绿色等。

如果设某标称型变量可能的取值个数为 $m$,则这些可能的状态取值可以用字符、字符串或一组整数序列$(1,2,\cdots,m)$来表示。两对象记录 $i$ 和 $j$ 之间的相似度,可以用如下公式来计算:

$$d(i,j) = \frac{p-m}{p} \qquad (3-4)$$

式中字符 $m$ 是可能状态的数目,也就是对 $i$ 和 $j$ 取值相同的变量的个数,而字符 $p$ 是全部变量的总个数。可以用赋值的方法增加 $m$ 权重的作用。另一种方法是将 $m$ 赋以各种状态去得到较大或较小的权值。

### 3) 序数型变量

离散的序数型变量是与标称型变量相类似的,不同的是序数型变量的 $m$ 种状态的排列是有顺序意义的排列。连续型序数变量属于一个无法获知标度的连续数据对象的集合,即有必要知道数值的相对顺序,但实际的大小却不是很重要。可将区间标度型变量的取值空间划分为有限个不同的区间,同时对其离散化,这样就可以得到序数型变量。序数型变量的值域空间可以向秩的空间映射。例如,若某个变量 $f$ 有 $m_f$ 个状态,那么有序的状态序列确定了一个排列 $1,\cdots,m_f$。在计算数据记录之间的相似度时,序数型变量的处理方式与区间标度型变量的处理方式是极为类似的。设 $f$ 是用来描述 $n$ 个记录的一组序数型变量,那么 $f$ 的相似度计算如下:

① 第 $i$ 个记录的 $f$ 值为 $x_{if}$,变量 $f$ 有 $m_f$ 个有序的不同状态,对应于序列 $1,\cdots,m_f$,则其相应的秩 $r_{if}$ 代替 $x_{if}$,$r_{if} \in \{1,\cdots,m_f\}$。

② 既然各个序数型变量有不同数目状态的组合,且需要将每个变量的值域映射到区间 $[0.0,1.0]$ 上,那么各个变量都有相同的权值。其可以用 $z_{if}$ 代替 $r_{if}$ 来表示:

$$z_{if} = \frac{r_{if}-1}{m_f-1} \qquad (3-5)$$

③ 相似度的计算可以用任意距离度量方式,如采用 $z_{if}$ 代替第 $i$ 个对象的 $f$ 值。

### 4) 区间标度型变量

区间标度型变量是连续度量,是用来粗略估计线性标度的。经典的事例是关于重量和高度,以及经度和纬度坐标,等等。如果要使数据或记录划分为不同类别,需要确立差异度或相似度的测度来衡量同一类别中记录相似性以及不同类别记录之间的差异性;同时,还要涉及记录的各个属性是否使用的是不一样的度量方式和单位。这些处理都将直接或者间接导致不同的聚类分析效果,所以需要在计算记录之间的相似度之前对记录数据标准化。

对于一个数据集,有 $n$ 个记录的 $m$ 维度(属性)数据集。这里有两种标准化方法:

平均绝对误差 $s_f$:

$$s_f = \frac{1}{n}\sum_{i=1}^{n} |x_{ip} - m_p| \qquad (3-6)$$

字符 $x_{ip}$ 代表第 $i$ 个数据记录在属性 $p$ 上的取值,$m$ 为属性 $p$ 上的平均值,即为:

$$m_p = \frac{1}{n}\sum_{i=1}^{n} x_{ip} \qquad (3-7)$$

标准化度量取值 $z_p$：

$$z_p = \frac{x_{ip} - m_p}{s_f} \tag{3-8}$$

平均绝对误差 $s_f$ 较标准差 $\sigma$ 关于孤立点具有较好的稳定性。关于平均绝对偏差的计算，属性值和平均值的偏差 $|x_{ip} - m_p|$ 是没有进行平方的，这样一来，定义程度上减小了孤立点的影响。

将数据记录的每项经过标准化处理以后，测量其属性值的相似度，一般来讲为记录间的距离的计算。对于 $n$ 维向量 $\boldsymbol{x}_i$ 和 $\boldsymbol{x}_j$，存在如下的距离函数：

欧几里得（Euclid）距离：

$$D(\boldsymbol{x}_i, \boldsymbol{x}_j) = \| \boldsymbol{x}_i - \boldsymbol{x}_j \| = \sqrt{\sum_{i=1}^{n} (\boldsymbol{x}_i - \boldsymbol{x}_j)^2} \tag{3-9}$$

曼哈坦（Manhattan）距离：

$$D(\boldsymbol{x}_i, \boldsymbol{x}_j) = \sum_{i=1}^{n} |\boldsymbol{x}_{ik} - \boldsymbol{x}_{jk}| \tag{3-10}$$

闵可夫斯基（Minkowski）距离：

$$D(\boldsymbol{x}_i, \boldsymbol{x}_j) = \left[ \sum_{k=1}^{n} (\boldsymbol{x}_{ik} - \boldsymbol{x}_{jk})^m \right]^{\frac{1}{m}} \tag{3-11}$$

当 $m=2$ 时，闵氏距离 $D_2$ 设定为欧氏距离；当 $m=1$ 时，闵氏距离 $D_1$ 设定为曼哈顿距离。通常，距离度量存在如下数学要求：

① $d(i,j) > 0$：距离要为正数。

② $d(i,j) = 0$：一个记录与本身的距离为 0。

③ $d(i,j) = d(j,i)$：距离函数的对称性。

④ $d(i,j) < d(i,h) + d(h,j)$：记录 $i$ 到记录 $j$ 的直接距离小于到其他记录 $h$ 的距离（三角不等式）。

5）混合类型变量

在现实中，许多真实的数据库中的记录的类型通常是混合类型的数据构成的。通常情况下，一个数据库中的数据可能包含以上所述各种变量类型的组合。

描述混合类型变量记录之间的相似度的方法：

第一种方法是将所有的数据按类型进行分组，针对不同类型的数据进行各自的聚类分析。如果这些分析产生相互兼容的结果，则此方法是可行的。不过在实际应用中，这类情况基本不可能发生。

第二种方法是将所有的数据一起处理，而后只完成一次聚类分析。通常这种方式将不同类型的数据记录组合存储在独自相似度矩阵中，把所有的有意义的数据映射到共同的值域区间 $[0.0, 1.0]$ 上。

如果数据集中有 $p$ 个不同类型的变量,将记录 $i$ 和 $j$ 之间的相似度 $d(i,j)$ 定义为:

$$d(i,j) = \frac{\sum\limits_{f=1}^{p} \delta_{ij}^{f} d_{ij}^{f}}{\sum\limits_{f=1}^{p} \delta_{ij}^{f}} \qquad (3-12)$$

式中,如果 $x_{if}$ 或 $x_{jf}$ 不存在(即记录 $i$ 或记录 $j$ 没有变量 $f$ 的度量值),亦或者 $x_{if} = x_{jf} = 0$,且变量 $f$ 为不对称的二元变量,则指示项 $\delta_{ij}^{f} = 0$;否则,$\delta_{ij}^{f} = 1$。变量 $f$ 对 $i$ 和 $j$ 之间相似度的计算方法与其具体数据类型相关:

① 变量 $f$ 是二元变量或标称变量:如果 $x_{if} = x_{jf}$,则 $d_{ij}^{f} = 0$;否则,$d_{ij}^{f} = 1$。

② 变量 $f$ 是区间标度变量:

$$d_{ij}^{f} = \frac{|x_{if} - x_{jf}|}{\max_{h} x_{hf} - \min_{h} x_{hf}} \qquad (3-13)$$

式中 $h$ 为遍取变量 $f$ 的全部的非空缺对象记录。

③ 变量 $f$ 是序数型或者比例标度型变量:计算秩 $r_{if}$ 和 $z_{if} = \dfrac{r_{if} - 1}{m_f - 1}$。

④ 将 $z_{if}$ 定义为区间标度型变量的值。

同样,在描述记录中的变量为不同类型时,也可以计算记录之间的相似度。

# 3.2　聚类分类

多数聚类算法可以分为划分聚类方法、层次聚类方法、基于密度的聚类方法和基于网格的聚类方法。

1) 划分聚类方法(Partitioning Clustering Method)

划分聚类方法是一种基于原型的聚类方法。其基本思路是:首先从数据集中选择几个对象作为聚类的原型,然后将其他对象分别分配到由原型所代表的最相似,也就是距离最近的类中。该类方法的主要优点是复杂度较低,对处理大数据集是相对可伸缩和高效的;其缺点是该类算法要求事先给出将要生成的簇的数目 $k$,这就与聚类算法的初衷相矛盾了,并且 $k$ 个初始点的选择对聚类结果影响也很大。此外,该类算法只能发现非凹的球状簇,对于噪声数据很敏感。

根据所采用的原型的不同,聚类方法主要分为 K-means 和 K-medoid 两大类方法。

2) 层次聚类方法(Hierarchical Clustering Method)

层次聚类方法是对给定的数据对象集合进行层次的分解。根据层次的分解形成的方式,层次聚类的方法可以分为凝聚和分裂两大类。凝聚型层次聚类法(Agglomerative Hierarchical Clustering),也称为自底向上(Bottom-Up)的方法,一开始将每个对象作为单独的一个类,然后相继地合并相近的类,直到所有的类合并为一个(层次的最上层),或者达到一个终止条件。分裂型层次聚类法(Divisive Hierarchical Clustering),也称为自顶向下(Top-Down)的方法,一开始将所有的对象置于一个类中,在迭代的每一步中,类被分裂为更小的类,直到每个类只包含一个对象为止,或者达到一个终止条件。在凝聚或者分裂层次聚类方法中,通常以用户定义希望得到的类的数目作为结束条件。层次聚类方法虽然简单,但经常会遇到凝聚点或分裂点选择的困难。这样的决定是非常关键的,因为一旦一组对象被凝聚或者分裂,下一步的处理就将在新生成的类上进行。已做的处理不能被撤销,类之间也不能交换对象。如果在某一步没有很好地做出凝聚或分裂的决定,则可能会导致低质量的聚类结果。而且,这种聚类方法不具有很好的可伸缩性,因此人们提出众多改进的层次聚类算法,以改进层次聚类方法的性能。层次聚类方法采用一种迭代控制策略,使聚类逐步优化,它是按照一定的相似性判断标准,合并最相似的部分或者分割最不相似的部分。

层次聚类方法有许多算法,如:传统的层次聚类算法有由 Kaufman 和 Rousseeuw 提出的凝聚型方法 AGNES(Agglomerative Nesting)算法和分裂型方法 DIANA(Divisive Analysis)算法,后来出现的 CURE(Clustering Using Representatives)算法、BIRCH(Balanced Iterative Reducing and Clustering using Hierarchies)算法和 ROCK(Robust Clustering Algorithm)算法等新算法,大多采用的是凝聚型的层次方法。

3) 基于密度的聚类方法(Density-Based Clustering Method)

基于密度的聚类方法是以局部数据特征为聚类判断标准的,它将对象密集的区域作为一个类,从而形成的类的形状是任意的,且类中对象的分布也是任意的。绝大多数划分方法是基于对象之间的距离进行聚类的,这样的方法只能发现球状的类,而在发现任意形状的类上遇到困难。因此,出现了基于密度的聚类方法,其主要思想是:只要邻近区域的密度(对象或数据点的数目)超过某个阈值,就继续聚类。也就是说,对给定类中的每个数据点,在一个给定范围的区域内必须至少包含某个数目的点。这样的方法可以过滤"噪声"数据,发现任意形状的类。

基于密度的聚类方法有许多具体算法,如:1996 年 Ester 等人提出了 DBSCAN(Density-Based Spatial Clustering of Applications with Noise,具有噪声的基于密度的聚类应用)算法。该算法将具有足够高密度的区域划分为类,并可以在带有"噪声"的空间数据中发现任意形状的类。周水庚、周傲英等人在不同方面对 DBSCAN 算法进行了改进,提高了 DBSCAN 算法的执行效率。Agrawal 等人 1998 年提出的基于密度和网格的聚类算法 CLIQUE(Clustering In Quest),用于聚类高维数据。Ankerst 等人 1999 年提出的 OPTICS(Ordering Points to Identify the Clustering Structure)算法是一种基于类排序的方法,克服了 DBSCAN 参数设置复杂的缺点。Hinneburg 和 Keim 提出的 DENCLUE(Density-based Clustering)算法、裴继法等人提出的方法均为基于密度分布函数的方法。多数基于密度的聚类方法对参数都很敏感,参数设置的细微不同可能导致差别很大的聚类结果。

4) 基于网格的聚类方法(Grid-based Clustering Method)

基于网格的聚类方法将对象空间划分为有限数目的单元,形成一个网格结构,所有的聚类操作都在这个网格结构上进行。这种方法的主要优点是它的处理速度很快,因为基于网格的聚类方法与网格的数目有关,而不依赖于对象的数目;但这种算法效率的提高是以聚类结果的精确性为代价的。

基于网格的聚类方法有 Wang 等人提出的 STING(Statistical Information Grid)和 STRING+,是基于网格的多分辨率方法。该种方法效率高,而且网格结构有利于并行处理和增量更新,但其降低了聚类的质量和精确性。Sheikholeslami 等人提出的 Wavecluster 也是一个多分辨率的聚类方法。它首先通过在数据空间上强加一个多维网格结构来汇总数据,然后采用一种小波变换来变换原特征空间,在变换后的空间中找到密集区域。改进的小波变换聚类方法 Wavecluster+,可处理复杂的图像数据库聚类问题。Agrawal 等人提出的 CLIQUE 综合了基于密度和网格方法的聚类方法,用于聚类高维数据。

# 3.3　划分方法

## 3.3.1　K-means 算法

K-means 算法即 K 均值算法。假设要将 $N$ 个对象分成 $K$ 类,在 K-means 算法中,首先随机地选择 $K$ 个对象代表 $K$ 个类的中心,依据距离最小原则将其他对象分配到各个类中。在完成首次对象的分配后,以每一个类中所有的对象的各属性均值作为该类的新中心,进行对象的再分配。重复该过程直到没有变化为止,即可得到最终的 $K$ 个类。

(1) K-means 聚类算法的聚类过程:

给定 $N$ 个数据点的集合 $A,A=\{A_1,A_2,\cdots,A_N\}$,聚类划分的目标是从集合 $A$ 中找到 $K$ 个聚类 $B,B=\{B_1,B_2,\cdots,B_K\}$,使每一个点 $A_i$ 被分配到唯一的一个聚类 $B_j$。其中,$i=1,2,\cdots,N$;$j=1,2,\cdots,K$。

(2) K-means 算法的基本思想:

一个包含 $N$ 个数据的对象,要生成 $K$ 个类,首先随机选取 $K$ 个对象,每个对象为 1 个类的初始平均值或中心,然后通过欧几里得距离度量计算离每个聚类中心距离,把其余数据归到离它最近的类。对调整后的新簇使用平均法计算新的聚类中心,重复进行计算。如果聚类中心没有任何变化,算法结束,最后所有的数据对象存放在相应的类 $B_j$ 中。

对象间计算相似度比较常用的方法是距离度量。这些方法一般依赖于欧式距离。$d$ 维样本空间 $D$ 中的任意两个数据元素 $X$、$Y$,在数值属性条件下,可以方便地计算出两者之间的距离。设 $D$ 中的两个数据元素 $x_i=(x_{i_1},x_{i_2},\cdots,x_{i_d})$ 和 $x_j=(x_{j_1},x_{j_2},\cdots,x_{j_d})$。

平方误差准则定义如下:

$$E=\sum_{i=1}^{k}\sum_{x\in B_j}|x-\overline{x_i}|^2 \tag{3-14}$$

式(3-14)中,$E$ 是数据库中所有对象平方误差的总和,$x$ 是集合中的数据点,$\overline{x_i}$ 是类 $B_j$ 的平均值。

(3) K-means 算法的输入和输出:

输入:结果类个数 $K$,包含 $N$ 个对象的数据集合。

输出:$K$ 个类的集合。

(4) K-means 算法的步骤:

① 随机选取 $K$ 个对象 $A_j \in B$ 作为初始类中心;

② 把每个数据分配到离类中心距离最近的类中;

③ 计算新类的平均值,并重复②,直到平均值不再改变为止。

K-means 聚类算法的每一个聚类可以仅由该类的中心向量和点数表示,实现方便、内存使用率低。其算法简单、易于解释,且时间复杂度和数据集大小成线性关系。当数据集较大时,K-means 算法的执行效率比较低,对大数据集的扩展性比较差。

## 3.3.2　K-medoid 算法

K-means 算法即 K 中心点算法。假设有 $N$ 个对象需要分成 $K$ 类,K-medoid 算法是采用数据集中任意数据点作为 $K$ 个类的中心,并且按照一定的标准使聚类的质量达到最好的 $K$ 个对象。在 K-medoid 算法中,首先选择任意 $K$ 个对象代表 $K$ 个类的中心,根据距离最小原则将其他对象分配到各个类中。然后选取每个类中接近类中心的一个对象表示新的 $K$ 个类中心,反复迭代运算,得到最终聚类结果。

聚类质量是否改善,可采用交换成本函数进行评估。该函数定义如下:

$$\Delta E = E_2 - E_1 \tag{3-15}$$

式中 $\Delta E$ 代表均方差的变化,如果该值为负值,则代表聚类质量得到了改善,就替换原聚类中心;$E_2$ 代表替换后所有数据对象与相应聚类中心的均方差之和;$E_1$ 代表替换前所有数据对象与相应聚类中心的均方差之和。

(1) K-medoid 算法的输入和输出:

输入:结果类个数 $K$,包含 $N$ 个对象的数据集合。

输出:$K$ 个类的集合。

(2) K-medoid 算法的步骤:

① 随机选取 $K$ 个对象 $A_j \in B$ 作为初始类中心;

② 把每个数据分配到离类中心距离最近的类中;

③ 计算新类的任意对象与原类中心对象的交换成本 $\Delta E$,若 $\Delta E$ 为负值则交换两个对象并跳转②,若 $\Delta E$ 为正值则重复③,若 $\Delta E$ 为零则得到聚类最终结果。

PAM(Partitioning Around Medoids,围绕中心点的划分)算法、CLARA(Clustering Large Application,聚类大型应用)算法及 CLARANS(Clustering Large Applications based on Randomized Search,基于随机搜索的聚类大型应用)等算法,都是常见的 K-medoid 算法。

PAM 算法是一种典型的 K-medoid 算法。该算法的聚类过程是:首先随机选取 $K$ 个对象作为 $K$ 个类的代表 medoid,并将其他对象分配到与其距离最近的 medoid 所代表的类中。然后按照一定的质量检验标准选择一个 medoid 对象和另一个非 medoid 对象进行交换,使得聚类的质量得到最大限度的提高。重复上述对象交换过程,直到质量无法提高为止,并将此时的 $K$ 个 medoid 作为最终的 $K$ 个 medoid,进行非 medoid 对象的分配,形成最终的聚类。

CLARA 算法是 Kaufman 与 Rousseeuw 为处理大数据而开发的。该算法从数据集的样本中即实际数据的一小部分中发现代表对象,然后用 PAM 方法找出样本的中心点。如果随机抽取的样本不包含 $K$ 个最佳中心点之一,那么 CLARA 算法将永远不能找到最佳聚类。因为 CLARA 算法的有效性取决于样本的大小。为了更好地近似,CLARA 算法抽取多个样本并将最好的聚类作为输出。

CLARANS 算法将抽样技术与 PAM 方法结合起来。其与 CLARA 算法的区别是,CLARA 算法在搜索的每个阶段有一个固定的样本,而 CLARA 算法在任何时候都不局限于任何样本。CLARANS 算法首先随机抽取样本并选取 $K$ 个对象节点作为初始中心,采用 PAM 方法在中心点附近找寻代价最小的解时检查当前节点的所有近邻,当前节点被代价降低最多的近邻取代。如果发现一个更好的近邻,CLARANS 算法就会移到该节点,重新开始迭代。当找到最大邻居数并得到局部最小解时,将局部最小输出。

# 3.4 层次方法

## 3.4.1 BIRCH 算法

BIRCH(Balanced Iterative Reducing and Clustering using Hierarchies)算法是 1996 年 Zhang Tian 等人专门针对大规模数据集提出的一种聚结型层次聚类算法。BIRCH 算法引入聚类特征和聚类特征树两个概念对数据进行压缩,不但减小了需要处理的数据量,而且压缩后的数据能满足 BIRCH 算法聚类过程的全部信息需要,不影响聚类的质量。聚类特征是由关于记录子集的三重变量组成的。假设在一个子类中有 $N$ 个记录,那么这个子类的聚类特征就是 CF=$(N,LS,SS)$。其中 LS 是 $N$ 个点(记录)的直线相加,SS 是 $N$ 个点的平方和相加。聚类特征本质上是对于给定的子类的统计和,它记录了衡量一个子类的最关键的部分,用存储统计值代替了存储整个类的记录,提高了存储的效率。聚类特征树是垂直平衡树,它为一个层次聚类存了各个步骤的聚类特征。一个聚类特征有两个变量——"分枝要素 $B$"和"门限 $T$",$B$ 限定了每个"非叶子节点"最多含有的"孩子"节点的个数,$T$ 限定了存在叶节点的子类的最大半径。这两个参数影响了最后产生的树的大小。

BIRCH 算法试图利用有限的资源来生成最好的聚类结果,尽可能减少 I/O 请求。

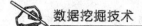

BIRCH 算法采用聚类特征树来表示聚类,CF 树是高度平衡树,采用分层数据结构存储聚类特征。聚类特征 CF(Cluster Feature)是聚类信息的三元组:CF＝(N,LS,SS)。这里 N 是类中对象个数,LS、SS 分别是这 N 个对象的属性值之和与平方和,用于计算属性均值和方差。

BIRCH 算法包括两个阶段:第 1 阶段扫描数据库,建立初始存于内存的 CF 树;第 2 阶段采用某个聚类算法对 CF 树的叶节点进行聚类,以进一步改进聚类质量。由于 CF 树的每个节点只能包含有限数目的条目,因此节点并不总是对应于自然聚类;另外由于 BIRCH 算法用直径的概念控制聚类的边界,如果聚类的边界不是球形的,则 BIRCH 算法不能很好地工作。

BIRCH 算法试图利用可用的资源生成最好的聚类结果。通过一次扫描就可以进行较好的聚类,故该算法的计算复杂度是 $O(n)$。$n$ 是对象的数目。

BIRCH 算法首先建立存放于内存的 CF 树,再采用某个聚类算法对 CF 树的叶结点进行聚类。

BIRCH 算法的聚类步骤:

① 扫描整个数据库一次,建立一个初始化的聚类特征树。

② 用一个聚类算法来聚合这些叶节点。在第 1 阶段,聚类特征树是随着记录一个一个地加入而自动形成的:一个记录被放入那个离它最近的叶节点(类)中去。如果放入以后这个子类的半径大于门限值 $T$,那么这个叶节点就会被分割。这个放入的信息也会传递到根节点中去。聚类特征树的大小可以通过调节参数来改变,如果要存储的树需要的内存超过了主内存,那就要减小门限值重新建立一棵树,这个重建过程并不需要将整个记录扫描一次,而是建立在老的树的叶节点的基础之上的。因此,建立一个树记录需要被扫描一次,此外还有一些方法进一步扫描记录,以提高聚类特征树的质量。当树建好以后,就可以在第 2 阶段用其他的聚类算法了。

BIRCH 算法适用于大规模数据的聚类。由于它采用半径和直径来限制类的分布范围,所以适用于对象分布为球形的情况。另外,该算法聚类结果可能受数据输入顺序的影响。

## 3.4.2 CURE 算法

CURE(Clustering Using Representatives)算法是 1998 年由 Guha、Rastogi 和 Shim 提出的,采用的是聚结型层次聚类策略。CURE 算法不用单个中心或对象来代表一个类,而是选择数据空间中固定数目的具有代表性的点代表一个类,可以识别复杂形状和大小不同的类,而且能很好地过滤孤立点。该算法首先把每个数据点看成一类,然后再合并距离最近的类直至聚类个数为所要求的个数为止。CURE 算法对类的表示方法进行了改进,回避了用所有点或简单地用中心和半径这样单一条件来表示一个类的做法;而是从每个类中抽取数量固定、分布较好的点作为描述此类的代表点,并将这些点乘以一个适当的收缩因子,使它们更靠近类的中心点。将一个类用多个代表点来表示,就使得聚类的外延可以向非球形的形状扩展,从而可调整聚类的形状,以表达那些非球形的类。另外,收缩因子的使用降低了噪声对聚类的影响。同时,CURE 算法采用随机抽样与分割相结合的办法来提高算法的空间和时间效率。CURE 算法能够处理大数据集,不受对象分布形状的限制且能灵活地处理异常值。

CURE 算法描述:

① 从源数据对象中抽取一个随机样本 $S$;

② 将样本 $S$ 割分为一组划分;

③ 对划分局部的聚类;

④ 通过随机取样提出孤立点,如果一个簇增长太慢,就去掉该簇;

⑤ 对局部的簇进行聚类;

⑥ 用相应的簇标签标记数据。

Guha、Rastogi 和 Shim 在 CURE 方法的基础上,又提出了适用于分类数据的 ROCK(Robust Clustering using Links,使用连接的鲁棒聚类)方法。Qian Yuntao 提出的 CURE-Ns 采用改进的收缩策略,提高了 CURE 方法的聚类能力。Tao C. W. 将模糊逻辑与 CURE 的代表点技术结合,提出模糊多中心点聚类方法。陈恩红等也提出一种类似于 CURE 的多代表点聚类方法。Karypis、Han 和 Kumar 基于对 CURE 和 ROCK 缺点的观察,提出了采用动态模型的 Chameleon 方法,同时考虑对象间的互连性和类间的近似度,在发现高质量的任意形状的聚类方面有更强的能力。

上述层次聚类方法虽然有效地提高了算法的聚类能力,但大大延长了算法的执行时间,它们的计算复杂度均为 $O(n^2)$ 或更高。

# 3.5　密度方法

## 3.5.1　DBSCAN 算法

DBSCAN(Density-Based Spatial Clustering of Applications with Noise,具有噪声的基于密度的聚类应用)算法利用类的密度连通特性,可以快速发现任意形状的类。其基本思想是:对于一个类中的每一对象,在其给定半径 $\varepsilon$ 的邻域中包含的对象不能少于某一给定的最小数目 MinPts。在 DBSCAN 中,发现一个类的过程是基于这样的事实,即一个类能够被其中的任意一个核心对象所确定。为了发现一个类,DBSCAN 先任意取一对象 $p$,并查找关于 $\varepsilon$ 和 MinPts 的从 $p$ 密度可达的所有对象。如果 $p$ 是核心对象,也就是说,半径为 $\varepsilon$ 的 $p$ 的邻域中包含的对象数不少于 MinPts,则根据算法可以找到一个关于参数 $\varepsilon$ 和 MinPts 的类。如果 $p$ 是一个边界点,即半径为 $\varepsilon$ 的 $p$ 的邻域包含的对象数小于 MinPts,则没有对象从 $p$ 密度可达,$p$ 被暂时标注为噪声点。然后,DBSCAN 处理下一个对象。可见,DBSCAN 算法中的类是按某种规则确定的密集区,这些区域是被稀疏区分离开的。DBSCAN 算法不受聚类形状的限制及异常值的影响。

为了更好地理解该算法,给出如下定义及引理:

**定义 3.1(直接密度可达)** 如果 $p$ 属于 Neps $(q)$(Neps$(q)$ 表示 $q$ 的 E'ps 邻域),且 $|$ Neps $(q)|\geqslant$ MinPts(核心对象条件,$q$ 为核心对象),则给定值 $\varepsilon$ 和 MinPts,对象 $P$ 是从对象 $q$ 直接密度可达的。

**定义 3.2(密度可达)** 如果存在一个对象链 $p_1,p_2,\cdots,p_n$,且 $p_1=q,p_m=p$,对 $p_i$ 属于 $D$ $(1<i<n)$,$P_{i+1}$ 是 $P_i$ 关于 $\varepsilon$ 和 MinPts 直接密度可达的,则对象 $p$ 从对象 $q$ 关于 $\varepsilon$ 和 MinPts 密度可达。

密度可达是直接密度可达的传递闭包,这种关系是非对称的。只有核心对象之间才是相互密度可达的。

**定义 3.3(密度相连)** 如果对象集合 $D$ 中存在一个对象 $O$,使得对象 $p$ 和 $q$ 是从 $O$ 关于 $\varepsilon$ 和 MinPts 密度可达的,那么就称对象 $p$ 和 $q$ 是关于 $\varepsilon$ 和 MinPts 密度相连的。

密度相连性是一个对称的关系。

**定义 3.4(簇)** $D$ 是一个对象集合,簇 $C$ 是满足如下条件的集合 $D$ 的一个非空子集:

最大性——$q$ 属于 $D$,如果 $p$ 属于 $C$ 并且 $p$ 和 $q$ 是密度可达的,则 $q$ 属于 $C$。

连通性——$q$ 属于 $C$,$p$ 和 $q$ 是密度相连的。

**定义 3.5(噪声)** 若 $D$ 是一个对象集合,$C_1,\cdots,C_k$ 是对 $D$ 聚类生成的簇,则对于 $D$ 中不属于任意簇的对象称为噪声(noise),即 noise=$\{P$ 属于 $D$ $|i:P$ 不属于 $C_i\}$。

**引理 3.1** 若 $p$ 是数据对象集合 $D$ 中的一个对象,且 $|$Neps$(p)|>$MinPts,则 $O=\{o|$ $o$ 属于 $D$ 且 $o$ 是 $P$ 关于 $\varepsilon$ 和 MinPts 的密度可达的对象集合$\}$ 是 $D$ 的一个簇。

**引理 3.2** 若 $C$ 是数据对象集合 $D$ 的一个关于 EPs 和 MinPts 的簇,$P$ 是 $C$ 中的一个对象且 $|$Neps $(p)|>$MinPts,则 $C$ 与集合 $O$ 等价,其中 $O=\{o|$ $o$ 是 $p$ 关于 $\varepsilon$ 和 MinPts 的所有密度可达对象$\}$。

DBSCAN 算法的执行流程:

① 从数据对象集合中选择任意对象 $P$,扫描所有对象,找出 $P$ 关于 $\varepsilon$ 和 MinPts 密度可达的对象集合。

② 判断:如果 $P$ 为核心对象,则得到一个簇;如果 $P$ 不是核心对象,则没有 $P$ 密度可达的对象集合。

③ 选择下一个任意对象集合,重复迭代。

DBSCAN 算法执行的过程中,根据定义 3.5,当两个簇的距离小于一定值的时候会合并为一个簇。其中,距离的度量使用了欧氏距离(欧几里德距离)方法。

## 3.5.2 OPTICS 算法

OPTICS(Ordering Points to Identify the Clustering Structure,通过点排序识别聚类结构)算法是 1999 年 Ankerst 等人在 DBSCAN 算法的基础上提出来的一种基于类排序的聚类

分析方法。它并不明确地生成数据类,而是基于密度建立对象的一种排序,通过该排列给出对象的内在聚类结构,通过图形直观地显示对象的分布与内在联系。虽然 DBSCAN 算法能够根据给定的参数 $\varepsilon$ 和 MinPts 来对对象进行聚类,但由用户主观来选择参数,影响了最终产生的类。为了解决这些问题,提出了顺序聚类的方法 OPTICS。DBSCAN 算法中,对于给定的一个 MinPts 值,那些参数 $\varepsilon$ 值小的所得到的类一定完全包含在 $\varepsilon$ 值大的类当中了。因此,为了得到类的集合,OPTICS 算法引入了两个距离参数——Core-distance(核心距离)和 Reachability-distance(可达距离)。

① 核心距离(Core distance):能使对象 $p$ 成为核心对象的最小 $\varepsilon'$。如果 $p$ 不是核心对象,那么这个值 $p$ 的核心距离没有定义。

② 可达距离(Reachability-distance):如果核心对象 $p$ 和另一个核心对象 $q$ 的距离小于 $\varepsilon'$,那么这个距离就是 $\varepsilon'$,其他的就是真实的距离。如果 $p$ 不是核心对象,$p$ 和 $q$ 之间的可达距离就没有被定义。

对于在数据库中的每一个对象,首先将它们编号,然后计算每个对象的这两个距离值。这就使得我们有足够的信息来在 $\varepsilon$ 小于等于 $\varepsilon'$ 的范围内得到很多的聚类结果了。

OPTICS 算法描述:

输入:样本集 $D$,邻域半径 $E$,给定点在 $E$ 领域内成为核心对象的最小领域点数 MinPts。

输出:具有可达距离信息的样本点输出排序。

OPTICS 方法:

(1) 创建两个队列,有序队列和结果队列。有序队列用来存储核心对象及其该核心对象的直接可达对象,并按可达距离升序排列;结果队列用来存储样本点的输出次序。

(2) 如果所有样本集 $D$ 中所有点都处理完毕,则算法结束;否则,选择一个未处理(即不在结果队列中)且为核心对象的样本点,找到其所有直接密度可达样本点。如果该样本点不存在于结果队列中,则将其放入有序队列中,并按可达距离排序。

(3) 如果有序队列为空,则跳至步骤(2);否则,从有序队列中取出第一个样本点(即可达距离最小的样本点)进行拓展,并将取出的样本点保存至结果队列中。假设它不存在于结果队列当中。

① 判断该拓展点是否是核心对象,如果不是,回到步骤(3),否则找到该拓展点所有的直接密度可达点;

② 判断该直接密度可达样本点是否已经存在结果队列,是则不处理,否则下一步;

③ 如果有序队列中已经存在该直接密度可达点,且此时新的可达距离小于旧的可达距离,则用新可达距离取代旧可达距离,有序队列重新排序;

④ 如果有序队列中不存在该直接密度可达样本点,则插入该点,并对有序队列重新排序。

(4) 算法结束,输出结果队列中的有序样本点。

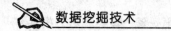

# 3.6　网格方法

## 3.6.1　STING 算法

STING(Statistical Information Grid,统计信息网格)是 Wang Wei 等人提出的一个基于网格多分辨率的聚类方法。它将空间划分为方形单元,不同层次的方形单元对应不同层次的分辨率。这些单元构成了一个层次结构:高层单元被分解形成一组低层次单元。

STING 的处理查询步骤为:首先根据查询内容确定层次结构的开始层次。通常这一层次包含较少的单元。对于当前层次中的每个单元,计算信任度差(或估计概率范围)以反映当前单元与查询要求的相关程度。消除无关单元以便仅考虑相关单元。不断重复这一过程,直到层次的最底层。这时如满足查询要求,则返回满足要求的相关单元区域;否则,取出相关区域单元中的数据,对它们进行进一步的处理,直到满足查询要求。STING 是基于网格多分辨率来聚类的,聚类质量完全依赖网格层次结构的最底层细度。另外,STING 没有考虑子女与其父单元在空间中的相互关系。

## 3.6.2　Wavecluster 算法

Wavecluster(小波聚类)是 Sheikholeslami 等人提出的一个多分辨率的聚类方法。其首先在数据空间中建立多维的网格结构,每一个网格单元汇总落入该网格的数据点的信息,然后采用小波转换的方法对原始特征空间进行变换,在变换后的空间中寻找密集区域。该算法能够处理大数据集和任意形状的聚类,且不受数据输入顺序和异常值的影响,也没有预先输入参数的要求。

小波变换聚类的优点有:

(1) 小波变换聚类提供了无指导的聚类,并能够自动地排除孤立点。

(2) 小波变换的多分辨率特性对不同精确性层次的聚类探测是有帮助的。

(3) 基于小波的聚类速度很快,计算复杂度是 $O(n)$。一种改进的小波变换聚类方法 Wavecluster＋可处理复杂的图像数据库聚类问题。

# 3.7　基于标量化 III 的聚类统计算法

本节利用类别数据挖掘方法——聚类分析的标量化 III 方法,对从网页内容中抽取有用的信息和知识的类别数据进行分析,即对网页中的语言性描述、商品描述、论坛留言等进行量化分析,从繁杂的页面内容中挖掘出对商业服务有价值的信息。这些任务都不是传统的数据挖掘任务。Web 挖掘过程和数据挖掘过程十分相似,但 Web 挖掘过程的数据收集是一项艰巨的任务,往往需要爬取大量的网页,然后对数据进行预处理、数据挖掘等操作。针对主题广泛、内容多样、文字格式相异的网页及论坛留言中的类别数据的问题,提出了标量化 III 聚类统计方法。

针对 Web 挖掘大致分为 3 类:内容挖掘、结构挖掘和使用挖掘。

(1)内容挖掘是指在人为组织的 Web 上,从文件内容及其描述中获取有用信息的过程;

(2)结构挖掘是从人为的链接结构、文档的内部结构和文档 URL 中的路径结构中获取有用知识的过程;

(3)使用挖掘是通过挖掘相应站点的日志文件和相关数据来发现该站点上的浏览者和顾客的行为模式。

在认识分析大量数据的时候,一般将相似的东西整理到一起进行分别处理。在这一过程中,既要保持问题原有的主要信息不丢失又能高效进行数据处理的方法是非常必要的。标量化 III 方法就是根据人或物的反应数据,对图像进行分类或抽出的一种聚类分析的标量化方法。

## 3.7.1　数学描述

设样本的总数为 $n$,类的总数为 $p$,$l_i$ 为样本 $i$ 选择类的总数,$m_j$ 为类 $j$ 被选择的总数。样本 $i$ 选择类 $j$ 时,$\delta_{ij}=1$;否则,$\delta_{ij}=0$。$x_j$ 为类 $j$ 的得分,$y_i$ 为样本 $i$ 的得分,$T$ 为选择的总数,即 $T=l_1+l_2+\cdots+l_n$ 或 $T=m_1+m_2+\cdots+m_p$,则样本得分与类得分的相关系数是:

$$\rho=\frac{C_{xy}}{\sigma_x\sigma_y} \tag{3-16}$$

式中,$x$ 的方差为:

$$\sigma_x^2=\frac{1}{T}\sum m_j x_j^2-\left(\frac{1}{T}\sum m_j x_j\right)^2 \tag{3-17}$$

因为取类得分的平均值为零的 $x_j$,所以:

$$\sigma_x^2=\frac{1}{T}\sum m_j x_j^2 \tag{3-18}$$

$y$ 的方差为:

$$\sigma_y^2=\frac{1}{T}\sum m_j y_j^2 \tag{3-19}$$

$y$ 的协方差为:

$$C_{xy}=\frac{1}{T}\sum_{i=1}^{n}\sum_{j=1}^{p} y_j x_j \delta_{ij} \tag{3-20}$$

为了求得使相关系数 $\rho$ 取得最大值的 $y_i$ 和 $x_j$,对相关系数进行偏微分计算,并有:

$$\frac{\partial\rho}{\partial x_j}=0,\qquad j=1,2,\cdots,p \tag{3-21}$$

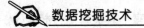

$$\frac{\partial \rho}{\partial y_i} = 0, \qquad i = 1, 2, \cdots, n \tag{3-22}$$

将式(3-16)的 $\rho$ 代入式(3-21),进行偏微分计算得到:

$$\frac{\partial\left(\dfrac{C_{xy}}{\sigma_x \sigma_y}\right)}{\partial x_j} = \frac{\sigma_x \sigma_y \dfrac{\partial C_{xy}}{\partial x_j} - C_{xy} \dfrac{\partial \sigma_x \sigma_y}{\partial x_j}}{(\sigma_x \sigma_y)^2} = 0 \tag{3-23}$$

即

$$\sigma_x \sigma_y \frac{\partial C_{xy}}{\partial x_j} = C_{xy} \frac{\partial \sigma_x \sigma_y}{\partial x_j} \tag{3-24}$$

将 $C_{xy}$ 和 $\sigma_x^2$ 的计算式代入式(3-24),整理得到:

$$\sum_{i=1}^{n} y_i \delta_{ij} = \rho \frac{\sigma_y}{\sigma_x} m_j x_j \tag{3-25}$$

同样,对于式(3-22),有:

$$\sum_{j=1}^{p} x_j \delta_{ij} = \rho \frac{\sigma_x}{\sigma_y} l_i y_i \tag{3-26}$$

即

$$\frac{1}{l_i} \sum_{j=1}^{p} x_j \delta_{ij} = \rho \frac{\sigma_x}{\sigma_y} y_i \tag{3-27}$$

对于式(3-27),两边同时乘以 $\delta_{ik}$,并求出关于 $2i$ 的和,则有:

$$\sum_{j=1}^{p} \sum_{i=1}^{n} \frac{\delta_{ij} \delta_{ik}}{l_i} x_j = \rho \frac{\sigma_x}{\sigma_y} \sum_{i=1}^{n} y_i \delta_{ik} \tag{3-28}$$

将式(3-28)代入式(3-25),整理得到:

$$\sum_{j=1}^{p} \sum_{i=1}^{n} \frac{\delta_{ij} \delta_{ik}}{l_i} x_j = \rho^2 m_k x_k \tag{3-29}$$

令 $x'_j = \sqrt{m_j} x_j$,$2x'_k = \sqrt{m_k} x_k$,$h_{jk} = \sum_{i=1}^{n} \frac{\delta_{ij} \delta_{ik}}{l_i}$,用 $\sqrt{m_k}$ 同时除式(3-29)两边,

有

$$\sum_{j=1}^{p} \frac{h_{jk}}{\sqrt{m_j} \sqrt{m_k}} x'_j = \rho^2 x'_k \tag{3-30}$$

若设矩阵 $\boldsymbol{H} = \left[ \dfrac{h_k}{\sqrt{m_j} \sqrt{m_k}} \right]$,则式(3-30)改写为:

$$\boldsymbol{H} X = \rho^2 X \tag{3-31}$$

其中的类得分就可以由式(3-31)计算求得,即

$$x_j = \frac{x_j}{\sqrt{m_j}} \tag{3-32}$$

## 3.7.2　计算方法

首先,根据调查目标对网页的内容进行分类。其次,将样本选择的类标为 1,没有选择的类标为 0 或不做标记。最后,将同一类的样本的选择尽量聚集到一起,并使数据表中的数据以左上右下的形式表现出来,即将二维坐标系中的数据以能度量的状态形式表现出来。

聚类分析的标量化 III 方法的具体计算步骤如下:

① 计算 $S_{ij} = \delta_{ij}/l_i, i = 1, \cdots, n$,即计算样本 $i$ 在类 $j$ 上的点数。

② 计算 $m_j = \sum\limits_{i=1}^{n} \delta_{i,j}, j = 1, \cdots, p$,即计算各类的反应数。

③ 计算 $h_{kq} = \sum\limits_{i=1}^{n} \sqrt{S_{ik} S_{iq}}, k, q = 1, \cdots, p$,即计算类内的合计点数和类间的合计点数。

④ 求得矩阵 $\boldsymbol{H}' = (h_{kq})_{m \times p}$ 并计算 $\boldsymbol{H} = (h_{kq}/\sqrt{m_k m_q})_{m \times p}$。

⑤ 计算方程 $(\boldsymbol{H} - \lambda I) X = \boldsymbol{0}$ 的特征值 $\lambda$ 和特征向量 $\boldsymbol{X} = [x'_1, x'_2, \cdots, x'_p]^{\mathrm{T}}$。

⑥ 计算类得分,即 $x_j = x'_j / \sqrt{m_j}$。

## 3.7.3　文本数据

以文字语言的形式得到的大量信息通常称之为文本数据,如商品描述、论坛留言等。对于这样的文本数据进行分析时,除了通过一字一句地阅读理解来获取有价值的信息这种传统方法以外,还可以借助信息处理技术,将有益的信息从繁杂的文字语言中挖掘出来,即文本数据挖掘。文本数据挖掘也是数据挖掘方法中聚类分析的一种。利用数据挖掘方法进行文本数据分析时,通常不做事前假设,即不设立关键词语,不人为设立某些情况会发生等。基本的考虑方法是:出现了哪些词语,出现的频度是多少,出现的词语相互之间的关系如何。在进行文本数据分析时,通常像"我、你、他"这样的主语不作为处理对象,而文本语言中的名词、动词和形容词是关注的主要对象,重点统计这些词语出现的频度,以及名词和动词、名词和形容词之间的关联度。

利用简单的统计方法分析文本数据时,只需统计哪些名词和哪些动词、哪些名词和哪些形容词同时被使用,根据同时被使用的频度来确定相互之间的关系。这样的统计方法对于信息量较少的数据进行分析时还能够得出一些结果,当需要处理的数据其信息量比较大的时候,从中得出有益的信息是非常困难的。利用本文提出的标量化 III 聚类统计方法分析这些文本数据就会得出更加准确的结果。

## 3.7.4　应用实例

某游乐园网站有 24 名游客对游园的管理及设施提出了意见和建议,其具体回答的内容如表 3.2 所列。据此试分析出对游园管理及建设有意义的信息。

表 3.2　游乐园的管理及设施调查表

| 顾　客 | 顾客的回答 |
|---|---|
| q1 | 游乐过程很愉快,服务员阿姨好亲切 |
| q2 | 很愉快 |
| q3 | 休闲座位有些脏,不想在园内用餐 |
| q4 | 便餐有些贵,而且还不好吃 |
| q5 | 游玩项目很好,就是有些贵,游园服务员很亲切 |
| q6 | 用餐贵,椅子太远不好找而且还很脏 |
| q7 | 便餐不好吃 |
| q8 | 餐费贵,如果有通票就好了 |
| q9 | 服务员态度好,设施很好玩,便餐有些不好吃,这里离车站有些远 |
| q10 | 便餐不好吃又贵,职员服务态度不好 |
| q11 | 便餐好贵,游园附近有公交站就好了,公交站太远了 |
| q12 | 凳子脏,乘坐物好快乐,服务员阿姨亲切 |
| q13 | 餐费贵,而且还不好吃,服务态度也不好 |
| q14 | 便餐有些贵,可是职员态度很好 |
| q15 | 吃的不好 |
| q16 | 离车站太远了 |
| q17 | 离这儿远,还有饭也不好吃,凳子也脏 |
| q18 | 乘坐物快乐,服务员阿姨好 |
| q19 | 设施和用餐都贵,服务态度还算好 |
| q20 | 太远了,不过好多项目都让我高兴,阿姨也亲切 |
| q21 | 玩的项目有些贵,可是很快乐 |
| q22 | 休息用的座位有些远,车站也远 |
| q23 | 车站太远了,服务员态度还不错 |
| q24 | 便餐不好吃,休息用的座位是脏的 |

作为一个事例,对表 3.2 中 24 位顾客回答的文本数据,利用通常的统计方法进行分析。首先统计每位顾客的回答中出现的名词及形容词,在顾客的回答中出现这些词语时,标注值为 1,否则标注值为 0,具体数据如表 3.3 所列。其次,统计每一个词语出现的次数,如表 3.4 所列。最后,根据表 3.2 的内容,对表 3.3 中的 13 个词语进行一对一比较,统计词语间同时出现的频度,表 3.5 给出了同时出现频度比较高的 6 对词语。从表 3.5 的统计中基本可以发现该游园管理及建设的现状,即职员的服务意识强,服务态度好,游乐园的游乐设施受顾客喜欢,游乐园内的餐饮贵而且不好,用于顾客休息的座位脏,游乐园周围的交通不便利。从这些统计结

果中可以总结出该游乐园今后需要改进的地方。

**表 3.3　被选择类的标注值**

| 顾客 | 愉快 | 设施 | 职员 | 亲切 | 不亲切 | 贵 | 便餐 | 不好吃 | 车站 | 远 | 座位 | 脏 | 通票 |
|------|------|------|------|------|--------|----|------|--------|------|----|------|----|------|
| q1 | 1 | 1 | 1 | 1 | 0 | 0 | 0 | 0 | 0 | 0 | 0 | 0 | 0 |
| q2 | 1 | 0 | 0 | 0 | 0 | 0 | 0 | 0 | 0 | 0 | 0 | 0 | 0 |
| q3 | 0 | 0 | 0 | 0 | 0 | 0 | 1 | 0 | 0 | 0 | 1 | 1 | 0 |
| q4 | 0 | 0 | 0 | 0 | 0 | 1 | 1 | 1 | 0 | 0 | 0 | 0 | 0 |
| q5 | 1 | 1 | 1 | 1 | 0 | 0 | 0 | 0 | 0 | 0 | 0 | 0 | 0 |
| q6 | 0 | 0 | 0 | 0 | 0 | 1 | 1 | 0 | 0 | 1 | 1 | 1 | 0 |
| q7 | 0 | 0 | 0 | 0 | 0 | 0 | 1 | 1 | 0 | 0 | 0 | 0 | 0 |
| q8 | 0 | 0 | 0 | 0 | 0 | 1 | 1 | 0 | 0 | 0 | 0 | 0 | 1 |
| q9 | 1 | 1 | 1 | 1 | 0 | 0 | 1 | 1 | 1 | 1 | 0 | 0 | 0 |
| q10 | 0 | 0 | 1 | 0 | 1 | 1 | 1 | 1 | 0 | 0 | 0 | 0 | 0 |
| q11 | 0 | 0 | 0 | 0 | 0 | 1 | 1 | 0 | 1 | 1 | 1 | 0 | 0 |
| q12 | 1 | 1 | 1 | 1 | 0 | 0 | 0 | 0 | 0 | 0 | 1 | 1 | 0 |
| q13 | 0 | 0 | 0 | 0 | 1 | 1 | 1 | 1 | 0 | 0 | 0 | 0 | 0 |
| q14 | 0 | 0 | 0 | 0 | 0 | 1 | 1 | 0 | 0 | 0 | 0 | 0 | 0 |
| q15 | 0 | 0 | 0 | 0 | 0 | 0 | 1 | 1 | 0 | 0 | 0 | 0 | 0 |
| q16 | 0 | 0 | 0 | 0 | 0 | 0 | 0 | 0 | 1 | 1 | 0 | 0 | 0 |
| q17 | 0 | 0 | 0 | 0 | 0 | 0 | 0 | 1 | 0 | 1 | 1 | 1 | 0 |
| q18 | 1 | 1 | 1 | 1 | 0 | 0 | 0 | 0 | 0 | 0 | 0 | 0 | 0 |
| q19 | 0 | 1 | 1 | 1 | 0 | 1 | 1 | 0 | 0 | 0 | 0 | 0 | 0 |
| q20 | 1 | 1 | 0 | 1 | 0 | 0 | 0 | 0 | 0 | 0 | 1 | 0 | 0 |
| q21 | 1 | 1 | 0 | 0 | 0 | 1 | 0 | 0 | 0 | 0 | 0 | 0 | 0 |
| q22 | 0 | 0 | 0 | 0 | 0 | 0 | 0 | 0 | 1 | 1 | 1 | 0 | 0 |
| q23 | 0 | 0 | 1 | 1 | 0 | 0 | 0 | 0 | 1 | 1 | 0 | 0 | 0 |
| q24 | 0 | 0 | 0 | 0 | 0 | 0 | 1 | 1 | 0 | 1 | 0 | 0 | 0 |

　　由于本次引用的样本比较少而且需要统计的词语也不是很复杂，采用上述的统计方法是有效果的，但当调查样本数量大，统计内容复杂时，上述方法就很难把握了。接下来采用标量化 III 方法对事例数据进行分析。具体计算过程参考本文标量化 III 方法的计算步骤。表 3.6 给出了计算求得的 13 个特征值中的 2 个特征值 $\lambda_1$ 和 $\lambda_2$ 以及其所对应的特征向量和类得分。

表 3.4　各个类被选择的次数

| 类　别 | 类名称 | 出现次数 |
|---|---|---|
| 类 7 | 饮食(便餐) | 13 |
| 类 6 | 贵 | 10 |
| 类 3 | 职员(服务员) | 9 |
| 类 4 | 亲切(态度好) | 9 |
| 类 1 | 愉快(高兴) | 8 |
| 类 2 | 项目(设施) | 8 |
| 类 8 | 不好吃 | 8 |
| 类 10 | 远 | 8 |
| 类 11 | 座位 | 6 |
| 类 9 | 车站 | 5 |
| 类 12 | 脏 | 5 |
| 类 5 | 不亲切 | 2 |
| 类 13 | 通票 | 1 |

表 3.5　名词和形容词同时出现的次数

| 名词——形容词 | 出现次数 |
|---|---|
| 饮食——贵 | 8 |
| 职员——亲切 | 8 |
| 饮食——不好吃 | 7 |
| 项目——愉快 | 7 |
| 车站——远 | 5 |
| 座位——脏 | 5 |

表 3.6　特征值所对应的特征向量和类得分

| $\lambda_1 = 0.509$ | | $\lambda_2 = 0.337$ | |
|---|---|---|---|
| 特征向量 | 类得分 | 特征向量 | 类得分 |
| 0 | 0 | 0 | 0 |
| 0.111 | 0.039 | −0.120 | −0.043 |
| 0.044 | 0.015 | 0.167 | 0.056 |

续表 3.6

| $\lambda_1 = 0.509$ | | $\lambda_2 = 0.337$ | |
| --- | --- | --- | --- |
| 特征向量 | 类得分 | 特征向量 | 类得分 |
| −0.038 | −0.013 | 0.078 | 0.026 |
| 0.272 | 0.192 | 0.387 | 0.273 |
| 0.303 | 0.096 | −0.043 | −0.02 |
| 0.251 | 0.069 | 0.018 | 0.005 |
| 0.201 | 0.071 | 0.341 | 0.121 |
| −0.480 | −0.215 | 0.120 | 0.054 |
| −0.493 | −0.174 | 0.018 | 0.007 |

　　利用表 3.6 中 $\lambda_1$ 和 $\lambda_2$ 的类得分作图,根据样本的反应所得到的各个类所处的相对位置就表现出来了,如图 3.1 所示。从类得分的分布图上可以看出,类的反应数越少,其距离坐标轴就越远,如类 5(不亲切)和类 13(通票)。另外,根据各个类所处的相对位置,可以将距离比较近的类分为同一组。图 3.1 将距离比较近的类分成了 4 个组,即{类 1,类 2,类 3,类 4}、{类 6,类 7,类 8}、{类 9,类 10}和{类 11,类 12}。每一组内的类可以认为是关联程度比较高的,即愉快(高兴)、项目(设施)、职员(服务员)和亲切(态度好)为一组,可以认为该游乐园的游乐设施令游客满意,职员服务态度好;贵、饮食(便餐)和不好吃为一组,将名词和形容词结合到一起,可以得出饮食贵和饮食不好的结论;车站和远为一组,说明该游乐园所在地的交通不便利;座位和脏为一组,说明该游乐园对附属服务设施不重视。从分析结果得到,利用标量化 III 方法对事例数据进行分析取得的结果与前面使用简单统计方法取得的结果是一致的。对于图 3.1 中的类 2,根据类之间的相对距离,也可以将其与类 6、类 7 和类 8 结合为同一组,但与类 2 较近的类 7 同是名词,这样做显然不合适。用于计算类得分的特征值只取了 $\lambda_1$ 和 $\lambda_2$ 两个,因为在二维坐标系中已经很好地表现了各类之间的相对位置。对于文中引用的实例当然也可以取 3 个特征值,使得各类在三维坐标系中表现出它们之间的相对位置。

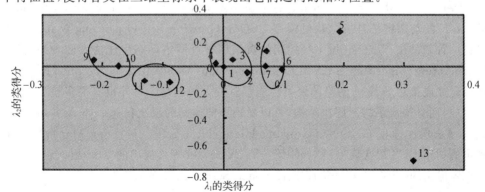

图 3.1　类得分分布图

以上实例利用标量化 III 方法对文本数据进行了标量化处理,并通过算得的类得分对文本数据进行了聚类分析。同样,利用标量化 III 方法可以计算每个样本的得分,并通过样本得分的分布图分析样本属性与类分布的关系。如果将样本加上年龄或性别属性,就可以分析每一组类别在年龄或性别上的特征。利用标量化 III 方法分析"YES,NO"这样的数据更有效,并可以有效分析类得分分布图中各个象限内的样本特征。

# 3.8  其他聚类算法

基于模型的方法为每个类假定一个模型,寻找数据对给定模型的最佳拟合。基于模型的方法主要有两类:统计学方法和神经网络方法。

常用的统计学方法包括 Fisher 提出的 COBWEB,Gennari 等人提出的 CLASSIT,Cheeseman 等人提出的 AutoClass,Pizzuti Clara 等人提出的 P-AutoClass 等。

常用的神经网络方法包括竞争学习(Competitive Learning)和学习矢量量化(Leaning Vector Quantization,LVQ)两种方法。

竞争学习方法采用若干个单元的层次结构,它们以一种"胜者为王(winner-take-all)"的方式对系统当前处理的对象进行竞争。

学习矢量量化是由 Kohonen 提出的一种自适应数据聚类方法,它基于对具有期望类别信息数据的训练。尽管是一个有监督训练方法,然而 LVQ 采用了无监督数据聚类技术,对数据集进行预处理,可获得聚类中心。Kohonen 又提出自组织特征映射(Self-Organizing Feature Map,SOFM),以其所具有的诸如拓扑结构保持、概率分布保持、无导师学习及可视化等特征,广泛应用于聚类分析之中。传统的 SOFM 网络存在着许多不足,如网络结构固定、训练时间长等。为此,人们提出了多种在训练过程中动态确定网络形状和单元数目的解决方案,如 D. Choi 的自创造和自组织的神经网络模型 SCONN(Self-Creating and Organizing Neural Networks),B. Fritzke 的增长细胞结构 GCS(Growing CellStructure),B. Fritzke 的生产型神经气 GNG(Growing Neural Gas),J. Bruske 的生长型胞元结构 DCS(Dynamic Cell Structures),Alahakoon D 的动态增长自组织映射模型 GSOM(Growing Self-Organizing Map),汪加才等人提出的一种新的由 Voronoi 域半径控制的自组织神经网络动态生成法 VR2SOM(The Dynamic Generating Algorithm for Self-Organizing maps Controlled by Voronoi Region Radius),这些研究成果对 SOFM 网络的聚类性能都有较大的改善。另外也有很多模型,其结构不仅动态生成,而且构成了树形层次结构,可以发现不同类间的层次信息。如 A. Rauber 等人提出的动态增长层次模型 GHSOM(Growing Hierarchical Self-Organizing Map);V. J. Hodge 等人提出的树形 GCS 层次模型(TreeGCS),V. Burzevski 等人提出的 GCS 层次模型(HiGS)。Yin Hujun 提出的 ViSOM 算法提高了 Kohonen SOFM 的可视化效果。

# 本章小结

作为统计学的重要研究内容之一,聚类分析具有坚实的理论基础并形成了系统的方法学体系;然而,基于统计学的聚类分析方法大多局限于理论上的分析并依赖于对数据分布特征的概率假设,较少考虑具体应用中的实际数据特征与差异。由于数据挖掘技术的迅速崛起,聚类分析得以在数据库技术领域获得长足的发展。

# 参考文献

[1] Kaufman L，Rousseeuw P J. Finding Groups in Data：An Introduction to Cluster Analysis[M]. New York：John Wiley & Sons, 1990.

[2] Agrawal R，Gehrke J，Gunopulos D，et al. Automatic subspace clustering of high dimensional data for data mining applications[C]//Proceedings of ACM SIGMOD International Conference on Management of Data. New York：ACM Press，1998：94 – 105.

[3] Guha S，Rastogi R，Shim K. CURE：An efficient clustering algorithm for large databases[C]//Proceedings of the ACM SIGMOD International Conference on Management of Data. Seattle：ACM Press，1998：73 – 84.

[4] Guha S，Rastogi R，Shim K. ROCK：A robust clustering algorithm for categorical attributes[J]. Information Systems，2000,25(5)：345 – 366.

[5] Zhang Tian，Ramakrishnan R，Livny M. BIRCH：An Efficient Data Clustering Method for Very Large Databases[C]//Proceedings of the ACM SIGMOD International Conference on Management of Data. Montreal，Canada：ACM Press，1996：103 – 114.

[6] Hinneburg A，Keim D A. An efficient approach to clustering in large multimedia databases with noise[C]//Proceedings of the 4th Internatinoal Conference on Knowledge Discovery and Data Mining. Menlo Park，CA：AAAI Press，1998：58 – 65.

[7] Ankerst M，Breunig M，Kriegel H P，et al. OPTICS：Ordering points to identify the clustering structure[C]//Proceeding ACM SIGMOD International Conference on Management of Data. Philadelphia，PA：ACM Press，1999：46 – 60.

[8] 周水庚,周傲英,曹晶. 基于数据分区的 DBSCAN 算法[J]. 计算机研究与发展,2000,37(10):1153 – 1159.

[9] Ng R T，Han Jiawei. Efficient and Effective Clustering Methods for Spatial Data Mining[C]//Proceedings of 20th International Conference on Very Large Data Bases. San Francisco：Morgan Kaufmann Publishers，1994：144 – 155.

［10］Ester M, Kriegel H P, Sander J, et al. A density—based algorithm for discovering clusters in large spatial databases［C］//Proceeding of the 2nd International Conference on Knowledge Discovery in Database and Data Mining. Massachusetts：AAAI Press，1996：226－231.

［11］张炳江,周琳,王小妮. 基于标量化Ⅲ的类别数据分析［J］. 北京信息科技大学学报，2009,24(3)：72－76.

［12］邢乃宁,孙志挥. 一种基于粗集理论的分类规则挖掘的实现方法［J］. 计算机应用，2001,21(12)：29－31.

［13］Tao C W. Unsupervised fuzzy clustering with multi—center clusters［J］. Fuzzy Sets and Systems，2002,128(3)：305－322.

［14］Karypis G, Han E H, Kumar V. CHAMELEON：A hierarchical clustering algorithm using dynamic modeling［J］. COMPUTER，1999,32(8)：68－75.

［15］刘书香,卢才武,张志霞. 数据挖掘中的客户聚类分析及其算法实现［J］. 信息技术，2004,28(1)：4－6.

［16］叶施仁,游湘涛,史忠植,等. 高维数据中有效的相似性计算方法［J］. 计算机研究与发展，2000,37(10)：1166－1172.

［17］汤效琴,戴汝源. 数据挖掘中聚类分析的技术方法［J］. 微计算机信息，2003,19(1)：3－4.

［18］Wang Wei, Yang Jiong, Muntz R. STING：A statistical information grid approach to spatial data mining［C］//Proceedings of the 23rd International Conference on Very Large Data Bases. San Francisco：Morgan Kaufmann Publishers，1997：186－195.

［19］Wang Wei, Yang Jiong, Muntz R. STING＋：an approach to active spatial data mining［C］//15th International Conference on Data Engineering. Sydney，NSW：Data Engineering，1999：116－135.

［20］Sheikholeslami G, Chatterjee S, Zhang Aidong. WaveCluster：A multi—resolution clustering approach for very large spatial database［C］//Proceedings of the 24th International Conference on Very Large Data Bases. San Francisco：Morgan Kaufmann Publishers，1998：428－439.

［21］赵卫东,盛昭瀚,何建敏. 粗糙集在决策树生成中的应用［J］. 东南大学学报：自然科学版，2000,30(4)：132－137.

# 第4章　关联规则算法分析

关联规则分析(Association Rule Analysis)是数据挖掘的本质。关联规则是指搜索业务系统中的所有细节或事务,从中寻找重复出现概率很高的模式。用于关联规则的主要对象是事务型数据库,其中每个事物被定义为一系列相关数据项,要求找出所有能把一组事件或数据项与另一组事件或数据项联系起来的规则。目前关联规则挖掘问题已经引起了数据库、人工智能、统计学、信息检索、可视化及信息科学等诸多领域里的广大学者和研究机构的格外重视,并取得了不少的研究成果。

## 4.1　关联规则概念

关联规则挖掘(Association Rule Mining)是数据挖掘研究的一个重要分支,关联规则是数据挖掘的众多知识类型中最为典型的一种,于 1993 年由 Agrawal 等人在对市场货篮问题(Market Basket Analysis)进行分析时首次提出,用于发现商品销售中的顾客购买模式。关联规则挖掘可以发现存在于数据库中的项目(Items)或属性(Attributes)之间的有趣关系,这些关系是预先未知的和被隐藏的,不能通过数据库的逻辑操作或统计的方法得出。这说明它们不是基于数据自身的固有属性,而是基于数据项目的同时出现的特征。所发现的关联规则可以辅助人们进行市场运作、决策支持、商业管理及网站设计等。

一般地,关联规则挖掘是指从一个大型的数据集(Dataset)中发现有趣的关联(Association)或相关(Correlation)关系,即从数据集中识别出频繁出现的属性值集(Sets of attribute Values),也称为频繁项集(Frequent Item Sets,频繁集),然后再利用这些频繁集创建描述关联关系的规则的过程。关联规则研究中所使用的很多词汇都与其诞生时的背景有关,Agrawal 等人首先研究的是顾客对商品的购买行为,并为一些术语给出了原始的解释,如项目是指顾客所购买的商品,而项集(Item Sets)指的是顾客所购买的一组商品。以下是关联规则挖掘的正式描述:

设 $I=\{i_1, i_2, \cdots, i_m\}$ 是项的集合。设任务相关的数据 $D$ 是数据库事务的集合,其中每个事务 $T$ 是项的集合,使得 $T \subseteq I$。每一个事务有一个标识符,称作 TID。设 $A$ 是一个项集,事务 $T$ 包含 $A$,当且仅当 $A \subseteq T$。关联规则是形如 $A \Rightarrow B$ 的蕴涵式,其中 $A \subset I$,$B \subset I$,且 $A \cap B = \varnothing$。规则 $A \Rightarrow B$ 在事务集 $D$ 中成立,具有支持度 $s$,其中 $s$ 是 $D$ 中事务包含 $A \cup B$ 的百分比,它是概率 $P$

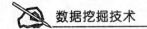

（A∪B）。规则 $A \Rightarrow B$ 在事务集 $D$ 中具有可信度 $c$，如果 $D$ 中包含 $A$ 的事务的同时也包含 $B$ 的百分比是 $c$，则这是条件概率 $P(B|A)$，即

$$support (A \Rightarrow B) = P(A \cup B) \qquad\qquad (4-1)$$
$$confidence (A \Rightarrow B) = P(B|A) \qquad\qquad (4-2)$$

同时满足最小支持度（Minimum Support）阈值用 min_sup 表示和最小可信度（Minimum Confidence）阈值用 min_conf 表示的规则称作强规则。

项的集合称为项集。包含 $k$ 个项的项集称为 $k$-项集。项集的出现频率是包含项集的事务数，简称为项集的频率、支持计数或计数。如果项集的出现频率大于或等于 min_sup 与 D 中事务总数的乘积，则项集满足最小支持度 min_sup。如果项集满足最小支持度，则称它为频繁项集（Frequent item sets）。频繁 $k$-项集的集合通常记作 $L_k$。

关联规则挖掘的过程通常分为两个大的阶段：第一阶段找出所有满足最小支持度阈值的频繁项集；第二阶段在频繁项集中找出所有满足最小可信度阈值的关联规则。关联规则挖掘通常要处理规模庞大的数据集，在大数据集中搜索频繁项集需要大量的时间和空间，而在频繁项集中搜索关联规则要简单得多。因此在关联规则挖掘的过程中，第一阶段是解决问题的关键，第二个阶段的解决是直截了当的。目前绝大多数关于关联规则挖掘的算法都主要解决第一阶段的问题，即如何高效率地挖掘频繁项集的问题。其主要原因是数据量巨大所造成的，算法的效率以及可扩展性都具有很强的挑战性，解决这一问题的最著名算法是 R. Agrawal 提出的 Apriori 算法以及它的变种 AprioriTid 和 AprioriHybrid 算法。人们提出了如 DHP、DIC 和 FP-growth 等多种关联规则挖掘算法。第二阶段虽然很简单，但通常算法所返回的结果都非常庞大，而且还可能伴随着错误信息，如何从大量规则中找到有意义的规则，让用户更方便地解释和理解规则也非常重要。现在通常称第一阶段为经典关联规则挖掘问题。频繁模式挖掘的问题可以看作是一个搜索问题，目标是在数据库空间中以尽可能高的效率搜索频繁模式。由于数据库的规模通常很大，频繁模式挖掘算法需要在一个庞大的空间中进行搜索，因此如何提高算法的效率始终是频繁模式挖掘算法要解决的一个主要问题。

由于关联规则形式简洁、易于解释和理解并可以有效地捕捉数据间的重要关系，因此从大型数据库中挖掘关联规则的问题已经成为近年来数据挖掘研究领域中的一个热点。以下是其几个典型的应用领域：

1）市场货篮分析（Market Basket Analysis）

了解用户的购买习惯和喜好对于零售商做出相应的销售决策是十分重要的。这些决策包括销售哪些商品，如何设计商品的式样，如何设计目录及怎样陈列商品以达到促销的目的等。关联规则挖掘可以向用户提供上述信息。

2）交叉销售（Crossing Sale）

在目前激烈的商业竞争中，留住现有的顾客，充分利用这些现有的顾客资源甚至比吸引更多的新顾客更为重要。许多公司提供了不止一项的服务或产品，公司可以通过对现有的客户数据进行分析而达到促销的目的,如向这些客户推销他们目前尚没有购买的商品(或服务)是一种快速获取收益的好方法。交叉销售就是用于描述这类问题的一个专有词汇,它是指向公司的现有客户销售这些顾客尚未购买的商品(或服务)的销售行为。由于在大型的公司或组织里,其客户的数据库往往是非常庞大的,人工浏览这些数据库并加以分析显得十分困难,因此自动化的关联规则挖掘技术便成为获取有用信息的强大工具。

3) 部分分类(Partial Classification)

现实世界中的许多问题需要对数据进行部分分类,即发现用于描述部分数据的类型的模型,而不是发现覆盖所有类型或任意给定类型的所有实例的模型。普通的分类方法在数据集中存在大量的属性,或绝大多数的属性数值丢失的情况下是无能为力的,因为这种情况下很难找到一个全局的模型,但是该类问题却可以利用关联分析得到很好的解决。这样的一个例子是,对病人进行身体检查信息所构成的数据集中含有数以百计的检查项目;但是针对任何一个单独的病人所进行的检查项目却是有限的,医生可以利用关联分析所获得的规则判断是否有些项目的检查结果可以通过组合其他项目的检查结果而得以预测,或者是一个复杂的检查可以由一些简单的检查所替代。

4) 金融服务(Financial Service)

目前关联规则挖掘在金融服务行业中的应用也正在不断加以推广和深入。安全分析人员利用它分析大量的金融数据,进而找到与开发投资策略有关的交易与风险模型;信用卡公司可以通过对客户数据的挖掘,找出信用模式;股票公司利用关联规则挖掘分析股票价格走势。国外的一些金融企业已经开始运用这些技术指导管理和决策。

5) 通信、互联网、电子商务

关联规则挖掘除了在上述领域中的应用之外,还在通信、互联网及电子商务领域的发展方面具有重要的应用。典型的例子是在通信领域中用于诊断入侵模式,通过采集路由器中存留的有关信息,判断 Hack 对系统的攻击行为和习惯,以提高通信的安全性。

由于关联规则挖掘可以发现用传统的人工智能和统计方法所无法发现的规则或规律,因此其具有重要的研究价值。且由于其处理的数据量十分巨大(从几兆到几百兆,甚至更大的数据量),所得的规则往往数量大,因此也迎合了人们从当今日益增长的电子化数据中获取知识的迫切需求。

# 4.2　频繁模式挖掘

既然数据挖掘的目的是发现潜藏在数据背后的知识,那么这种知识一定是反映不同对象之间的关联。它集中在数据库中对象之间关联及其程度的刻画。关联规则挖掘通常要处理规模庞大的数据集,在大数据集中搜索频繁项集需要大量的时间和空间,而在频繁项集中搜索关联规则要简单得多。频繁模式是指在数据集中频繁出现的次数超过用户给定阈值的项集、子序列或子结构。寻找频繁模式在挖掘数据中的关联规则、相关性和其他有趣的关系中不可缺少。频繁模式挖掘有助于数据索引、分类、聚类和其他数据挖掘任务。频繁模式挖掘已经是重要的数据挖掘任务,成为数据挖掘研究中的重点问题。

## 4.2.1 Apriori 算法

R. Agrawal 在 1994 年提出的 Apriori 算法是关联规则挖掘算法发展过程中的一个里程碑。由于在算法中使用层次搜索策略以及在搜索过程中对候选模式进行剪枝,使得 Apriori 算法在处理大规模数据集的频繁模式挖掘问题时具有较高的效率。

1) Apriori 算法思想

Apriori 算法是一种基于水平数据分布的、宽度优先的算法。第一步扫描数据库时,计算数据库中所有单个项目的支持度并把大于最小支持度的项目组成 1 维频繁项目集,即 $L_1$。然后重复扫描数据集,第 $k$ 次扫描时产生长度为 $k$ 的频繁项目集,即 $L_k$。第 $(k+1)$ 次扫描时,首先从 $L_k$ 中生成长度为 $(k+1)$ 的候选集 $C_{k+1}$,再利用 Hash tree 的方法在 $C_{k+1}$ 中扫描生成长度为 $(k+1)$ 的频繁项目集,即 $L_{k+1}$,直到无新的频繁项目集生成为止。最后的频繁项目集集合为 $U_k L_k$。Apriori 算法的优点在于有效地剪枝项目集,尽可能不生成和不计算那些不可能成为频繁项目集的候选项目集,从而生成了较小的候选项目集集合。

2) Apriori 算法描述

① 单趟扫描数据库 $D$,计算出各个 1 项集的支持度,得到频繁 1 项集的集合 $L_1$。

② 连接过程:为了生成频繁 $k$ 项集构成的集合 $L_k$,预先生成一个潜在频繁 $k$ 项集构成的候选项集 $C_k$,$C_k$ 中的每一个项集是由两个只有一个项不同的属于 $L_{k-1}$ 的频集做一个 $k-2$ 连接运算得到的。

③ 剪枝思想:由于 $C_k$ 是 $L_k$ 的超集,所以可能有些元素不是频繁的。在潜在 $k$ 项集的某个 $k-1$ 了集不是 $L_{k-1}$ 中的成员时,该潜在频繁项集不可能是频繁的,可以从 $C_k$ 中移去。

④ 通过单趟扫描数据库 $D$,计算 $C_k$ 中各个项集的支持度,将 $C_k$ 中不满足最小支持度的项集去掉,形成由频繁 $k$ 项集构成的集合 $L_k$。

⑤ 通过迭代循环,重复步骤②~④,直到不能产生新的频繁项集的集合,这时算法停止。

3) 改进 Apriori 算法

Apriori 算法的基本思想至今仍被一些新提出的高效算法借鉴使用。在 Apriori 算法被提出后,很快出现了一大批使用 Apriori 算法框架的算法,如 DHP、Partition、Sampling、DIC 等算法,这些算法被统称为类 Apriori 算法。各种类 Apriori 算法从不同的方面改进了 Apriori 算法。DHP 算法提出了更高效的剪枝策略,Partition 算法和 Sampling 算法则致力于减少对内存的占用。随着对 Apriori 算法的进一步研究,人们很快发现了 Apriori 算法的一些局限性:第一,Apriori 算法使用基于磁盘的数据库,并且在层次搜索的每次迭代中都要访问磁盘数据库,当数据库的规模很大时,算法需要过多的 I/O 开销;第二,Apriori 算法需要生成候选集,而候选集的规模与数据库中包含的项目数呈指数关系,影响算法的效率;第三,Apriori 算法有可能发现过多的频繁模式,使用户无法从中得到有用的信息。解决上述问题的途径主要有两个:一是采用特殊的数据结构将数据库压缩于内存,即以基于内存的数据库取代基于磁盘的数据库,这样可以减少读写磁盘的 I/O 开销;二是以挖掘部分频繁模式取代挖掘完全频繁模式,如挖掘最大频繁模式、频繁闭项集。

由于 Apriori 算法是一个多趟搜索算法,对海量数据集合,每搜索一次,都要读取外存一次,I/O 开销很大,因此大多改进算法都在如何减少搜索次数上做文章。事实上,真正影响以 Apriori 算法为基础的经典关联规则频繁项目集发现算法效率的是对项目集及其支持度的计算问题。如果在交易数据集合中包含的不同项目的数量为 $n$ 个,则以 Apriori 为基础的频繁项目集发现算法将要计算 $2n$ 项目集。当 $n$ 比较大时,将会产生组合爆炸。实际上,这将是很难的问题。

AprioriTid 算法与 Apriori 算法的思路基本一致。它与 Apriori 算法的区别在于:AprioriTid 算法基于垂直数据分布,在经过一次扫描数据库后,不再利用数据库来计算项目集的支持度,而利用候选项目集 $C_k$ 来计算;但算法要求数据库中每一个项目都必须有一个标识号 TID 来识别相应的交易。AprioriTid 算法支持度的计算主要靠带标识号 TID 的候选项目集 $C_k$。$C_k$ 中每一个元素可以表示为 $(\text{TID}, \{X_k\})$,$X_k$ 表示交易数据中可能存在的 $k$ 维频繁项目集。$C_k$ 生成方法为,对应于一个交易 $t$,其中满足 $<t.\text{TID}, \{c \in C_k | c \text{ 包含在 } t \text{ 中}\}>$ 的项目集属于 $C_k$。

AprioriHybrid 算法是由 Apriori 算法与 AprioriTid 算法结合后生成的。由于采用 AprioriTid 算法在 $k$ 比较小时,$C_k$ 中项目的数量要大于数据库中的交易数量,此时,用 AprioriTid 算法比用 Apriori 算法要花费更多的时间。为此在挖掘过程中,动态计算交易数据库数量 $|D|$ 和候选项目集数量 $|C_k|$。当 $|D| \leqslant |C_k|$ 时,采用 Apriori 算法;当 $|D| > |C_k|$ 时,采用 AprioriTid 算法。

为了将数据库压缩于内存,人们提出了多种新颖的数据结构。R. Agrawal 提出的 TreeProjection 算法是一种基于内存的算法,采用字典树(Lexicographic tree)将数据库压缩于内存。TreeProjectinn 算法采用广度优先的策略建立字典树,并与深度优先的策略相结合进行事务投影和计数。在频繁模式的计算过程中,还利用矩阵进行支持度计算,该算法比 Apriori 算法快了一个数量级。由 J. W. Han 提出的 FP-Growth 算法是一种基于内存的典型算法。

## 4.2.2  FP-Growth 算法

### 1. FP-Growth 算法思想

Han 等人提出了频繁模式增长(FP-Growth)的思想,设计了基于该思想的频繁模式树(FP-tree)存储结构以及在此结构上的频繁模式挖掘算法 FP-Growth。FP-Growth 对不同长度的规则都有很好的适应性,同时在效率上比 Apriori 算法有较大的提高。

FP-Growth 算法采用分治策略:在经过第一次扫描之后,把数据库中的数据压缩进一棵频繁模式树(FP-tree),同时依然保留其中的关联信息。随后再将 FP-tree 分化成一些条件数据库,每个条件数据库和一个长度为 1 的频繁模式相关,然后再对这些条件数据库分别进行挖掘。FP-Growth 算法不产生候选模式集,但由于要递归地生成 FP-tree,算法仍然需要较大的内存空间。当原始数据量很大的时候,也可以结合划分的方法,使得一个 FP-tree 可以放入内存中。表 4.1 是事务去除非频繁项的一个举例,图 4.1 是对应创建的 FP-tree。

表 4.1　事务去除非频繁项

| TID | 事　务 | 删去不频繁项且排序后的事务 |
|---|---|---|
| 100 | $\{f, a, c, d, g, i, m, p\}$ | $\{f, c, a, m, p\}$ |
| 200 | $\{a, b, c, f, l, m, o\}$ | $\{f, c, a, b, m\}$ |
| 300 | $\{b, f, h, j, o\}$ | $\{f, b\}$ |
| 400 | $\{b, c, k, s, p\}$ | $\{c, b, p\}$ |
| 500 | $\{a, f, c, e, l, p, m, n\}$ | $\{f, c, a, m, p\}$ |

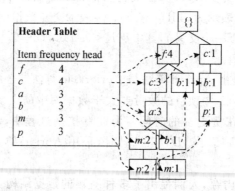

图 4.1　FP-tree 构建图

在构建了 FP-tree 后,再根据 FP-tree 进行频繁模式挖掘。由长度为 1 的频繁模式开始,构造它的条件模式集(由 FP-tree 中与后缀模式一起出现的前缀路径集组成,代表此频繁模式的投影库),然后构造它的条件 FP-tree,并递归地在该树上进行挖掘。模式增长通过后缀模式与由条件 FP-tree 产生的频繁模式连接实现。

**2. FP-Growth 算法伪码**

1) 生成 FP-tree

输入:一个交易数据库 DB 和一个最小支持度 min_sup。

输出:FP-tree。

过程:

① 扫描数据库 DB,得到频繁项的集合 F 和每个频繁项的支持度,把 F 按支持度递降排序。

② 根据 DB 中的每个事务 Trans 创建第一个 FP-tree,记为 TreeA。

2）根据 FP-tree 挖掘频繁模式

输入：上述过程生成的 FP-tree。

输出：所有的频繁模式。

过程：通过调用 FP-Growth(FP-Tree,null)实现 FP-Tree 的挖掘。该过程实现如下：

Procedure FP-Growth(Tree,$\alpha$)

① if Tree 含单个路径 $P$ then

　　for 路径 $P$ 中节点的每个组合(记作 $\beta$)

　　产生模式 $\beta \bigcup \alpha$,其支持度 support＝$\beta$ 中节点的最小支持度；

② else for each $a_i$ 在 Tree 的头部{

　　产生一个模式 $\beta = a_i \bigcup \alpha$,其支持度 support＝$a_i$. support；

　　Cond_phase ($\beta$) ＝ build_cond_phase($\beta$)

　　Cond_FPtree($\beta$)＝construct_fptree(cond_phase($\beta$))

　　if Cond_FPtree($\beta$)$\neq \Phi$ then

　　递归调用 FP－Growth(Cond_FPtree($\beta$),$\beta$)；}

FP-growth 算法的优点在于它不需要产生大量的候选集。它将发现长频繁模式的问题转换成递归地发现一些短模式,然后连接后缀,大大降低了搜索开销,提高了算法的效率。

## 4.2.3　DHP 算法

在生成大项集的过程中,候选项集越大,生成大项集的开销越多,特别是最初几次迭代要占整个过程的大部分开销。针对这一问题,Park 等人提出了 DHP(Direct Hashing and Pruning)算法。与基于 Apriori 的并行算法相同,DHP 也是从 $k-1$ 项集 $L_{k-1}$ 中产生 $k$ 项项集的候选集 $C_k$。但是,DHP 算法利用哈希技术来检查 $k$ 项项集是否满足要求。DHP 算法只对哈希表中项数大于 min_sup 的单元进行处理,将这些单元中的 $k$ 项项集加入 $C_k$,这对减少候选 2 项项集的数目尤为有效。另外,算法通过缩减事务本身的大小和对数据库中事务剪枝,来缩减数据库规模。DHP 算法能有效地生成大项集,显著地减少事务数据库规模；但 DHP 对数据库进行的是物理剪枝,而不是逻辑剪枝,每次迭代对数据库的剪枝将涉及对数据库的重写,增加了 I/O 负担。

## 4.2.4　DIC 算法

DIC(Dynamic Itemset Counting)算法是由 Brin 等人提出的,算法的主要思想是：在同一次数据库搜索中,对 $k$ 值不同的候选 $k$ 项项集计数。DIC 将数据库 $D$ 分成 $N$ 个大小相等的几段 $D_i$ 进行搜索。首先搜索 $D_1$,计算 1 项项集的支持度,获得本地 1 项项集用来产生 2 项项集的候选集。然后搜索 $D_2$，获取 1 项项集和候选 2 项项集，即当前所有的候选项集，计算它们的支持度，所得 2 项项集用于产生 3 项项集的候选。重复这一过程，直到 $D_n$ 完成。在对数据库的第一次搜索中，当搜索到 $D_k$ 时，DIC 就开始计算候选 $k$ 项项集的支持数。所有分块都处理完之后，开始第二次搜索。当算法回到数据库第 $k$ 段 $D_k$ 进行搜索时，就能得出 $k$ 项项集的全局支持度。每一次搜索完成后，开始新的一次，直到当前 $D_k$ 没有新的候选集产生，且所有的候选集都已经计算完成，DIC 终止。

如果大部分的 $D_k$ 是匀质的（Homogeneous），即大项集在 $D_k$ 中有相似的分布，则 DIC 算法减少对数据库的搜索非常有效；而如果数据是非匀质的，DIC 可能会在某些 $D_k$ 中得出一些局部而非全局的大项集，反而增加了搜索次数。

# 4.3　序列模式挖掘

序列模式也称为基于时间的关联规则，它是在数据库中寻找基于一段时间区间的关联模式。它与关联规则的区别就在于序列模式表述的是基于时间的关系，而不是基于数据对象间的关系。在频繁模式挖掘中，频繁序列模式挖掘在其中占有非常重要的地位。当前序列模式挖掘算法大体可以分为基于 Apriori 特性的逐层发现的方法和基于投影的模式增长的方法两大类。这两类算法的共同之处在于都是利用用户给定的最小支持度阈值，基于 Apriori 启发式搜索机制，即非频繁模式的超模式一定是非频繁的；频繁模式的子模式一定是频繁的，以确保产生正确、完全的序列模式集合。基于 Apriori 特性的逐层发现的方法包括 AprioriAll、GSP 和 SPADE 等算法。在基于投影的模式增长的方法中，比较典型的算法有 FreeSpan 和 PrefixSpan 等算法。

序列模式挖掘是挖掘频繁出现的有序事件或子序列。序列模式挖掘问题是 1995 年由 Agrawal 和 Srikant 基于对消费者的购买序列问题首先提出的。该问题描述如下："给定一个序列的集合，其中每个序列都由事件（或元素）的列表组成，而每个事件都由一个项集组成，给定用户指定的最小支持度阈值 min_sup，序列模式挖掘找出所有的频繁子序列，即在序列集合中出现频率不小于 min_sup 的子序列"。序列模式挖掘问题自提出以来，大量学者不断深入研究，取得了大量研究成果。

## 4.3.1　序列模式挖掘的相关概念

Agrawal 等人将序列模式挖掘定义为在序列数据库中挖掘那些支持度超过预先定义支持度的序列模式的过程。序列模式挖掘相关概念如下：

（1）事务数据库（Transaction Database）：以超市数据为例来说明，即由顾客交易记录组成的数据库。Custom_ID、Transaction_Time、Itemset 分别代表顾客标志、交易时间和交易物品集合。

（2）项集（Item Set）：各个项（Item）组成的集合。

（3）序列（Sequence）：不同项集的有序排列。序列 $S$ 可以表示为 $S=<s_1,s_2,\cdots,s_n>$。其中 $s_j(1\leqslant j\leqslant n)$ 为项集，也称为序列 $S$ 的元素。

（4）序列的元素（Element）：表示为 $(x_1,x_2,\cdots,x_n)$。其中：$x_k(1\leqslant k\leqslant n)$ 为不同的项。

（5）序列长度：一个序列包含的所有项集的个数，长度为 1 的序列记为 1-序列。

（6）序列的包含：设存在两个序列 $\alpha、\beta$。其中 $\alpha=<a_1,a_2,\cdots,a_n>$，$\beta=<b_1,b_2,\cdots,b_n>$。如果存在整数 $1\leqslant j_1<j_2<\cdots<j_n\leqslant m$，使得 $a_1\subseteq b_{j1}$，$a_2\subseteq b_{j2}$，$\cdots$，$a_n\subseteq b_{jn}$，则称序列 $\alpha$ 是 $\beta$ 的子序列，又称 $\beta$ 序列包含 $\alpha$，记为 $\alpha\subset\beta$。

（7）支持数：序列 $\alpha$ 在序列数据库 $S$ 的支持数为序列数据库 $S$ 中能够包含 $\alpha$ 的序列个数。

（8）支持度：序列的支持度是一个预先设定的阈值。

（9）频繁序列：给定最小支持度。如果序列在序列 $\alpha$ 数据库中的支持数不低于该阈值，则称序列 $\alpha$ 为频繁序列。

（10）序列模式：最大的频繁序列称为序列模式，最大序列就是不被其他任何序列所包含的序列。

## 4.3.2　基于 Apriori 的序列模式挖掘算法

Agrawal 和 Srikan 将序列模式挖掘分为 5 个阶段。假定事务数据库有 3 个属性：顾客 ID、交易时间和所购买商品。

第 1 阶段为排序阶段（Sort Phase）。将原始事务数据库进行索引，顾客 ID 是主码，交易时间是次码，得到结果是顾客序列的集合。

第 2 阶段为频繁项集阶段（Frequent item set Phase）。找出所有的频繁项集，每个大项集对应着一个频繁 1-序列。

第 3 阶段为转换阶段（Transformation Phase）。删除非频繁项集，将原始数据库中的顾客序列转换为它们所相应的频繁项集。

第 4 阶段为序列阶段（Sequence Phase）。利用频繁项集，找出所有的频繁序列。序列阶段算法的基本结构是对数据进行多次遍历。在每次遍历中，从一个由大序列（Large sequence）组成的种子集（Seed set）开始，利用这个种子集，可以产生新的潜在的大序列。在遍历数据的过程中，计算出这些候选序列的支持度（Support），这样在一次遍历的最后，就可以决定哪些候选序列是真正的大序列，这些序列构成下一次遍历的种子集。在第一次遍历前，所有在大项集阶段得到的具有最小支持度的大 1-序列（Large 1-sequence）组成了种子集。

第 5 阶段为最大序列阶段（Maximal Phase）。最大序列阶段是从所有频繁序列集合中找出最大序列集，即频繁模式集。

AprioriAll 算法根据上述数据处理过程，首先遍历数据生产候选序列并利用 Apriori 的特性进行剪枝来得到频繁序列。每次遍历时通过连接上一次得到频繁序列来生成新的长度加 1 的候选序列，然后对每个候选序列进行扫描，按照最小支持度来确定哪些序列是频繁序列模式。

AprioriAll 算法可以发现数据库中所有的频繁序列,但是存在缺少时间约束、对交易定义死板和缺少分类层次的确定 3 个缺点。针对这样的缺点,R. Agrawal 等人提出了 GSP 算法。GSP 算法也是一个基于 Apriori 的频繁模式挖掘算法。它在以下 3 个方面对 AprioriAll 算法进行了改进:

(1) 增加了时间约束,在序列的邻近元素之间增加了最大和最小间隔。如果邻近元素没有介于它们两者之间,则认为这两个元素不是在序列中连续的元素。

(2) 定义了一个滑动窗口来弱化事务的定义,允许项来自不同的事务,只要这些事务在指定的滑动窗口范围内。

(3) 对序列中的项使用了概念层次进行分层,使得挖掘过程可以在多个概念层上进行。

GSP 算法的基本步骤与 AprioriAll 算法相似,所不同的是 GSP 算法没有转换阶段,即该算法直接在挖掘的频繁项集基础上进行挖掘。另一个不同之处在于,序列阶段中候选序列集的产生过程(以项为单位产生候选序列,而不是以项集)和序列支持度的计算。

但 AprioriAll 算法和 GSP 算法存在巨大的缺陷。第一,两种算法都可能会产生巨大的候选序列集。因为候选序列集合包括了一个序列中的元素和项的所有可能的排列。即使对一个适度大小的种子集合,AprioriAll 和 GSP 也可能会产生一个非常庞大的候选序列集,占用大量的空间。第二,两种算法在产生巨大的候选序列集的同时,还会产生大量的冗余候选序列。在剪枝过程中,需要对每个序列进行判断。庞大的候选集造成了算法的运行效率低下。第三,两种算法都需要对数据库进行多次扫描。每一次对数据库的扫描候选序列的长度仅增长 1,假设要发现长度为 15 的序列模式,AprioriAll 和 GSP 必须扫描数据库至少 15 次。

针对上述 AprioriAll 算法和 GSP 算法的缺点,Mohammed J. Zaki 提出了 SPADE 算法。SPADE 算法是利用格技术和简单的连接方法来挖掘频繁序列模式的一种高效算法。它仅需扫描 3 次数据库即可挖掘出所有的频繁序列;同时利用格技术将挖掘搜索空间分解为若干个较小的搜索空间,每个小的搜索空间可以存储在内存中。实验表明,SPADE 算法的性能要优于 AprioriAll 和 GSP 算法。

在该算法中,序列数据库被转换为垂直数据库格式,通过扫描垂直数据库来生成 1-频繁序列。第二次遍历数据库时生成新的垂直数据库以及 2-序列,用生成的 2-序列来构建格,使得具有相同前缀项的序列在同一格内,这样格被分解为足够小并能存入内存中。在第三次扫描数据库过程中,通过用时态连接的方法产生所有的频繁序列。同时该算法采用广度优先搜索(BFS)和深度优先搜索(DFS)策略来产生频繁序列。与 GSP 生成候选过程一样利用 Apriori 特性进行剪枝。

## 4.3.3　基于序列模式增长的序列模式挖掘算法

由于基于 Apriori 的算法会产生大量的候选集并且需要多次扫描数据库,在挖掘长序列模式方面效率低下。为了克服这些缺点,一些研究者开始另辟蹊径,提出了基于投影数据库的算法。此类算法采取了分而治之的思想,利用投影数据库减小了搜索空间,从而提高了算法的性能。比较典型的算法有 FreeSpan 算法和 PrefixSpan 算法。

FreeSpan 算法利用当前挖掘的频繁序列集将数据库递归地投影到一组更小的投影数据库上,分别在每个投影数据库上增长子序列。FreeSpan 算法的优点在于,能够有效地发现完整的序列模式,同时大大减少产生候选序列所需的开销。

FreeSpan 算法的基本步骤是:

步骤一:扫描数据库 S,找到数据库 S 中频繁项集,并将这个集合以频繁出现的次数降序整理成 f_list;

步骤二:执行 alternative - level projection,包括以下步骤:

{

① 扫描数据库,构建频繁项矩阵;

② 从步骤一构造的矩阵产生 2 -序列模式、重复项模式和投影数据库的注释;

③ 再次扫描数据库产生频繁项模式和投影数据库;

④ 如果还有更长的候选模式需要挖掘,则重复执行③和④,直到没有更长的模式产生为止。

}

FreeSpan 算法虽然提高了一定的效率,但可能会产生很多投影数据库。如果一个模式在数据库中的每个序列中都出现,则该模式的投影数据库将不会缩减。另外,由于长度为 $k$ 的子序列可能在任何位置增长,搜索长度为 $k+1$ 的候选序列需要检查每一个可能的组合,时间成本太高。

针对 FreeSpan 的缺点,J. Pei 和 J. Han 提出了 PrefixSpan 算法。PrefixSpan 算法在对数据库进行投影时,只基于频繁前缀来构造投影数据库,不考虑所有可能的频繁子序列。PrefixSpan 算法的主要代价是构造投影数据库。在最坏的情况下,PrefixSpan 需要为每个序列模式构造投影数据库,如果序列模式数量巨大,那么代价也是不可忽视的。

PrefixSpan 算法的基本步骤是:

① 首先产生长度为 1 的频繁项序列 f_liste;

② 利用得到的 f_list,将序列模式的集合划分为几种前缀各不相同的子集;

③ 寻找序列模式的子集:根据前缀构造其所对应的投影数据库,执行①和②递归挖掘每一个投影数据库,得到每个投影数据库的 f_liste,划分序列模式,构造子投影数据库,直到不再产生频繁项序列为止。

PrefixSpan 算法的执行效率优于 AprioriAll、GSP 和 FreeSpan 算法,原因主要在于:首先,PrefixSpan 算法不产生候选序列。PrefixSpan 算法通过产生投影数据库来产生频繁序列,只需要搜索一小部分空间,避免了产生和测试输入数据库中不存在的候选序列,与 AprioriAll

和 GSP 等每产生一次候选序列集就要扫描一次数据库相比,占用资源少,执行效率高。其次,在 PrefixSpan 算法过程中,投影数据库的规模逐步缩小,也就是搜索空间逐步缩小,后期计算量小。最后,PrefixSpan 算法不需要产生垂直数据库。在 SPADE 算法中,需要先把一个水平数据库转换成垂直数据库。当数据库非常庞大时,这一转换过程将消耗大量的资源,PrefixSpan 算法避免了这一高昂的代价。

# 4.4　其他关联规则算法

尽管频繁模式挖掘的描述很简单,但是它却是一个计算和 I/O 集中的任务。

假设给定 $m$ 个项目集,那么存在 $2^m$ 个子集可能是频繁项集。处理如此指数级的数据需要大量的磁盘 I/O。实验证明,在限定交易长度的情况下,关联规则的挖掘与数据库的大小呈线性递增的关系。而且,随着项目集的数量和维度的增加,以及交易数据库大小的增加,串行算法显然不具有良好的性能,因此必须依靠高性能并行计算来有效地完成挖掘任务。然而利用多处理器系统进行关联规则发现,要想获得好的性能并非易事。其中涉及的问题包括:减少同步数和通信量,负载平衡,数据放置和减少磁盘 I/O。

下面从并行度、负载平衡以及实现平台等方面对当前主要的并行关联规则发现算法进行介绍和分析。

## 4.4.1　并行 Apriori-like 算法

1) CD(Counter Distribution)并行算法

CD 算法是 Apriori 算法的简单并行化。CD 算法将生成候选集的过程复制到所有处理器上。每个处理器生成一个完整的候选哈希树,根据本地数据库分块独立地计算出候选项的局部支持计数,然后通过在所有处理器之间交换局部支持计数来得到全局支持计数。因为在处理器间只需交换支持数而不是合并不同的哈希树,这种算法具有较小的通信负载。然而它并没有实现哈希树构成过程的并行化,在处理器数量增加的情况下,将成为算法执行的瓶颈,而且它也没有有效地利用内存。

2) DD(Data Distribution)并行算法

DD 算法用一种循环的方式将候选集划分到每个处理器中,然后由每个处理器负责计算本地存储的候选子项集的支持计数。这个过程需要每个处理器既要扫描分配给该处理器的数据库,还要扫描其他处理器上的数据库,从而导致了很高的通信负载,降低了该算法的性能。

为了交换各自的支持计数或频集,CD 算法和 DD 算法都需要在每次循环结束时进行处理器之间的同步。

3) CAD(Candidate Distribution)并行算法

CAD 算法,在循环中划分候选集,同时选择性地复制数据库以便每个处理器可以独立地生成候选集和全局支持计数。该算法在数据库的再分布和重复扫描本地数据库分区上开销很大。

4) PDM(Parallel Data Mining)算法

PDM 算法是 Park 等人提出的并行 DHP(Dynamic Hashing and Pruning)算法。该算法类似于 CD 算法,所有处理器含有相同的哈希表和候选集。并行候选集生成的过程,是通过每个处理器生成一个候选子项集,然后交换所有处理器上的子项集生成全局候选集来实现的。每个处理器通过一个哈希表(hash table)生成 $k$-项集的局部支持数和 $k+1$-项集的近似局部支持数,然后通过全局广播的方式交换 $k$-项集的局部支持数而得到 $k$-项集的全局支持数。由于 2-项集哈希表很可能非常大,直接交换的代价将非常高。该算法采用了一种优化策略,即只交换那些支持数大于最小支持数的项集。PDM 算法实现了哈希表构成的并行,性能优于 CD 算法。

5) 并行 PARTITION 算法

Shintani 等人提出了 3 种算法:Non-Partition、Simple-Partition 和 Hash-Partition Apriori 算法。Non-Partition Apriori 算法本质上和 CD 算法相同,不同之处在于它使用了一个控制处理器完成全局支持数的累计过程。Simple-Partition Apriori 算法和 DD 算法一样。Hash-Partition Apriori 算法类似于 Candidate Distribution 算法,采用哈希函数将候选集分配给处理器,减轻了处理器间发送局部数据库分块的通信负载。

6) IDD(Intelligent Data Distribution)和 HD(Hybrid Distribution)算法

IDD 和 HD 算法是 Han 等人通过对 DD 算法的改进而提出的并行关联规则挖掘算法。在 IDD 算法中,采用一种基于环的全局广播方式,将本地数据库分块发送给其他所有的处理器。较之 DD 算法(每个处理器都必须发送数据给其他所有的处理器),IDD 只是在相邻的处理器间执行一次点对点的通信,消除了 DD 算法存在的通信竞争的问题。IDD 算法采用一个基于前缀的划分方法生成候选子项集,即每个处理器过滤掉那些不包含前缀的事物项集,从而减少冗余。HD 算法合成了 CD 算法和 IDD 算法。该算法将 $P$ 个处理器划分为 $G$ 个大小相等的组,视每个组为一个超级处理器,执行 CD 算法。在每个组内,执行 IDD 算法。在 HD 算法中,事物数据库水平分布在 $G$ 个超级处理器上,候选集被划分在每个组内的 $P/G$ 个处理器上。此外,在每个循环中,动态地决定组的数量。IDD 算法有效地减轻了通信负载,且具有较好的负载平衡。

Zaki 等人提出的 CCPD(Common Candidate Partition Database)算法,以及 Cheung 等人提出的 APM(Asynchronous Parallel Mining)算法是在共享内存的系统上实现的。在 CCPD 算法中,所有处理器共享一个候选哈希树,而数据库被逻辑划分为大小相等的分块。该算法采用锁机制来实现哈希树生成过程的并行。论文中指出,由于哈希本身的特点,哈希树具有很差的数据放置,加之共享哈希树会造成支持计数时产生错误的结果。针对上述问题,他们提出了一些优化策略,如哈希树平衡(Hash Tree Balancing)、优化内存布置(Memory Placement Optimization)等。APM 算法是基于 DIC 的并行算法,对数据扭曲非常敏感,并且认为数据是同构的。在 APM 算法中,采用全局修剪技术来减小候选 2-项集的大小,这在存在大的数据扭曲的时候非常有效。在第一次循环中,数据库被逻辑划分为大小相等的块,对每个分块执行局部支持计数,然后对它们进行群集,用以生成候选 2-项集。接下来,数据库被划分为同构的分块,每个处理器在局部分块上独立地执行 DIC 算法。这些在共享内存系统上实现的基于 Apriori 并行算法存在一些严重的缺陷,如极高的 I/O 负载、磁盘竞争和欠佳的数据放置。

## 4.4.2　并行 FP-Growth 算法

Zaiane 等人提出了基于 FP-Growth 的 MLFPT(Multiple Local Frequent Pattern Tree)算法,它是在共享内存有 64 个处理器的 SGI 系统上实现的。

MLFPT 算法只需对数据库进行二次扫描,避免了生成大量候选集的问题,而且通过在挖掘过程的不同阶段采用不同的划分策略实现最佳的负载平衡。在频繁模式树生成阶段,数据库被划分为大小均等的分块,每个处理器生成一个局部频繁模式树(Local FP Tree)。在挖掘阶段,所有处理器共享这些局部频繁模式树,并生成相应的频 1-项集的条件库,很大程度上减少了资源竞争的现象。

数据挖掘技术发展至今不过 20 年的时间。并行计算虽然是发展的一个大方向,但目前关于数据挖掘的并行算法还在起步阶段,关联规则聚类的并行算法目前仍非常不成熟,有待进一步的研究。

# 本章小结

关联知识反映一个事件和其他事件之间的依赖或关联。数据库中的数据一般都存在着关联关系,也就是说,两个或多个变量的取值之间存在某种规律性。数据库中的数据关联是现实世界中事物联系的表现。数据库作为一种结构化的数据组织形式,利用其依附的数据模型可能刻画了数据间的关联;但是,数据之间的关联是复杂的,有时是隐含的。关联分析的目的就是要找出数据库中隐藏的关联信息。

# 参考文献

[1] Agrawal R, Faloutsos C, Swami A. Efficient similarity search in sequence databases [C]//Proceedings of the 4th International Conference of Foundations of Data Organization and Algorithms. Chicago, Illinois: Springer-Verlag, 1993:69 - 84.

[2] Agrawal R, Srikant R. Fast algorithms for mining association rules[C]//Proceedings of the 20th International Conference on VLDB. San Francisco: Morgan Kaufmann Publishers,1994:487 - 499.

[3] Goethals B. Survey on frequent pattern mining[R]. [S. l. ]：Technical report，2003：1－43.

[4] 佘春东. 数据挖掘算法分析及其并行模式研究[D]. 成都：电子科技大学，2004.

[5] Han Jiawei，Pei Jian，Yin Yiwen. Mining Frequent Patterns without Candidate Generation[C]//Proceedings of ACM SIGMOD the 2000 International Conference on Management of Data. Dallas，Texas：[s. n. ]，2000：1－12.

[6] Agrawal R，Shafer J. Parallel mining of association rules[J]. IEEE Transactions on knowledge and Data Engineering，1996，8(6)：962－969.

[7] Savasere A，Omiecinski E，Navathe S. Mining for strong negative associations in a large database of customer transactions[C]//Proceedings of the 14th International Conference on Data Engineering. Florida：[s. n. ]，1998：494－502.

[8] Toivonen H. Sampling large databases for association rules[C]//Proc. Of the 22nd International Conference on VLDB. Sam Francisco：Morgan Kaufmann Publishers，1996：134－145.

[9] Zaki M J，Parthasarathy S，Li Wei. A localized algorithm for parallel association mining[C]//Proceedings of the 9th Annual ACM Symposium on Parallel Algorithms and Architectures. Newport，Rhode Island：[s. n. ]，1997：321－330.

[10] Han Jiawei，Pei Jian, Mortazvi-Asl B, et al. FreeSpan：frequent pattern-projected sequential pattern mining[C]//Proc of 6th ACM SIGKDD International Conference on Knowledge Discovery and Data Mining. New York：ACM Press，2000：355－359.

[11] Cohen E，Datar M，Fujiwara S，et al. Finding interesting association without support pruning[J]. IEEE Transaction on knowledge and Data Engineering，2001，13(1)：64－78.

[12] Han Jiawei. Towards On-Line Analytical Mining in Large Databases[R]. [S. l. ]：ACM SIGMOD Record，1998，27(1)：97－107.

[13] Cheung D W，Han Jiawei，Ng V T，et al. A fast distributed algorithm for mining association rules[C]//Proceedings Of 1996 International Conference on Parallel and Distributed Information Systems. Miami Beach，Florida：[s. n. ]，1996：31－44.

[14] Zaki M J. SPADE：An efficient algorithm for mining frequent sequences[J]. Machine Learning，2001，41(1)：31－60.

[15] Agrawal R，Imielinski T，Swami A. Mining Association Rules between Sets of Items in Large Databases[C]//Proceedings of the 1993 ACM SIGMOD International Conference on Management of Data. New York：ACM Press，1993：207－216.

[16] Srikant R，Agrawal R. Mining Quantitative Association Rules in Large Relational Ta-

bles[C]//Proceedings of the ACM SIGMOD Conference on Management of Data. Montreal,Canada:[s. n. ] 1996:1 – 12.

[17] 管恩政. 序列模式挖掘算法研究[D]. 长春:吉林大学,2005.

[18] Park J S, Chen M S, Yu P S. An Efficient Hash-Based Algorithm for Mining Association Rules[C]//Proceedings of 1995 ACM SIGMOD International Conference on Management of Data. San Jose, CA:[s. n. ], 1995:175 – 186.

[19] Brin S, Motwani R, Ullman J D, et al. Dynamic Itemset Counting and Implication Rules for Market Basket Data[C]//Proceedings of the 1997 ACM-SIGMOD International Conference on Management of Data. Arizona:ACM Press, 1997:255 – 264.

[20] Srikant R, Agrawal R. Mining sequential patterns:Generalizations and performance improvements[C]//Proceedings of the 5th International Conference on Knowledge Discovery and Data Mining. San Jose,CA:[s. n. ], 1995:269 – 274.

[21] 王虎,丁世飞. 序列模式挖掘研究与发展[J]. 计算机科学,2009,36(12):14 – 17.

[22] Zhang Minghua, Kao Ben, Yip Chi-lap, et al. A GSP-based efficient algorithm for mining frequent sequences[C]//Proceedings of International Conference on Artificial Intelligence. Las Vegas,Nevada:[s. n. ], 2001:8 – 10.

[23] Hsieh Chiaying, Yang Donlin, Wu JungpinAn efficient sequential pattern mining algorithm based on the 2-sequence matrix[C]//Proc. of IEEE International Conference on Data Mining Workshops. Pisa, Italy:IEEE Computer Society, 2008:583 – 591.

[24] Hipp J, Guntzer U, Nakhaeizadeh G. Algorithms for association rule mining:A general survey and comparison[J]. ACM SIGKDD Explorations, 2000,2(1):58 – 64.

[25] Yan Xifeng, Han Jiawei, Afshar R. CloSpan:mining closed sequential patterns in large datasets[J]. Data Mining, 2003, 16(5):40 – 45.

[26] Wang Jianyong, Han Jiawei. BIDE:Efficient mining of frequent closed sequences[C]// Proceedings of 20th International Conference on Data Engineering-ICDE 2004. Boston, USA:IEEE Computer Society, 2004:79 – 90.

[27] Masseglia F, Poncelet P, Teisseire M. Incremental mining of sequential patterns in large databases [J]. Data and Knowledge Engineering, 2003, 46(1):97 – 121.

[28] 陈卓,杨炳儒,宋威,等. 序列模式挖掘综述[J]. 计算机应用研究,2008,25(7):1960 – 1976.

[29] Pei Jian, Han Jiawei. PrefixSpan:mining Sequential patterns efficiently by prefix-projected pattern growth[C]//Proceedings of 7th International Conference on Data Engineering. Washington DC:IEEE Computer Society, 2001:215 – 224.

[30] 胥春艳. 序列模式挖掘算法研究及其在业务流程设计中的应用[D]. 天津:天津大学,2007.

# 第5章 流数据挖掘技术

面对持续到达、速度快、规模宏大的流数据,流数据挖掘的核心技术是在远小于数据规模的内存中维护一个代表数据集的结构——概要数据结构(Synopsis Data Structure)。在此基础上完成各项挖掘任务(包括分类、关联规则挖掘、聚类等),并通过流数据挖掘管理系统将各类流数据挖掘算法付诸于实际应用。现有的流数据挖掘研究内容主要包括:流数据模型、流数据概要数据结构、流数据挖掘算法、流数据挖掘管理系统。

## 5.1 流数据挖掘技术概述

流数据挖掘(Streaming Data Mining)指在"流数据"上发现并提取隐含的、事先未知的、潜在有用的信息和知识的过程。传统的聚类分析基于数据库技术,可对所有数据进行储存、反复读取,因此可通过复杂的计算来得到精确的聚类结果。而在流数据环境下,数据连续、快速、源源不断地到达,反复存取操作变得不可行,其隐含的聚类可能随时间动态地变化而导致聚类质量降低,这就要求流数据聚类算法能快速增量地处理新数据,简洁地表示聚类信息,稳健地处理噪声和异常数据。

### 5.1.1 流数据概念

1998 年,Henzinger 等人在论文 *Computing on Data Stream* 中首次将"流数据"作为一种数据处理模型提出来:流数据是一个以一定速度连续到达的数据项序列 $x_1, \cdots, x_i, \cdots, x_n, \cdots$,该数据项序列只能按下标 $i$ 的递增顺序读取一次。流数据是现象驱动的,其速度和到达次序无法被控制。流数据通常是潜在无限的,且数据可能的取值是无限的,处理流数据的系统无法保存整个流数据。流数据挖掘的对象可以是多条流数据,也可以是单条流数据。挖掘多条流数据的主要目的是分析多条并行到达的流数据之间的关联程度。对单条流数据的挖掘则涵盖了分类、频繁模式挖掘、聚类等多项传统数据挖掘中的主要任务。从 2000 年开始,流数据挖掘作为一个热点研究方向出现在数据挖掘与数据库领域的几大顶级会议中,如 VLDB、SIG-MOD、SIGKDD、ICDE 等每年都有流数据挖掘的相关专题。目前流数据挖掘的研究成果已经应用在很多领域:如金融管理、网络日志、商品销售分析、交通、每日天气变化、安全防御、电信数据管理、传感器网络、情报分析、股票交易、电子商务、卫星遥感和科学研究等。

对于流数据,可以从狭义和广义两个方面进行理解:

狭义的流数据是指,更新变化较快且数量无限增长的数据集合。典型代表为路由器所处理的数据包,以及传感器网络的数据等。这些数据被源源不断地产生,不可能也没必要存储全部数据,因为这样的数据带有明显的时效性。

广义的流数据是指,只能进行线性扫描操作的超大规模数据集合,例如客户点击流、电话记录、网页的集合、金融交易以及科学观测数据等。将这些超大规模的数据集合中的所有数据存放在主存中进行运算是不可行的,在这种情况下,线性扫描是唯一有效的存取方法,而对数据的随机存取十分"昂贵"。此时,处理广义数据时所受到的限制与处理狭义的流数据基本一致。因此,两者都被认为是流数据的不同存在形式。

## 5.1.2 流数据模型

目前,在流数据研究领域中存在多种流数据模型。不同的流数据模型具有不同的适用范围,需要设计不同的处理算法。可以分别按照以下两种方式对这些模型进行划分:

1) 按流数据中数据描述现象的方式划分

设流数据中的数据项 $x_1, \cdots, x_i, \cdots, x_n$ 依次按下标顺序到达,它们描述了一个信号 $A$。按 $x_i$ 描述信号 $A$ 的方式,流数据模型可分为以下几类:

① 时序(Time Series)模型:$A_{[i]} = x_i$。此时,流数据中的每个数据项都代表一个独立的信号。

② 现金登记(Cash Register)模型:令 $x_i = (j, I_i)$,且 $I_i \geqslant 0$,则 $A_{i[j]} = A_{i-1[j]} + I_i$。此时,流数据中的多个数据项增量式地表达一个 $A_{[j]}$。

③ 十字转门(Turnstile)模型:令 $x_i = (j, U_i)$,则 $A_{i[j]} = A_{i-1[j]} + U_i$。其中,$U_i$ 可为正数,也可为负数。此时,流数据中的多个数据项表达一个 $A_{[j]}$。$A_{[j]}$ 随着数据的流入,可能会增加,也可能会减小。

在上述 3 种模型中,十字转门模型最具一般性,适用范围最广,处理难度最大。时序模型常用于流数据分类与聚类,它们将流数据中的每个数据项看作一个独立的对象。现金登记模型常用于流数据的频繁模式挖掘。当同时存在流数据的插入和删除操作时,应用的流数据模型为十字转门模型。

2) 按流数据元素选取的时间范围划分

由于流数据潜在无限长,在处理流数据时,并不能将流数据所有数据元素作为处理对象,而只能根据应用需求选取某个时间范围内的流数据元素进行处理。按流数据元素选取的时间范围,可将流数据模型分为:

① 快照模型(Snapshot Model):处理数据的范围限制在两个预定义的时间戳之间,即 $(s_1, s_2)$,其中 $s_1$、$s_2$ 为某两个已知的时间点。

② 界标窗口模型(Landmark Window Model):处理数据的范围从某一个已知的初始时间

点到当前时间点为止,流数据处理范围是 $(s,n]$,其中 $s$ 为某一已知的初始时间点,$n$ 为当前时间点。

③ 滑动窗口模型(Sliding Window Model):处理数据的范围由某个固定大小的滑动窗口 $W$ 确定,此滑动窗口的终点永远为当前时刻 $n$,即流数据处理范围是 $(\max(0,n-W+1),n]$。

④ 衰减窗口模型(Damped Window Model):处理数据的范围从初始时间点到当前时间点,查询范围是 $(0,n]$。其中,查询范围内的各个元组的权重根据某种衰减函数随时间 $t$ 不断衰减,即较早到达的元组具有较小权重,较晚到达的元组具有较大权重。

这四种模型中,后三者范围比较广泛。其中,当界标模型将流数据的起始点作为数据处理的初始时间点时,即为衰减窗口模型。此时,算法对流数据中所有数据进行处理,流数据上只存在插入操作。在滑动窗口模型中,窗口随着数据的流入向前滑动,窗口中存在数据的插入和删除,适用于只要求对最近时间段内的数据进行处理的应用。

在实际应用中,这四种窗口模型的选取往往根据用户的需求而定。无论具体采用哪一种(或几种)窗口模型,流数据挖掘都具有相同的挖掘框架,如图 5.1 所示。

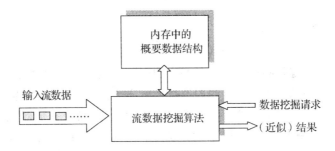

图 5.1　流数据挖掘框架模型

在该框架模型中,流数据挖掘算法需在内存中维护一个概要数据结构。流数据挖掘算法从流数据中不断接收新到达的元组,当处理一个新元组时,挖掘算法通过增量计算更新概要数据结构。当接收到挖掘请求时(也可能是连续挖掘请求),挖掘算法从概要数据结构中获取信息,调用概要数据处理过程,最后输出算法所挖掘出的(近似)结果。

## 5.1.3　流数据挖掘算法特点

流数据实时、连续、有序、快速到达的特点以及在线分析的应用需求,对流数据挖掘算法提出了诸多挑战。流数据对挖掘算法的典型要求如下:

1) 单次线性扫描

除非刻意保存,算法只能按数据的流入顺序,依次读取数据 1 次。

2) 低时间复杂度

算法是在线算法,为了跟上流数据的流速,算法处理每个数据项的时间不能太长。算法的时间复杂度通常以每个数据项到来时,更新概要数据结构或目标计算结果所需要的时间来衡量。理想的情况是,算法处理每个数据项的时间为常数。其中,概要数据结构是算法为支持目标计算而在内存中保存的流数据的压缩信息。对于构建概要数据结构的算法,通常没有对在概要数据结构上计算目标函数所需的时间做严格的要求。

3)低空间复杂度

算法是主存算法,其可用的空间是有限的,算法的空间复杂度不能随数据量无限增长,理想的情况是它与流数据长度 $N$ 无关;但是,目前大部分问题都无法找到这样的解。因此,这个要求就让步为找到空间复杂度为 $O(\text{poly}(\log N))$ 的算法,即次线性算法。

4)能在理论上保证计算结果具有好的近似程度

由于单次线性扫描以及时间与空间的限制,流数据算法往往只能得到对所处理的问题的近似计算结果。能在理论上保证其计算结果的近似程度,是算法应该考虑的一个问题。

5)能适应动态变化的数据与流速

产生数据的现象可能在不断变化,导致数据内容与流速的改变。算法的自适应性是指当流数据内容或流速受各种因素的影响而发生改变时,算法能够根据这些改变自动调整计算策略与计算结果。

6)能有效处理噪声与空值

这是一个具有健壮的算法所必须具有的能力。

噪声与空值是一个健壮的算法所必须解决的问题。对于流数据挖掘算法,这个问题显得更为突出。这是因为在挖掘数据库中的静态数据集之前,通常会进行数据的预处理,消除数据中的噪声与空值。而在在线进行的流数据挖掘过程中,无法在挖掘前对数据进行预处理。而且,流数据中的数据在采集以及传输过程中,都可能出现错误,产生噪声或空值。流数据的动态变化性更进一步增加了噪声识别的困难。当产生流数据的现象发生改变时,新数据无法被现有数据模型所描述,可能被误认为是噪声。

7)能作"on demand"的挖掘

能响应用户在线提出的任意时间段内的挖掘请求。在一些应用中,用户可能在流数据流入过程中提出对某个时间段内的数据进行挖掘的请求。能回答这种请求的算法被称为"具有 on demand 回答能力"的算法。算法通常采用多窗口技术来近似解决这类问题。能对挖掘请求给出 anytime 的回答,算法在任何时刻都能给出对当前数据最精确的计算结果。这要求算法每读取一个数据项,就更新处理结果。

8)能作"anytime"的回答

算法在任何时刻都能给出当前数据的挖掘结果。有些算法构建的概要数据结构只能用来支持算法的目标计算。有的概要数据结构是对流数据中的数据进行一般性的压缩,还可用来支持其他计算。这样的概要数据结构显然比只能支持当前计算的概要数据结构更为有用。

9)建立的概要数据结构具有通用性

算法所构建的概要数据结构不仅能支持算法当前的目标计算,而且能支持其他类型的计算。

计算资源相对有限的流数据应用,除了对流数据挖掘算法提出了共性要求外,还对聚类分析提出了一系列具体要求和新的挑战:

1) 新型的簇表示法

流数据上的簇表示法主要应具有空间节省和具有时间特征两方面特性:

① 空间节省。传统数据聚类,尤其是基于层次和密度的算法,往往需保留簇中各个数据点甚至是通过簇中所有数据点来进行簇的描述;然而,这类簇表示法在流数据环境下已不再适用。随着新数据点的不断到达,保留簇中所有数据点会带来无限增长的存储开销。因此任何流数据聚类算法都无法将所有数据点保留下来,实现对数据簇的描述。此外,由于流数据聚类的实时性,我们只能利用内存资源处理这些原始数据点,且难以实时地将原始数据点存入其他存储设备,因而流数据上的簇表示法必须是空间节省的。

② 时间特征。传统数据聚类往往是对数据库中的静态数据进行聚类,簇的时间特征要求并不明显;然而在流数据动态环境下,新簇随时间不断产生,旧簇随时间不断消亡。此外,流数据上的聚类分析请求也往往具有时间属性,即用户往往只关心一段时间窗口的簇。因而,流数据聚类算法中的簇表示法应具有时间特征。

2) 快速检测并消除"离群点"影响的策略

流数据聚类过程中,往往会出现一些新到达数据点无法被现有簇所吸收的情况。我们将这类数据点称为"离群点"。在流数据中产生"离群点"主要有如下两类情况:

① 由于流数据的动态特性,流数据中的数据分布往往随时间不断发生变化,从而导致一些新数据点无法被现有的簇所吸收。这些无法被现有簇所吸收的新数据点往往代表着一类新出现的簇。

② 在流数据应用中,受各种因素的干扰(如传感器受外部电磁干扰),往往会随机出现一些噪声,这些噪声同样表现出无法被现有簇所吸收的特点。

在传统聚类挖掘中,数据集中的簇与离群点是确定且不随时间变化的。然而在流数据环境下,"离群点"却有可能长成为新的簇,例如第一种情况中的"离群点",往往代表一个新簇的出现。第二种情况中的"离群点"才是在流数据环境下真正需要消除其影响的对象。如何快速而准确地检测并处理这两类不同的"离群点",是流数据聚类分析所面临的新挑战。

3) 快速增量处理新到达数据点的策略

这个需求也是由流数据中海量数据高速到达所造成的。在流数据聚类过程中,这往往不是一个容易达到的需求。这是因为,对新数据点的处理往往取决于该数据点与已往数据点的相似程度关系。这种相似度的度量通常基于某种评价函数。该评价函数需具有如下两个特性:

① 对新数据点与旧数据点的相似度评判,要求不应保留旧数据点。

② 评价函数应当具有较小的计算复杂度,适合于大数据量的实时在线处理。

第一个特性再次提出了对数据簇表示的空间节省要求,此外,还要求该评价函数有利用当

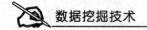

前簇结构进行相似度评判的能力。第二个特性对评价函数的计算复杂度方面提出要求,通常计算复杂度应至多与当前簇结构个数呈线性。

4) 高维流数据聚类分析

即使在传统静态数据集上,高维数据的聚类问题也极具挑战性。高维数据流环境下的聚类分析,需要兼顾"维数"与"大量、快速、无序到达的数据"对于聚类效果的双重影响。这要求在构造低时空复杂度的流数据聚类算法的同时,对高维数据进行维数约减。高维流数据聚类分析是流数据聚类分析领域的一大难点问题。

# 5.2 流数据挖掘技术分类

流数据的聚类算法中,常用的技术包括概要数据结构、滑动窗口技术、近似技术、多窗口技术、衰减因子等。

## 5.2.1 概要数据结构

通常情况下,由于流数据的特点,数据量远远大于可用内存,系统无法在有限的内存中保存所有扫描过的数据,流处理系统必须在内存维持一个概要数据结构,以避免代价昂贵的磁盘存取。目前,生成流数据概要数据结构的主要方法包括直方图方法、随机抽样方法、小波变换、Sketching、Loadshedding 和哈希方法等。

1) 直方图方法

直方图是一种常用的概要结构表示方法,可用于简洁地表达一个数据集合的数据值分布情况。主要的直方图可以划分成多种,例如等宽直方图(Equi-width Histogram)、V-优化直方图(V-Optimal Histogram)和压缩直方图(Compressed Histogram)等。

① 等宽直方图将值范围数据分割成近似相等的部分,使各个桶的高度比较平均。尽管这种方法易于实现,但是这样统一的取样并不适合所有的应用。

② V-优化直方图的基本思想是桶的大小要使每个桶之间的变化的不一致性达到最小,从而可以更好地表述数据的分布。

③ 压缩直方图可以看成是等宽直方图的一个扩充。如果数据集中存在某些所占比例特别大的元素,等宽直方图表示法就会产生较大的误差。压缩直方图为那些热门元素单独创建桶,对其他元素仍然采用维护等宽直方图的方法,因而能够更真实地模拟数据集。

2) 随机抽样方法

为了避免存储整个流数据,可以周期地对流数据进行随机取样。抽样方法是从数据集中抽取小部分能代表数据集合基本特征的样本,并根据该样本集合获得近似查询结果。抽样方法可以分成均匀抽样(Uniform Sampling)和偏倚抽样(Biased Sampling)两种:在均匀抽样方法中,数据集中各元素以相同的概率被选取到样本集合中;在偏倚抽样方法中,不同元素的入选几率可能不同。水库抽样方法(Reservoir Sampling)和精确抽样方法(Concise Sampling)都属于均匀抽样方法,而计数抽样方法(Counting Sampling)则属于偏倚抽样方法。

① 水库抽样方法单遍地扫描数据集,生成均匀抽样集合。令样本集合的容量为 $S$ 在任一时刻 $N$,流数据中的元素都以 $S/N$ 的概率被选取到样本集合中去。如果样本集合大小超出 $S$,则从中随机去除一个样本。该方法的表达效率不高。

② 精确抽样方法改进了样本集合的表示方法。对于仅出现一次的元素,仍然用元素代码表示;对于多次出现的元素,则利用结构<value,count>表示。其中,value 表示元素代码,count 表示样本集合中该元素的数目,如样本集合 $(1,1,1,1,1,1,2,2,2,3\cdots)$ 可表示为($<1,6>,<2,3>,\cdots$)。该方法可以大大地节约空间开销。

③ 在计数抽样方法中,当样本集合溢出时,首先将概率参数 $T$ 提高到 $TC$。对于其中的任意一个元素,首先以概率 $T/TC$,之后以概率 $1/TC$ 判断是否减去 1。一旦该计数器值降为 0,或者某一次随机判断之后计数器的值没有减小,则终止对该元素的操作。该方法能有效地获得数据集中的热门元素列表。

### 3)小波变化方法

小波变化方法(Wavelet)是一种通用的数字信号处理技术。类似于傅里叶变换,小波分析把输入的模拟信号量进行转换,变换成一系列的小波参数,并且少数几个小波参数就拥有大部分能量。根据这个特性,可以选择少数小波参数,近似还原原始信号。小波种类很多,最常见且最简单的是哈尔小波(Haar wavelet)。

小波分析方法被广泛应用到数据库领域,例如对高维数据进行降维处理、生成直方图等。利用小波技术可以估算任一元素的数值或者任一范围之和(Range sum),即某一区间内所有元素之和。

### 4)哈希方法

计算机领域的一个常用手段是定义一组哈希函数(Hash Function),将数据从　个范围映射到另一个范围中去。流数据应用中通常利用 3 种哈希函数生成概要数据结构:Bloom Filter 方法、Sketch 方法和 FM 方法。

① Bloom Filter 方法是使用一小块远小于数据集数据范围的内存空间表示数据集。假设所申请的内存大小为 $m$ 比特位,创建 $h$ 个相互独立的哈希函数,能将数据集均匀映射到 $[1,m]$ 中去。对任何元素,利用哈希函数进行计算,得到 $h$ 个 $[1,m]$ 之间的数,并将内存空间中这 $h$ 个对应比特位都置为 1,这样就可以通过检查一个元素经过 $h$ 次哈希操作后,是否所有对应的比特位都被置 1 来判断该元素是否存在。然而这种判断方法可能会产生错误,因为有时某元素并不存在,但是它所对应的 $h$ 个比特位已经被其他元素所设置了。

② Sketch 方法能够解决流数据中的很多问题,例如,估计数据集中不同元素的个数、估计数据集的二阶矩大小(数据集自连接的大小)、获得数据集中热门元素的列表等。

③ FM(Flajolet-Martin)方法是求解数据集中不相同元素的个数(即 $F_0$)的有力手段。它

所采用的哈希函数将一个大小为 $M$ 的数据集映射到范围 $[0, \log(M-1)]$ 中去,且映射到 $i$ 的概率是 $1/(2i+1)$。假设不相同元素的个数是 $D$,且哈希函数独立随机,则恰有 $D/(2i+1)$ 个不同元素映射到 $i$。这个性质可以用于估计 $D$ 的值。

## 5.2.2 滑动窗口技术

滑动窗口是一种控制技术。早期的网络通信中,通信双方不会考虑网络的拥挤情况直接发送数据。由于大家不知道网络拥塞状况,一起发送数据,导致中间结点阻塞掉包,谁也发不了数据,所以就用了滑动窗口机制来解决此问题。滑动窗口技术的主要思想是保存滑动窗口内的所有数据,当某个数据滑出窗口时,将其从计算结果中删除这个数据的值。另一种方法是使用小于滑动窗口内数据体积的空间,这种方法支持滑动窗口上计算的增量式更新,减小滑动窗口内数据所占用的空间,但以降低滑动窗口上的计算精度为代价,如 StaStream 算法。

1) 指数直方图技术

指数直方图技术是最早用来生成基于滑动窗口模型的概要数据结构的方法。传统的直方图技术将数据集划分成多个桶,相邻桶的元素值连续;而指数直方图则是按照元素的到达次序构建桶。桶的容量按照不同级别呈指数递增,从小到大分别是 $1,2,4,8,\cdots$,各个级别桶的个数均不超过一个预定义的门槛值。每"看到"流中的一个元素,就根据应用需求决定是否创建一个最低级别的桶。指数直方图能够解决滑动窗口模型下的很多问题,例如基本计数(Basic Counting)问题、求和问题、方差问题等。

2) 基本窗口技术

基本窗口技术将大小为 $W$ 的窗口按照时间次序划分成 $k$ 个等宽的子窗口,称为基本窗口,每个基本窗口包含 $W/k$ 个元素,且由一个小结构表示基本窗口的特征。如果窗口所包含的元素均已过期,则删除表征这个基本窗口的小结构。用户可以基于这些未过期的小结构得到查询结果。这种方法还可以用于获得数据集中的热门元素列表。

3) 链式抽样(Chain-sampling)技术

链式抽样方法能够获得在滑动窗口上均匀抽样的样本集合。假设窗口大小是 $W$,则在任何时间点 $n$,流中的元素以概率 $1/\min(n, W)$ 被添加到样本集合中去。当元素被选择到样本集合中去时,必须同时决定一个备选元素,以便于当这个元素过期时,利用备选元素代替该元素。由于在流数据中不能够预测将来的数据,因此,实际上仅从 $[n+1, n+W]$ 中随机选取 1 个数作为备选元素的时间戳 $t$。当到达时间点 $t$ 时,这个备选元素才最终被确定。备选元素以后也会过期,因此也需要为它选择一个备选元素,方法同上。可以看出,样本集合中的任一元素,均有一个备选元素的"链",元素过期后,马上用"链"上的下一个元素取代它。

## 5.2.3 多窗口和衰减因子技术

多窗口技术是指在内存或磁盘中保存数据流上多个窗口内数据的概要信息。多窗口技术是将数据流划分为多个固定长度的段,每个段都形成一个窗口。当内存中的窗口数达到一定数目时,合并这多个窗口,形成概要层次更高的窗口。每个窗口相当于一个数据流上两个预定义的时间戳之间数据的快照。另一类多窗口算法中,窗口中的数据存在重叠,窗口的范围都是从数据流起始点到窗口建立的时刻点。

衰减因子用来消除历史数据对当前计算结果的影响,从而获得更准确的结果。每个数据项都被乘以一个随时间不断减小的衰减因子再参与运算。一般情况下,衰减因子都用一个随时间递减的指数函数来实现。数据项对计算结果的影响随时间的推移而减小,体现出当前数据的重要性,不断删除时间最久的数据。这种方法也节约了存储空间。

流数据衰减窗口模型,将流中的每个数据乘以一影响因子,离当前时刻越远的数据,其影响因子越小。影响因子可通过衰减函数来表达,如指数衰减函数、线性衰减函数等。

Cohen 和 Kopelowit 等人研究利用衰减函数有效地进行流数据上的聚集量(Aggregation)的计算。聚集量是许多流数据应用要想获取的值,也可看作是一种流数据的概要结构,是一种较为简单的结构。Cormode 等人考虑如何有效计算指数衰减的聚集量。Palpanas 等人提出了一种处理流数据中数据的衰减特性的方法,他们的方法能处理任意用户定义的数据衰减函数。Zhao 等人提出了一种框架结合了数据的表达方法和数据重要性的可变性,但他们的方法是以流数据的全部数据可多次读取为前提,数据衰减的速度不受用户应用场合需求控制。Bulut 等人设计了一种称为 SWAT 的基于小波的树形结构,动态地维护一组流数据上的小波系数,具有表达遗忘特性的能力,但同样其数据衰减的速度是不可控制的,且 SWAT 结构用于小波概要。Potamias 等人设计了一种类似的称为 AmTree 的树形结构。Aggarwal 等人采用金字塔时间窗口(Pyramidal Time Frame)的方式中用倾斜时间窗口(Tilted Window)方式来保存流数据的概要信息,用于流数据的分类等处理,这种方式对较远的数据采用更粗的粒度,同样具有数据衰减的特性。

## 5.2.4 近似技术、自适应技术和子空间技术

### 1. 近似技术

近似技术说明,实际的聚类过程中会不可避免地存在着信息的损失,也只能近似还原原有数据。基于多窗口技术和衰减因子的算法等也都是近似算法。

### 2. 自适应技术

流数据具有时序的、动态变化的特性,因此,处理流数据的算法必须能够根据数据点的分布情况和流数据流速的变化自动调节算法的处理策略。在流数据聚类中,所用到的自适应技术主要是调整阈值参数,根据系统 CPU 和内存的使用情况来调整聚类的粒度,实时反馈有效的聚类结果,从而获得更好的结果。

1)自适应内存的技术

自适应内存的技术根据所需内存的容量大小来改变微簇界限半径 $R$(LimitingRadius)的

方法实现。这样可以促进或者阻碍新微簇的形成:增大阈值会防止新微簇的形成,减少阈值会促使新微簇的形成。

**2)自适应CPU负载的技术**

自适应CPU负载的技术是使用根据CPU负载情况选择分配簇的方法实现的。在CPU高负载的情况下,也即CPU利用率太高,仅剩比较少的计算能力时,一个新数据点到来要为其分配微簇时,不是检查所有的微簇,而是仅检查当前微簇中欲指定的一部分。在CPU低负载情况下,也即CPU利用率低,剩比较多的计算能力时,确定新来数据点簇的分配时需要检查所有的微簇,簇选择因子为100%。随着负载的增加,簇选择因子也会随之减小,即选择的微簇数减少,只选择当前微簇中的一部分来分配新来的数据点。通过减小聚类过程中被检查微簇的数目来减小CPU负载。当然,有可能出现离新到数据点最近的微簇未被选中可能导致不理想的分配。而且随着CPU负载的增加,簇选择因子变得更小,这种情况发生的可能性就更大。但即使这种情况发生,数据点也将会合理地分配到距离较近的微簇中,聚类精度不会受到太大的影响。

**3. 子空间技术**

采用子空间聚类的关键就是如何发现某个聚类及与其相关的子空间。子空间聚类是在高维数据空间中对传统聚类算法的扩展,是实现高维数据聚类的有效途径之一。子空间聚类主要是试图在相同数据集的不同子空间上发现聚类。子空间聚类算法能在较低的维上聚类,解决高维数据的"稀疏性"问题,并且每个簇的相关维集是根据数据流的进化不断更新的,从而提高了聚类的精度。

# 5.3 流数据聚类算法

聚类的基本思想是将对象集合分割成不同的类,每个类内的对象相似,而类之间的对象不相似。尽管聚类问题在数据库、数据挖掘和统计等领域得到了广泛研究,流数据的分析仍对聚类算法提出了前所未有的挑战。流数据随时间不断变化,其隐含的聚类可能随时间动态地变化而导致聚类质量降低,这就要求流数据聚类算法能快速增量地处理新数据;简洁地表示聚类信息,稳健地处理噪声和异常数据。随着应用领域中产生的数据流信息不断增多,与数据流相关的聚类技术的研究发展也非常迅速,但是数据流的特点为聚类算法提出了前所未有的挑战,因为新算法需要能够只使用新数据就能追踪聚类的变化,这就要求算法必须是增量式的,要尽可能少地扫描数据集,而且对聚类的表示要简洁,对新数据的处理要快速,对噪声和异常数据要稳健。近年来,有学者提出了应用于大规模数据集的一趟聚类算法,如Squeezer算法和BIRCH算法,它们可以应用于某些流数据的问题。也有学者提出了针对流数据的聚类算法,典型的有STREAM算法和CluStream算法等。此外,基于动态网格的流数据聚类算法能够发现任意形状的聚类,针对流数据时效性提出的进化聚类算法等均是流数据聚类领域的研究热点。此外,研究如何在流数据聚类过程中有效识别孤立点,其相关理论和技术也可应用于流数据变化挖掘及突变检测等研究。

按照算法处理流数据时序范围的不同,流数据聚类分析算法可分为以下两种:

(1) 单遍扫描数据库算法:包括某些传统聚类算法,如 K-means/medians 和 BIRCH 算法,以及扩展的 K-means/medians 划分聚类算法,如 STREAM 算法。传统聚类分析中,一些单遍扫描数据库聚类算法可应用于大规模数据集,即可用于广义的流数据聚类应用中。此外,专门针对流数据设计的聚类算法多是在传统基于 K-means/medians 划分聚类算法的基础上改进而来的,使其能够单次扫描数据库,即扩展 K-means/medians 划分聚类算法。

(2) 进化流数据聚类算法:包括双层结构聚类算法,如 CluStream 算法,以及扩展的基于网格和密度的聚类算法,如 D-Stream 算法和 ACluStream 算法。单遍扫描数据库聚类方法的缺点在于,只能提供对当前数据流的一种描述,而不能反映数据流的变化情况。为了克服这一缺点,研究人员提出了几种进化流数据聚类算法,这些算法认为流数据是随时间不断变化的过程,而不是一个整体,常采用基于时间窗口的聚类算法进行聚类。这类聚类算法可较好地适应分布随时不断变化的数据流的聚类要求。

在最近的数据聚类研究中,有将多种原有技术进行结合使用,也有很多新颖的方法不断出现。其中受到广泛关注的 3 类方法——基于网格的数据流聚类技术、子空间聚类技术、混合属性数据流聚类,代表了当前数据流聚类研究的主流方向。

## 5.3.1　CluStream 算法

由 Aggarwal 等人提出的 CluStream 算法就是一种典型的基于层次的聚类方法,该算法就基于改进的层次算法 BRICH。其首次将数据流看成一个随时间变化的过程,而不是一个整体进行聚类分析。算法有很好的可伸缩性,可得到高质量的聚类结果,特别是当数据流随时间变化较大时能得到比其他数据流聚类算法更高质量的聚类结果。CluStream 算法不仅能得到整个数据流聚类结果,还可得到任意时间范围内的聚类结果。该算法提出一种专门针对进化数据流聚类的处理框架,结构如图 5.2 所示。

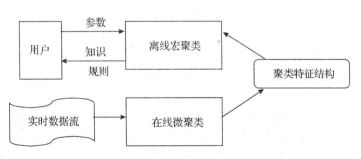

**图 5.2　双层结构的实时数据流聚类框架**

这种框架将数据流聚类分为在线微聚类(Micro-Clustering)和离线宏聚类(Macro-Clustering)两个子过程。前者负责提取数据流的信息,维护数据流的概要数据结构(聚类特征结构),对数据的处理和更新是增量式的;后者负责响应用户提出的聚类需求。在以后的大多数算法中,都沿用了这种双层数据流聚类结构。微簇(Micro-Cluster)是对 BIRCH 算法中聚类特征树的一种带时序的扩充,所有微簇在某一特定时间点上会作为整个数据流的快照保存。这些快照依照其生成时间 $T$(从数据流的第 1 个时点开始计时)与当前时间的距离按不同的粒度级别保存到金字塔模型的不同位置;离线部分根据用户偏向选择时间窗口及簇数,利用改进的 K-means 聚类算法对窗口间的微簇进行聚类。

通常,最近的数据比历史数据更重要,为了既体现数据流进化的过程又不消耗过多的存储空间,C. Aggarwal 等人提出了倾斜时间窗口的概念,用不同的时间粒度对数据流信息进行存储和处理,最近的数据变化以较细的时间粒度刻画,而离现在较远的数据以较粗的时间粒度刻画。CluStream 算法是一种真正意义上的增量式的算法,采用特殊的倾斜时间窗口——金字塔时间型时间窗口分级保存摘要信息。对每一个到达的数据点进行处理,并可以实时地响应用户多时间粒度的聚类要求。算法中的聚类特征结构 CFV(Clustering Feature Vector)在传统的层次方法 BRICH 上作了改进。设实时数据流为 $X_{i_1}, \cdots, X_{i_n}$,对应的时间戳是 $T_{i_1}, \cdots, T_{i_n}$,则其微聚类特征结构是:

$$CFV = (\overline{CF2^x}, \overline{CF1^x}, CF2^t, CF1^t, n)$$

$\overline{CF2^x}$ 和 $\overline{CF1^x}$ 都是 $d$ 维向量,其第 $p$ 维的值分别为 $\sum_{j=1}^{n}(x_{ij}^p)^2$,$\sum_{j=1}^{n} x_{ij}^p$,$CF2^t = \sum_{j=1}^{n} T_{ij}^2$,$CF1^t = \sum_{j=1}^{n} T_{ij}$。$n$ 为实时数据流中数据点的个数。

该算法首先使用 K-means 算法初始化生成 $q$ 个微聚类簇,然后对每一个刚到达的数据点进行处理,根据数据点与微簇之间的距离来确定是将其纳入某个微簇还是为其新建一个微簇。对于前者需要更新新微簇的 CFV,对于后者按照最近最少使用的规则删除一个微簇,保证微簇的总数不变。离线过程中,要负责实现用户指导的宏聚类和聚类分析过程。

CluStream 由于采用距离作为相似度标准,通常仅有球形的簇结果。此外,由于进化数据流的动态特性,数据流中的簇和离群点往往会相互转换角色。算法随数据流演化不断维护固定数量的一组微簇。当数据流中含有噪声时,该方法会变得非常不稳定。因为噪声无法被现有簇"吸收",算法会为噪声创建许多新的微簇。同时由于微簇个数的限制,现有微簇必须相应地被合并或删除。这将大大降低算法的准确度。

CluStream 算法首次使用的金字塔时间窗口,保存了数据流进化的历史信息,满足了用户多粒度的聚类需求,而且提出了一个很好的处理框架供后来的研究者使用;但是,由于 CluStream 算法中基于距离的度量准则,使得聚类结果均趋于球形,而且对于高维数据效果也不好。针对这种问题,Aggarwal 等人又提出了一种针对高维数据流的聚类算法 HPStream,在

HPStream 中引入了高维投影技术来处理高维的数据流,同时引入了衰减结构突出当前最新数据点的重要性;但上述算法没有在当前资源限制的环境下考虑到数据流的高波动性,也没有提出较好的处理突发数据的机制来应对数据流量变化的情况。

　　大部分数据流聚类算法都是处理连续型数据的,对于分类属性数据的处理较少涉及。Kok‐Leong Ong 等人在对分类属性的数据流的聚类分析方面做出了有益的尝试。他们以 CLOPE 算法为基础,依据 CluStream 的框架提出了 SCLOPE 算法。在保持聚类纯度的情况下,SCLOPE 算法比 CLOPE 算法具有更快的处理速度和更好的可伸缩性。后来,Poh Hean Yap 等人又在放弃一些聚类精确性的条件下,对 SCLOPE 算法进行了改进,减少了需要使用的内存,缩短了运行的时间。

## 5.3.2　STREAM 算法

　　S. Guha 等人提出了基于 K‐means 的 STREAM 算法,使用质心和权值(类中数据个数)表示聚类。STREAM 算法采用批处理方式,每次处理的数据点个数受内存大小的限制。对于每一批数据 $B_i$,STREAM 算法对其进行聚类,得到加权的聚类质心集 $C_i$。STREAM 算法采用分级聚类的方法,首先对最初的 $m$ 个输入数据进行聚类得到 $O(k)$ 个 1 级带权质心,然后将上述过程重复 $m/O(k)$ 次得到 $m$ 个 1 级带权质心,最后对这 $m$ 个 1 级带权质心再进行聚类得到 $O(k)$ 个 2 级带权质心。同理,每当得到 $m$ 个 $i$ 级带权质心时,就对这些质心进行一次聚类得到 $O(k)$ 个 $i+1$ 级带权质心。重复这一过程,直到得到最终的 $O(k)$ 个质心。对于每个第 $i+1$ 级带权质心而言,其权值是与它对应的 $i$ 级质心的权值之和。

　　通常情况下,STREAM 算法的聚类效果都比 BRICH 算法要好;但 STREAM 方法只能提供对当前数据流的一种描述,而不能反映数据流的变化情况。

　　Charikar 等人提出了另一种基于 $k$ 中心点算法的聚类算法。这种算法克服了 Guha 等人提出的算法中近似因子随聚类层数增加而不断增加的问题,降低了 $k$ 中心点算法所需的存储空间。Ordonez 提出了分析二元数据流的改进的 $k$ 平均算法,提出了 3 种 $k$ 平均算法变种:在线 $k$ 平均算法、可伸缩 $k$ 平均算法及增量 $k$ 平均算法。这些 $k$ 平均算法变种的引入提高了算法的可伸缩性,通过基于平均初始化与增量学习提高了聚类分析质量,简化稀疏矩阵运算,加快了计算速度,同时二元数据的引入简化了类别数据预处理。Domingos 等人提出了一种称为快速机器学习算法 VFML(Very Fast Machine Learning),并将该算法用于 $k$ 平均聚类,提出了数据流聚类快速 $k$ 均值算法 VFKM(Very Fast K‐Means)。Babcock 等人将滑动窗口技术应用到数据流聚类算法,采用指数直方图实现聚类簇的合并,提高了 K‐means 方法在数据流中的性能。Callaghan 在其博士论文中,对超大数据集聚类的深入研究也为实时数据流聚类奠定了基础。Callaghan 将超大数据集分为 3 种模型:基于分布式系统的超大数据集模型、基于线性扫描的数据流模型及滑动窗口模型,并在 3 种模型上实施 $k$ 平均和 $k$ 中心点算法。在此基础上,Callaghan 等人提出专门针对数据流的 STREAM 算法,在该算法中采用分治思想进行多级聚类和 Local Search 技术,算法性能和聚类效果都有很大提高。基于划分的方法代表了实时数据流聚类研究的早期阶段,该类方法可以在内存建立,维护概要数据结构,以反映数据流的特征。

产生球形聚类,对高维数据流无能为力,对噪声敏感以及无法进行演化分析,这些都是该类算法普遍存在的问题。

## 5.3.3　D-Stream 算法

ChenYixin 等人于 2007 年提出了基于网格和密度的实时数据流聚类算法 D-Stream 算法,他们借鉴了 CluStream 的双层框架,将数据流的聚类分为在线层和离线层。在线层通过网格读取快速数据流,离线层根据保留的网格信息进行聚类。网格聚类首先将数据空间网格化为由一定数目的网格单元组成的网格结构,然后将数据流映射到网格结构中,应用类似于密度的方法,形成网格密度的概念,网格空间里相邻的高密度网格的集合代表一个聚类,聚类操作就在网格上进行。D-Stream 是一个典型的数据流网格聚类算法。该算法通过设定密度阀值将网格分为密集、稀疏以及过渡期 3 类。算法在线维护一个存放非空网格的哈希表 grid_list,每读入一个数据点,确保其所属网格在哈希表中,同时更新该网格的特征向量。通过理论证明出密集网格与稀疏网格相互转变所需的最短时间,以该时间的最小值 gap 为周期扫描哈希表,删除表中的稀疏网格。聚类请求到来时,将相邻的密集网格合并形成聚类(内部网格必须是密集的,外部网格可以是密集或者过渡期网格)。该算法有很多优点:避免了将距离作为相似性度量标准,支持任意形状、任意大小的簇;计算结果与数据输入顺序无关;只需进行网格映射,避免了大量的距离和权值的计算,使得算法计算量与数据流量无直接关系。该算法的不足之处是,当数据流维度较高时,会产生大量的网格,算法运行效率急剧下降。

D-Stream 算法提出了带衰变因子的密度计算法,并在该密度定义的基础上,严格证明了网格的最大密度,由此推导出了网格渐变的最小时间。根据该时间产生的快照可以很好地记录数据流中可能存在的变化,防止由于时间过短造成的数据冗余或时间过长造成的数据丢失,高效地记录数据流;选取了网格作为摘要数据结构,这带来了网格信息的大小不随数据流的变化而变化,可以较好的利用内存;选取了密度聚类算法,这能很好地解决 CluStream 等基于 K-means 算法所造成的无法识别非球状型数据的问题,取得很好的聚类效果。当然,在产生这些优点时,该算法也不可避免地带来了新的问题。如选择网格作为摘要数据结构,本身就会带来数据几何位置信息的丢失等问题;网格密度计算方法是一种累积式的,对当前的数据流聚类效果很好,但是很难查询历史信息,无法进行聚类演化分析。

朱蔚恒等人针对 CluStream 不适用于发现非球形聚类及对周期性数据的聚类变化反映不完整的问题,提出了一种采用空间分割、组合以及按密度进行聚类的算法 ACluStream。算法在准确度及执行效率上有所提高。ACluStream 所采用的空间分割方法在本质上可以看作是基于网格方法的另外一种表现形式。

　　Nam Hun Park 等人也采用了类似的基于网格的方法解决数据流聚类问题。假设数据流呈正态分布的情况下,根据网格单元中反映数据分布的统计信息,动态改变网格大小,最后将相连的稠密网格区域定义为聚类。

　　Lu Yansheng 等人也提出了基于网格的数据流聚类方法。此方法将网格单元所包含的数据对象个数作为网格单元的密度,并使用衰减度的概念对网格单元的密度进行更新。在需要输出聚类结果时,此方法对所存储的网格单元进行遍历,最后也是将相连的稠密网格定义为聚类。

## 5.3.4　GSCDS 算法

　　最近的研究中,子空间聚类技术也被借鉴到数据流模型,最近公布的 GSCDS 算法就是一个代表。子空间聚类算法是一类在数据空间的所有子空间搜寻聚类的方法,根据搜索策略的不同一般分为自底向上的模式和自顶向下的模式。GSCDS 算法充分利用自底向上网格方法的压缩能力和自顶向下网格方法处理高维数据的能力,将它们结合起来应用于实时数据流。该算法的优点在于:计算精度高;能很好地识别和恢复网格中被划分面切割的聚类;能够发现隐藏在任意子空间中的聚类。但是由于高维空间的子空间数量很多,使得算法的运算量较大,且该算法不能支持数据流的演化分析。CAStream 算法也是最近公布的一个子空间聚类算法,算法借鉴 Lossy Counting 思想近似估计网格单元,采用改进的金字塔时间框架分割数据流;算法支持高维数据流、任意聚类形状及演化分析。

## 5.3.5　HCluStream 算法

　　真实数据流一般具有混合属性,全连续或全离散属性的数据流在现实中几乎不存在,而目前大多的算法仅局限于处理连续属性,对离散属性采取简单的舍弃办法。为了使算法有效处理真实数据流,Yang 等人提出一种基于混和属性的数据流聚类算法 HCluStream。为了能处理离散属性,算法在微聚类结构基础上加入了离散属性的频度直方图。设数据点 $X_i=C_iB_i=(x_i^1,x_i^2,\cdots,x_i^c,y_i^1,y_i^2,\cdots,y_i^b)$,$C_i$ 是由数据点中 $c$ 维连续属性 $x_i^1,x_i^2,\cdots,x_i^c$ 构成的向量,$B_i$ 是由数据点中维离散属性 $y_i^1,y_i^2,\cdots,y_i^b$ 构成的向量,离散属性 $y^p(1\leqslant p\leqslant b)$ 的全部可能取值数记为 $F^p$,第 $k(1\leqslant k\leqslant F^p)$ 种可能的取值记为 $v_k^p$,则离散属性的频度直方图 $H$ 包含 $\sum F^p(1\leqslant p\leqslant b)$ 个元素,其第 $p$ 行的第 $k$ 个元素对应于第 $p$ 个离散属性的第 $k$ 个取值的频度,即该取值出现的次数。通过将离散属性的频度直方图作为微聚类特征的一部分,同时定义混合属性下样本与样本、样本与微聚类、微聚类之间的距离,算法实现与 CluStream 算法类似的在线微聚类、更新、删除、合并等操作。由于离散属性参与了运算,为聚类提供了更多的独立特征和信息,因此可以获得更准确的聚类结果。

　　其他最新公布的算法还有:提出纳伪和拒真两种聚类特征指数直方图,来分别支持纳伪和拒真误差窗口的 CluWin 算法;通过图形处理器来实现高速处理实时数据流聚类的算法;采用核方法聚类的算法。

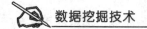

## 5.4 流数据频繁项集挖掘算法

频繁项集的挖掘是数据挖掘问题中的基础任务,也是研究的热点问题。快速、有效地挖掘频繁项集拥有广泛的应用,例如关联规则、相关性、序列模式、最大模式和多维模式等。

在传统静态的事务数据库中挖掘频繁项集经典的算法有 FP-Growth、CLOSET、CHARM 等;但这些算法难以增量式更新,不适合流数据挖掘。因为挖掘频繁模式是一系列连接操作的集合,在看到所有过去和将来的数据之前,任何项集的计算不能完成,使得在流数据环境中挖掘和更新频繁模式变得困难。发现频繁模式是数据流挖掘的一个重要研究分支,在许多应用中,如网络流量监控、Web 日志分析、传感器网络、电报电话呼叫记录分析等,都希望能够从大量流数据中找出频率超出一定阈值的数据项。传统频繁模式挖掘无论在理论方面还是在应用方面均得到了广泛的研究并取得了非常多的成果,出现了许多经典算法;但是这些算法难以增量式更新,不适合流数据挖掘。挖掘频繁模式是一系列连接操作的集合,在看到所有过去和将来的数据之前,任何项集的计算不可能完整地完成,使得在数据流环境中挖掘和更新频率模式变得困难。与对静态数据集的挖掘相比,流数据有更多的信息要追踪,有更复杂的情况要处理,频率项集会随时间而变化或者说是时间敏感的,非频率项在后来可能成为频繁项而不容忽视,存储结构需要动态调整以反映频繁项集随时间进化的情况,对于数据流的频繁模式挖掘面临着十分艰巨的挑战。目前已经提出很多流数据的频繁项挖掘算法:Sticky Sampling 算法和 Lossy Counting 算法,挖掘数据流中的频繁项;借助于 Count Sketch 的数据结构的一遍扫描数据流,来挖掘数据流中频繁项的算法;使用 $k$ 个计数器,输出了出现频率超过 $1/(k+1)$ 的频繁项;一种计算确定 $\varepsilon$-近似频繁项的 EC(Efficient Count)算法等。由于数据流具有连续性、无限性、高速性和数据分布随时间改变的特点,若处理数据项不及时,就会引起堵塞。数据流的无限性和流动性使得传统的频繁项挖掘算法难以适用。

由于流数据的无界性和快速流动性,频繁项集的挖掘逐渐吸引了越来越多研究人员和学者的关注。该问题的关键是如何区别新事务中有价值的信息和旧事务中过时的信息。Manku 等人提出了 Lossy Counting 算法,较好地解决了挖掘流数据中的频繁项集的问题。随着流数据的不断到达,该算法由已知频繁模式逐步生成新的频繁模式。对流数据进行一遍扫描,能够保证最后的查询结果一定包含流数据中的所有频繁项集和一小部分非频繁项集。Han 等人基于 FP-growth 算法提出了 FP-stream 算法。该算法提出了多时间标签窗的概念,来区别流数据中不同时间灵敏度的事务。Teng 等人利用滑动窗口模型来挖掘流数据中的最近频繁项集。Chang 等人提出了 EstDec 算法,该算法采用了字母序的字典树存储模式,根据时间给每个事务赋予权重,以此来区分新旧事务的不同影响力。Cormode 等人提出了著名的 GroupTest 算法,空间复杂度较低,而且可以一定的概率输出所有的大于一定频数的频繁元素。Cheqing 等人提出一个基于哈希的算法 HCOUNT。该算法比 GroupTest 算法使用少得多的空间,不需要事先知道流数据规模,能动态地处理范围的改变;而且该算法在精确度、召回率、处理时间上都优于 GroupTest 算法。

　　国内在流数据挖掘方面的研究开展较晚,但是目前已经有学者就流数据中频繁模式挖掘进行了一些研究。王伟平、李建中等人提出了基于抽样技术的确定的 £-近似算法——EC 算法,该算法的空间开销为 $O(\varepsilon^{-1})$,流数据每个数据的平均处理时间为 $O(1)$。周傲英、崇志宏提出并实现了 $O-\delta$ 算法。该算法不仅能够有效进行频繁模式挖掘,而且能够控制内存的消耗问题。张昕、李晓光等人提出了一种新的启发式频繁模式挖掘算法 FPIL-fstream。该算法提出改进的倾斜窗口策略,细化窗口粒度,结合 IL-TREE 可以保证执行速度和查询精度。刘学军等人在借鉴 FP-Growth 算法的基础上,提出了 FP-DS 算法和 DS-CFI 算法。FP-DS 算法采用分段的思想,逐段挖掘频繁项集,可以有效地挖掘流数据中所有频繁项集,尤其适合长频繁项集的挖掘;DS-CFI 算法采用 DSCFI-tree 动态记录滑动窗口中的频繁闭项集的变化,能够有效地发现频繁闭合模式。潘云鹤、王金龙对流数据中频繁模式挖掘进行研究和分类,并提出了一些研究方向。

　　**定义 5.1**　设数据流 $S=(s_1,s_2,\cdots,s_n,\cdots)$ 是一系列连续记录组成的有序序列,其中 $s_i\in U=\{1,2,\cdots,m\}$ 称为数据项,$|U|=m$,则任一数据项 $a$ 的出现频率记为 $f_a=|\{j|s_j=a\}|$。

　　**定义 5.2**　设给定的支持度 $s$ 和允许偏差 $\varepsilon$,$|N|$ 表示到目前为止所见到的数据流 $S$ 的事务数。对于项目 $a$,如果有 $f_a>(s-\varepsilon)|N|$,则称 $a$ 为 $S$ 中的频繁项,简称频繁项;如果 $f_a>\varepsilon|N|$,则称 $a$ 为 $S$ 中的临界频繁项,简称临界频繁项;如果 $f_a\leqslant\varepsilon|N|$,则称 $a$ 为 $S$ 中的非频繁项,简称非频繁项。

## 5.4.1　FPN 算法

　　FPN 算法有两种:FPN-construction 和 FPDiscovery 算法(构建树和生成模式算法),支持企业系统进行实时挖掘的基于存储器数据包的数据结构和挖掘算法。该算法具有以下优点来支持实时挖掘:

　　① 直接使用企业系统的原始数据;

　　② 当阈值调整时,只有合格的新数据被读取和为原始数据建立的数据结构保持不变;

　　③ 集中在特定产品的产品品种可以有效被执行;

　　④ 挖掘算法的性能优于普通的挖掘算法;由于中间的数据结构,即树状结构,只建立一次,也不需要为产品的遍历构建头表。

　　FPN 算法包括两个步骤:树的构建和模式的产生。第一步是构建一个类似树状结构的 FP-树。第二步是从有高效挖掘特点的树状结构中生成频繁模式。

　　与关联规则挖掘问题相关的算法有:AprioriHybrid、FP-树、FPGrowth 等。FPN 方法构建的 FPN 树,基于企业数据库的标准化原始交易表,相当于除了头表的 FP-树。FPN 可以灵活调整最小支持度而不需要重做整个挖掘过程。人们可以首先直观地设置恰当的最低的支持。当挖掘结果出来时,它会更容易得到新的挖掘规则,不仅降低了而且也增加了最低支持门槛的灵活性。

在FPN-construction算法开始用$V[0]$=root,$E$=$\Phi$和THT到$V[0]$的每一个入口初始化FPN树的建构。频繁模式生成阶段FPDiscovery算法是从FPN树导出的频繁模式。对于每一个频繁的pid,FPDiscovery通过深度优先的策略向上遍历FPN树激活FPAscend来计算相关的频繁模式。使用这种方法,每个合格的祖先产品首先被添加到现有模式中延长模式的长度。在FPAscend,每一个模式采用了一个数组Sarray,以记录最后一个产品的祖先加入到模式中。该Sarray的元素按照$<P,>_p>$的相反顺序排列。Sarray中的每个元素对应一个产品并且有两个属性。第一个属性积累了产品的数量,第二个属性保存了由Lnodes组成的链表。Lnodes是用来跟踪树中映射的顶点和通过顶点的贡献的计数。由于频繁模式的反单调属性,每个顶点贡献计数可能比FPN树的计数记录少。最初的Sarray记录对应添加到模式最后产品的父节点,这些父节点都分别记录在Lnodes,与用相同的产品标签Lnodes是连在一起形成一个链接列表。根据产品的标签,每个链接列表是由一个Sarray元素指出的。然后,该算法按照时间的先后有序地检查每一个元素,如果累计的支持超过支持的阈值,则产品标签被添加到原有模式形成新的模式。而且不管是否达到门槛,所有链接元素的Lnodes应登到上一级它们的父节点,并重新链接到Sarray中它们对应的元素。只有当所有内容已经检查过,上述过程才结束。

## 5.4.2 NEC算法

针对数据流的特点,一种计算确定$\varepsilon$-近似频繁项的NEC(New Efficient Count)算法对EC算法在样本集满时删除数据项的时间效率问题进行了改进。该算法的特点为:

① 满足实时响应性,每个数据项的平均处理时间为$O(1)$,单个数据项的最坏处理时间为$O(\varepsilon^{-1})$;

② 满足低空间复杂度,算法的存储空间为$O(\varepsilon^{-1})$;

③ 满足结果的近似性,输出结果的频率误差界限为$\varepsilon(1-s+\varepsilon)N$。在允许的偏差范围内,该算法只需扫描一次数据项,使用的存储空间远远小于数据流的规模,能动态地挖掘数据流中的所有频繁项。将数据项存储到一种新的数据结构中,利用该数据结构可以快速地删除非频繁项。

对于高速网环境中无穷到达的海量网络数据流,数据流算法必须满足两个条件:在线实时处理和有限存储空间。王伟平等人提出的EC算法是一种有效的挖掘数据流近似频繁项的算法。该算法的空间复杂度为$O(\varepsilon^{-1})$,数据流每个数据项的平均处理时间为$O(1)$。输出结果的频率误差界限为$\varepsilon(1-s+\varepsilon)N$。在已有的同类算法中,EC算法的空间复杂度、时间复杂度和误差界限均最低。但其在样本集合满的时候,需要遍历样本集合中每个数据项,并对其$f$计数器进行减1操作和$d_f$计数器进行加1操作,直到出现$f$计数器值为0。

与 EC 算法类似,$\varepsilon$-近似频繁项的算法 NEC 算法使用样本集合 $D$ 保存 $1/\varepsilon$ 个样本,每个样本为一个 3 元组 $\langle e,f,d_f \rangle$。其中:$e$ 是数据流中的一个数据项;$f$ 是数据项的计数;$d_f$ 是删除该数据项的条件变量。整个数据结构需要维护一张 Hash 表和一个有序数组,其大小均为 $1/\varepsilon$。Hash 表的每个节点存储一个数据项 $e$、$f$ 计数器的值以及数据项 $e$ 在数组中的位置 pos。这里采用差值编码的有序数组来实现。数组的每个节点存储一个数据项 $e$,以及 $d_f$ 计数器与后一节点的 $d_f$ 计数器的差值。$d_f$ 计数器按降序在数组中排列,数组尾节点存储实际的 $d_f$ 计数器值,其他节点只存储其与后一节点的增值。这样,在删除操作中,只需要删除数组中 $d_f$ 计数器值最小的节点,就可以达到对所有 $d_f$ 计数器进行减 1 的操作,直到出现 0 值的功能。

EC 算法给出的每个数据项 $e$ 的频率与其真实频率的误差小于 $\varepsilon(1-s+\varepsilon)N$。EC 算法在样本集合 $D$ 满的时候,需要删掉 $f$ 计数器值为 0 的所有数据项;而 NEC 算法只是将有序数组中与尾数据项有相同 $d_f$ 计数器值的最小下标的数据项删掉,保留了其他的具有最小 $d_f$ 计数器值的数据项。当这些数据项再次出现的时候,NEC 算法保存了它们的 $f$ 计数器值,而不用重新计算它们的频率。因此,NEC 算法的频率误差界限也为 $\varepsilon(1-s+\varepsilon)N$。EC 算法中,当样本集合 $D$ 满的时候,插入新的数据项,需要对每一个数据项的 $f$ 计数器进行减 1 操作和 $d_f$ 计数器进行加 1 操作,直到出现某数据项的 $f$ 计数器的值为 0,然后删除 $f$ 计数器值等于 0 的所有数据项。如果样本集合 $D$ 中,最小的 $f$ 计数器值为 $n$,则删除操作需要对 $f$ 计数器进行 $n\varepsilon^{-1}$ 次减 1 操作和 $d_f$ 计数器进行 $n\varepsilon^{-1}$ 次加 1 操作,因此其最坏情况下的时间复杂度为 $O(n\varepsilon^{-1})$。最好情况下,即 $n=1$,其时间复杂度为 $O(\varepsilon^{-1})$。随着 $\varepsilon$ 的减少,删除操作的时间增加。NEC 算法中,采用了哈希表和有序数组的数据结构,当样本集合 $D$ 满的时候,插入新的数据项,只需要对有序数组中尾数据项进行删除操作。最坏情况下,在插入新的数据项时需要进行 $\varepsilon^{-1}-1$ 比较,其时间复杂度为 $O(\varepsilon^{-1})$。最好的情况下,在插入新的数据项时需要进行 1 比较,其时间复杂度为 $O(1)$。在 NEC 算法中,加入游标 L_Tail 来标志与有序数组尾数据项有相同 $d_f$ 计数器值的数据项的最小下标。当样本集合 $D$ 满的情况下,新数据项到达后,直接删除 L_Tail 位置的数据项,然后将新数据插入到此位置。其最好和最坏情况下,都是只进行一次比较。其作用减少了插入操作的比较次数,提高了时间效率和准确率。挖掘数据流中的近似频繁项在入侵检测、趋势分析、网络监控、Web 日志分析和传感器网络等领域都有广泛的应用。挖掘数据流近似频繁项算法(NEC 算法),能有效地挖掘数据流中的所有频繁项。与 EC 算法相比,两者的存储空间为 $O(\varepsilon^{-1})$,每个数据项的平均处理时间为 $O(1)$,在同类算法中都为最优。NEC 算法改进了 EC 算法中维护样本集合 $D$ 所需要处理的时间,以满足在线的实时分析处理要求,并且提高了输出结果的精确率。

## 5.4.3　Kaal 算法

实时数据的数据分布经常发生改变且数据量过于庞大,不能存储到永久设备中,也不能彻底扫描一次以上,因此实时数据挖掘算法必须能足够快地处理缓慢以及非常快速的数据流。

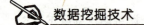

Kaal 算法是一种对数据流的频繁模式挖掘的算法,能很好地适应变化的批量大小,大大快于现有的流行算法。

1) 对数合并

Kaal 使用对数时间合并的方法。在对数时间合并中,积累了固定时间量子的结果,随着时间的推移,合并较旧的结果来平均,因此分配更多的存储空间给最近的结果,分配较少的存储空间给旧的结果。该方法的好处是,历史数据存储占用非常小的内存。采取这种做法的启示是,常常有感兴趣于最近的一个精细的变化,和长期变化的粗粒度变化。例如,每 15 min 将收集数据,所有的处理是以 15 min 作为一批处理。假设 $n$ 批到达时,也就是 $n \times 15$ min 过去了。函数 $f(x,y)$ 是一存储空间从 $x$ 批到 $y$ 批的数据汇总。对于 8 批数据保留为:

$$f(n,n); \qquad f(n-1,n-1); \qquad f(n-2,n-3); \qquad f(n-4,n-7)$$

level 0        level 1        level 2        level3

上面的数据说明了 $f(n,n)$ 是最新的"$n$"批数据,"$n-1$"批是第二新的数据;但是"$n-2$"和"$n-3$"批是平均值,只给一个存储行;同样"$n-4$"到"$n-7$"被合并了存储。窗口对于当前的 4 个 15 min 需要 4 个单元,1 个单元负责过去的 4 个 15 min,1 个单元负责过去的 8 个 15 min,1 个单元负责过去的 16 个 15 min。因此对于一年的数据 $4 \times 24 \times 365$ 个 15 min 需要 $2^N = 4 \times 24 \times 365$ 个 15 min,需要单元数 $N = \log_2^{4 \times 24 \times 365} = 17$。因此,总结构只需要 17 帧(或在倾斜的窗口表中 17 存储行)来存储以 15 min 为 1 帧的 1 年的数据。

2) 剪枝技术

对于倾斜窗口表每一个节点(模式)能使用以下方法剪枝:

① 尾剪枝:仅仅保留 $fI(t0), fI(t1), fI(t2), \cdots, fI(tm-1)$ 并且去掉尾部序列 $fI(tm), fI(tm+1), \cdots, fI(tn)$。当下列条件成立时,去掉这个尾部序列:

存在一个 $l$,当 $l \leqslant i \leqslant n$,$fI(ti) < \sigma |Bi|$,并且存在一个 $l'$;当 $l \leqslant m \leqslant l' \leqslant n$,$\sum l'i = l$,$fI(ti) < \varepsilon$,$\sum l'i = l|Bi|$。

② I 类剪枝:如果 $fI(B) < \varepsilon |B|$,那么父集就都不需要检查了。因此,$B$ 的挖掘可以裁剪它的搜索,不用访问 I 的父集了。

II 类剪枝:如果所有 I 的倾斜时间窗口表入口被剪枝了,那么任何父集也将被剪枝。

举个例子来说明 Kaal 是如何工作的:经过一段时间收集一组数据集,数据流被按照时间 $T$ 分为一批(每批收集的大小随着数据流速率的变化而变)。

Kaal 从一开始就发现频繁模式,而其他方法直到大约 50% 的时间已经过去才找到频繁模式。数据流处理率很高,可用于大数字实时业务应用,并提供安全的解决方案。时间和空间的稳定算法允许它工作于一贯的非常大的数据流。Kaal 启发式模型对支持要求非常低,可以用来给出近似频繁项。Kaal 算法有能力处理变化的批大小,这是现在算法中普遍存在的主要的缺点。最重要的是 Kaal 可以灵活地在整个处理的 50% 时间处停止批处理,而提取出 70% 以上的模式。

# 5.5　流数据分类算法

　　分类是数据挖掘的一个基本问题。有许多被深入广泛研究的传统分类器,例如决策树、贝叶斯网络、朴素贝叶斯网络、支持向量机和神经网络等。流数据分类引起了研究者极大的兴趣。它面临着两个新的挑战:

　　① 由于极快的速度和巨大的规模,流数据只能被扫描一次。

　　② 由于类定义会随着时间的变化而变化,因此概念会发生漂移,必须考虑流数据变化的特征。所有传统的分类器都可以作为候选,用以构建单遍扫描快速模型来处理演化的流数据。

　　VFDT 算法动态构造一棵决策树,通过 Hoeffding Bounds 来保证用于构造每一棵子树所使用的数据拥有足够的信息,随着数据的流入不断地增加新的分支或剪去过时的分支。CVFDT 除了保留 VFDT 算法在速度和精度方面的优点外,还增加了对数据产生过程中变化趋势的检测和响应,使得算法更好地适应对高速时变流数据的分类。该算法可以保证理论上的优越性,但是更新决策树需要大量的时间,为了获得合理准确率的分类器需要大量的样本。当训练样本比较小时,该算法的准确率是不能让人满意的。

　　基于 FLORA 框架的增量算法是在每一个样本添加和删除时都更新分类器模型。集成技术在流数据分类中逐步得到使用。该技术在不同的时间段构造不同的分类器,利用最近的数据来确定每个分类器的权重,依据投票的原则来集成它们的预测结果。该技术具有很多的优点:预测的正确性有很大提高;因为大部分模型构建算法具有超线性的复杂度,因此集成分类器要比单模型分类器的建立更有效;分类器集成技术能并发运行。但是集成算法结构不是很清晰,很难提供一个简单的模型,从而不容易被理解。

## 5.5.1　VFDT 算法

　　Domingos 等人的 VFDT 算法研究了如何在流数据上构造决策树的问题。VFDT(Very Fast Decision Tree)利用 Hoeffding 不等式理论,针对数据流建立分类决策树的方法,能够以一定的概率保证利用一定数量的样本所构造的决策树与利用无限样本所构造的决策树具有相近的精度。它通过不断地将叶节点替换为分支节点而生成。其中,每个叶节点都保存有关于属性值的统计信息,这些统计信息用于计算基于属性值的信息增益测试。当一个新样本到达后,在沿着决策树从上到下遍历的过程中,它在树的每个分支节点都进行判断,根据属性取值的不同进入不同的分支,最终到达树的叶节点。当数据到达叶节点后,节点上的统计信息就被更新;同时,该节点基于属性值的统计测试就被重新计算。如果统计信息计算显示测试满足一定的条件,则该叶节点变为分支节点。新的分支节点根据属性的可能取值的数目产生相应数目的子女节点。分支节点只保存该节点划分测试所需要的信息。VFDT 的统计测试评估函数用信息增益函数,记为 $H(\cdot)$。对于离散值属性,每个叶节点保存的统计信息是 $n_{ijk}$,用于

表示该节点属性 $j$ 取值为 $i$ 的最终分类 $k$ 的样本数目。信息增益用于表达计算分类到达该节点的样本所需要的信息,其计算公式为 $H(A_j)=\text{info(examples)}-\text{info}(A_j)$,属性 $j$ 的熵为 $\text{info}(A_j)=\sum_i P_i(\sum_k -P_{ik}lb(P_{ik}))$。其中,$P_{ik}=n_{ijk}/\sum_a n_{ajk}$,表示类别 $k$ 已知的情况下属性值取 $i$ 的概率。VFDT 最主要的创新是利用 Hoeffding 不等式确定叶节点进行划分变成分支节点所需要的样本数目。假设变量 $r$ 取值范围为 $R$,观测 $n$ 个样本后,样本观测平均值为 $\bar{r}$,则样本真值以置信度 $1-\delta$ 落于 $\bar{r}\pm\varepsilon$ 区间范围内,其中 $\varepsilon=\sqrt{(2n)^{-1}R^2\ln(1/\delta)}$。Hoeffding 不等式的一个非常重要的特性是它和样本分布是独立的。如果 $H(\cdot)$ 为信息增益函数,其范围 $R$ 为 $lb\#classes$,决策树的某个节点观察到 $n$ 个样本后,$X_a$、$X_b$ 分别是评估函数取值最大和次大的两个属性,取 $\Delta\bar{H}=\bar{H}(X_a)-\bar{H}(X_b)$。如果 $\Delta\bar{H}>\varepsilon$,则可以证明 $X_a$ 为信息增益最大属性的置信度为 $1-\delta$。这时,叶节点就可以变为基于属性 $X_a$ 进行划分的分支节点。VFDT 树的每个叶节点的内存占用为 $O(dvc)$,其中 $d$ 为属性数目,$v$ 为每个属性可能的最大取值数目,$c$ 为类别数目。假设 VFDT 树共有 $l$ 个叶节点,则整个 VFDT 树的内存占用为 $O(1dvc)$,该值独立于所处理的样本数目。因此,算法很好地解决了数据流的样本过多的问题。VFDT 最初并没有介绍有关连续属性的处理方法,在其后继研究中才加以介绍。对于连续属性,当 VFDT 新建一个叶节点的时候,为每个连续属性从最先到达的样本中保存 $M$ 个不同的取值。这些取值在样本到达的时候就已经被排序,并且每两个不同分类的相邻取值的中间节点作为备选划分节点进行维持。一旦某个连续属性已经有了 $M$ 个不同取值,则不再增加备选划分节点,只是把新到样本用于评价现有备选划分节点。根据叶节点在树中所处层的不同以及当前可用内存大小的不同,每个叶节点使用不同的 $M$ 值。

## 5.5.2  CVFDT 算法

VFDT 算法假设流数据是稳态分布的,而现实中的流数据往往存在概念漂移(Concept Drift)的情形。如何有效解决概念漂移问题,是流数据挖掘中一个非常重要的研究领域。CVFDT 就是一种扩展了 VFDT 用以解决概念漂移问题的高效算法。CVFDT 具体的构造过程如下:它从一个叶节点开始从流数据收集样本。随着样本数量的增多,能够以较高的置信度确定最佳划分属性的时候,就将该页节点变成一个划分节点,然后对新的页节点不断地重复该学习过程。CVFDT 维持一个训练样本的窗体,并通过在样本进入和流出窗体的时候更新已学习的决策树,使其与训练样本窗体保持一致。特别地,当一个新样本到达之后,它将被加入到其所经过的所有决策树节点,而当将一个样本从决策树中去除的时候,它也需要从所有受其影响的节点中去除,并且所有的统计测试都需要重新进行。当 CVFDT 发现了概念漂移之后,它就并行地在该节点生成一个备选子树。当备选子树的精度远远大于原先子树的时候,原始的子树就被替换并释放。CVFDT 是对 VFDT 的扩展,它保持了 VFDT 的速度和精度,但它具有处理样本产生过程中所出现的漂移的能力。和其他处理概念漂移的系统一样,CVFDT

也是对样本维持一个滑动窗体。但是,它并不需要在每次样本到达的时候都重新学习模型,而是在新样本到达的时候更新节点上的统计信息,在样本滑出窗体的时候减少其所对应的统计信息。CVFDT 和 VFDT 具有类似的 HT 树生成过程,但 CVFDT 通过在 HT 树的所有节点上维持统计信息达到检测老的决策效果的目的,而 VFDT 只是在叶节点上维持统计信息。由于 HT 树经常变化,因此丢弃老样本的过程是非常复杂的。因此,在 CVFDT 中所有节点在创建时都赋予一个自增的 ID 号。当将一个样本加入到 $\omega$ 时,它所达到的 HT 中所有叶节点的最大 ID 值和所有备选子树都由它记录;而老样本通过减少它所经过的所有节点的统计信息达到丢弃的目的。CVFDT 的精度与在每个新样本到达时都利用 VFDT 对滑动的样本窗体进行学习或获取的决策树相似,但 CVFDT 的每个样本学习复杂度为 $O(1)$,而 VFDT 的每个样本的学习复杂度为 $O(\omega)$,$\omega$ 为窗体大小。

Domingos 和 Hulten 提出了一个挖掘大量数据流的总体框架。其框架包括 3 个步骤:

① 根据每一个步骤需要的训练例子数量,推导出选择时间复杂度的上界数据挖掘算法。

② 根据每一个有限数据算法步骤需要实例数据的功能,推导出精度损失的上限和无限的数据模型。

③ 针对预先指定精度损失的限制,通过减少在每个步骤所需的例子数量,将时间复杂性最小化。

这个框架解决两个高速数据挖掘流的主要问题:一是多少数据足够产生一个模型;二是当数据流是动态的并且概念漂移被发现时,如何保持现有模型的更新。

# 5.6　多数据流挖掘算法

在多数据流聚类方面,Dai 等人提出了一种多数据流聚类框架 COD。该框架是在 Aggarwal 等人提出的双层框架的基础上作了进一步的改进而形成的。这种称为 adaptiveCOD 的框架分为在线维护阶段和离线聚类阶段。该框架的主要特点是:

(1) 通过单遍扫描来建立数据流的概要信息;

(2) 支持概要信息的多粒度压缩。

2006 年,Dai 等人又对该框架作了进一步的改进,提出在线维护阶段中采用一种动态的自适应策略,根据数据流的当前状态来动态地选择小波变换模型或者回归分析模型进行数据流的概要信息维护。实验表明,这种自适应的 COD 框架在多数据流聚类上具有较好的性能。

Beringer 等人将一种改进的 K-means 算法应用于并行数据流聚类。该算法的特点是,采用一种可扩展的在线转换方法实现实时数据流之间距离的快速计算。

现有多流数据关联分析主要采用 3 种方法,即计算流数据对之间的关联系数、计算多条流数据的主分量,以及计算多条流数据中存在的聚类。

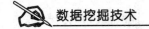

1）关联度计算

关联度计算指在多条流数据中,计算每对流数据之间的关联系数,从而发现具有高的正关联或负关联的流数据对。

当流数据数目较大时,在线计算每对流数据之间的关联系数是不现实的。StatStream 系统通过使用离散傅里叶变换的保距特性与系数的对称特性,推导出流数据对傅里叶变换系数之间的距离与关联系数之间的关系。系统只对傅里叶变换系数之间距离满足一定条件的流数据对计算关联系数。StatStream 采用流数据的滑动窗口模型,将每条流数据划分为小的固定长度为 $b$ 的段(基本窗口),对每个段,保存段内数据的离散傅里叶变换系数。系统将滑动窗口内的段作为流数据的概要数据结构。这个概要数据结构还可为其他计算提供支持。

StatStream 没有对流数据对之间存在滞后关联的情况作太多讨论,但是这种情况在应用中比较常见。BRAID 方法讨论了滞后关联(Lag Correlation)的计算。

BRAID 采用界标模型,对流数据从起始到当前时刻所有的数据进行处理,其概要数据结构只能用来计算流数据对之间的关联系数。

2）主分量计算

多条流数据组成的矩阵作奇异值分解(Singular Value Decomposition,SVD)中使用得到的特征值和特征向量表达流数据之间的关联。采用流数据的十字转门(Turnstile)模型,给出了界标模型和滑动窗口模型下的算法。其中,采用滑动窗口模型的算法将滑动窗口内的数据划分为多个段,分段保存矩阵的组成数据,当某个段的时间戳滑出滑动窗口时,将整个段删去。

采用主成分分析(Principal Component Analysis,PCA)技术分析多流数据,将 $n$ 条流数据用 $k$ 个隐藏变量表示,其中 $k \ll n$。基于自适应过滤技术(Adaptive Filtering Techniques)实现了一个增量式的主分量获取算法。另外,使用指数衰减因子来逐渐消除历史数据对计算结果的影响。

3）多流数据聚类

与定量计算流数据之间的关联统计量不同,另一种多流数据关联分析方法对多条流数据进行聚类分析,发现了彼此间相似的流数据。如何减少每个时刻需要计算的流数据对之间的距离和采用流数据的界标模型都有研究。采用一个滑动窗口模型下的多流数据聚类方法,是基于一个层次概要数据结构支持任意大小滑动窗口内的多流数据聚类的概念。

# 5.7　实时数据流挖掘技术

实时数据挖掘的过程是在有效的执行环境,保证数据逻辑的正确性和时间约束的前提下,从大量实时数据中提取有用的、新的、有潜在价值的过程。实时数据挖掘算法需要解决的问题:基于资源约束的自适应实时数据流聚类、高维度实时数据流的聚类、分布式环境下的多数据流实时聚类。在数据流上进行聚类,其基本任务就是要在对当前数据进行聚类的同时,随着新数据的不断流入,动态地调整和更新聚类的结果以真实反应数据流的聚类形态。这种在线的增量聚类使得常规的聚类技术难以在数据流上直接应用,算法必须要满足如下要求:① 内存限制。由于内存容量有限,不可能将数据量庞大的数据流全部存储于内存再进行聚类。在内存中只维护一个反映当前数据流特征的概要数据结构是目前常用的技术。② 实时性。数据流聚类要求具备很短的响应时间,能够响应 anytime 的用户聚类请求,要求算法处理速度快。③ 单遍扫描或者有限次扫描。在对数据流进行聚类时,只能按数据点流入的顺序访问一次或几次。

## 5.7.1　实时数据挖掘概述

实时数据流是一个有序数据点序列 $\boldsymbol{X}_1,\boldsymbol{X}_2,\cdots,\boldsymbol{X}_k,\cdots$,对应着一个时间序列 $T_1,T_2,\cdots,$ $T_k,\cdots$,表示数据点 $\boldsymbol{X}_i$ 在时刻 $T_i$ 到达;同时规定当 $T_i<T_j$ 时,数据点 $\boldsymbol{X}_i$ 比数据点 $\boldsymbol{X}_j$ 先到达。每一个数据点 $\boldsymbol{X}_i$ 是一个 $d$ 维向量,记作 $\boldsymbol{X}_i=(x_i^1,x_i^2,\cdots,x_i^d)$,分别代表数据点 $\boldsymbol{X}_i$ 的 $d$ 个属性值。

实时数据流作为一种新的数据模型,具有与传统关系型数据库或数据仓库不同的特征:

(1)数据量巨大:数据流一般具有惊人的数据量,如我国"嫦娥一号"探月卫星在绕月探测过程中,向地面传回的月球图像等数据流为每秒 3 MB,一年的数据流量可达 28 TB。

(2)时序性:按照到达的时间,数据点存在先后关系。

(3)快速变化:由于数据流的单向流动性,当前时刻与下一时刻的数据可能截然不同,不同时间段的数据差别很大。

(4)潜在无限:从理论上讲,数据流没有终止的时刻,具有无限性。

(5)高维性:现实世界中的数据流一般具有较高的维度。

## 5.7.2　实时数据挖掘方法

实时数据挖掘的目的是提供一种能够实时分析在线数据的方式;但是,现有的实时数据挖掘工作一般仅限于对传统的数据挖掘提供更快的数据优化的挖掘算法,迄今为止,仍然缺乏一般的方法和框架可以支持相对完整的想法,以帮助该领域开发新的改进算法。

根据普遍的实时系统的要求,我们定义实时数据挖掘为:实时数据挖掘的过程是在有效的执行环境,保证数据逻辑的正确性和时间约束的前提下,从大量实时数据中提取有用的、以前未知的或意外的知识。

实时数据挖掘系统拥有 4 个主要特点:首先和最重要的两个特征是,实时挖掘过程必须满足"时间约束"和避免"失败"或作出恰当的反应,并尽可能降低失败成本。第三,实时数据挖掘必须对"实时数据"作出响应。第四,"环境"在实时数据挖掘系统中比其他非实时系统中的作用更重要。

实时数据挖掘系统必须处理实时数据,虽然它也可以用于传统的数据挖掘系统处理历史数据。实时数据模型定义为：实时数据是一个从网络上传输的并且连续的元组序列，这些数据不被存储到磁盘或存储器中。

实时数据与传统存储的关系模型在3个方面有所不同：

（1）连续性和在线性：数据是从网络上传输的并且是连续的。也就是说，一旦这个数据被处理完，它就要被丢弃，并且不能轻易被重新获取，除非有缓冲。

（2）高度频繁和分布：这些数据之间时间间隔往往很短。

（3）不稳定：实时数据内经常随着时间的推移而改变，而不是静态的。

与一般的数据挖掘相比，实时数据挖掘至少有3个需要改进的特征：

（1）实时数据，实时模型。为了处理实时数据，模型必须能实时反应当前的数据概念和用户要求。对连续和在线数据流实时的知识更新机制是必要的。换句话说，这些模型要以实时的方式获得最新的数据。

（2）只有当满足时间的约束时，执行挖掘过程才是可预测和临界时间的。在这个意义上说，挖掘进程根据时间约束或限制对不同级任务规划进行分段和分层。一个合理的挖掘过程层次结构是过程级、路径级、任务级、算法级和模型级。此外，在实时数据挖掘期间必须分清楚两种关键的时间任务：周期和非周期。周期性实时任务是外部设备周期性地发出激励信号给计算机，要求它按指定周期循环执行。例如，一个实时预定数目的数据定期分析的例子是使用一个滑动窗口。非周期任务只有当某些事件发生时被激活，但都必须联系着一个截止时间。另外，按对截止时间的要求分为硬实时任务和软实时任务。硬实时任务系统必须满足任务对截止时间的要求，否则可能出现难以预测的结果。软实时任务系统也联系着一个截止时间，但并不严格，若偶尔错过了任务的截止时间，对系统产生的影响也不会太大。

（3）冗余模型。一个实时系统即使存在错误也要满足时间约束条件，因此，一个实时冗余模型体系在挖掘系统的性能和可靠性取舍中是最好的选择。

实时数据挖掘环境是指在什么情况下执行实时数据挖掘。实时数据挖掘中的环境比普通数据挖掘的环境在影响性能和正确性方面起着更为重要的作用。直观地说，一旦在短期内快速做出预测或决定后，环境因素的一点波动会大大影响挖掘结果。实时数据挖掘必须考虑到这7类环境因素：①体系结构为基础的因素：指分散、集中或综合数据挖掘架构。在集中的环境中，各种环境要素（特别是数据源）位于一个中心位置；而在分布式环境中，存在分布和异构数据源。一个综合的环境结合上述两种架构。②实时输入数据在实时数据挖掘是普遍的。此外在现实世界，数据流中会有标记和不标记数据。③实时约束。④评估参数，例如在国际清算银行的主要性能指标。⑤申请要求：在实时数据挖掘中需要一个灵活的数据挖掘系统能适应多变的挖掘要求。⑥实时数据挖掘过程中的挖掘算法，挖掘任务和挖掘过程的参数和配置。⑦在实时数据挖掘过程中知识库要包含和表示被发现的知识。实时数据挖掘中环境要适应一个独特的模型或一无组织的模式集合太复杂，并且经常动态变化。因此，一个合理的方法是在知识库中维持多个模型按顺序或动态的改变群体。

### 5.7.3　实时数据挖掘框架

为了证实上述分法,我们引入了一种使用动态数据挖掘过程模型的新的实时数据挖掘框架。建模步骤大致分为两个同步任务:模型更新和模式选择。一旦环境稍微变化,模型更新便启动更新知识库里的知识,而通过模型选择分类选择出包含与当前数据概念最佳匹配的知识。该框架包括两个主要组成部分:环境建模和动态数据挖掘。

1) 环境建模

为了使处理的架构为基础的环境因素,将环境分为两个层次:局域的和全局的。局域环境用于建模集中的环境要素;全局环境是用来支持分布的数据挖掘的。全局环境包括许多的局部环境。对于每个局部环境,进行局部的实时数据挖掘。而每一个处理环境建模要处理环境之间任何可能的相互作用。这些环境之间的相互作用,包括环境元素传递或同步(特别是在知识库里的知识)。

2) 动态数据挖掘过程

动态数据挖掘过程模型有许多关键特点,包括:①启用模式发展(如分类)与模型同步培训;②支持现有的增量更新知识;③支持检测和适应概念自动转移;④除了历史数据,还要处理实时数据;⑤在数据挖掘过程中支持连续反馈;⑥允许用户控制过程进展。

数据准备步骤提供了基本和简单的对实时数据进行数据预操作的策略。数据预处理分析步骤,需要对输入数据(或块)进行预处理,是用于发现有用数据的方式(如数据的熵)。这些模式在下一步用来帮助知识更新或选择和降低计算成本。例如:滑动窗口、数据加权(如衰减系数)和取样先进的数据。经过数据预处理分析,进行两个平行的过程。第一个过程是模型选择,模型选择是从知识库中选择对于将到来的分析比较好的知识。这种方式主要用于在线分类,通过特定体系选择有价值的模型来分类实时不标签的数据实例。第二个过程包括两个步骤:模型评价和更新。模型评价是用来评估挖掘性能和发现概念的;模型更新是根据新知识逐步更新知识库里的知识。最后,知识解释及可视化的步骤用于显示和解释挖掘结果。

3) 实时控制

在框架内,一系列实时控制体系用于协助满足实时要求。

首先,根据时间约束或最后期限归类为5级过程:过程级、路径级、任务级、算法级和模型级。① 模型级是最低水平,时间约束是原子性。② 模型是算法根据各种训练数据和算法参数的实例。该算法的时间约束依赖于不同的输入数据和参数。③ 任务是指在每一个挖掘步骤中具体数据的挖掘操作。例如,在数据预处理分析中数据选择和数据加权。对于相同的功能,很多算法可以用来实现一个任务。例如,要进行数据的选择,有 S. Cheng 的算法和基于VFDT 的边界粘合算法。因此,任务级的时序约束也多是可变的。④ 挖掘路径比任务有一个较大的粒度,包括一个任务序列组成。通常在过程中有 6 个基本路径:数据准备,数据预分析,模型更新,模型选择,模型评价及知识的解释和可视化。⑤ 过程级的时间约束影响整个过程和部分路径,或任务的执行可能无法满足其正常的时间约束。

第二,动态挖掘过程包括周期的和非周期的。在处理实时数据时,它周期性地工作在每一个固定的时间间隔内,而处理其他环境要素时,可能会触发不定期的操作。

第三,该框架能够进行快速的数据挖掘,因此非常适合满足的时间约束:①数据准备步骤,在传统的数据挖掘过程中,80%的工作被简化。②模型更新和模型选择能同步知识库中存储的知识。

第四,由于知识库中模型的冗余特性,框架本质上支持容错,基于传统的软件容错技术,如 $n$ 版本编程、测试点、回滚和恢复块,可以很容易地用于模型选择和更新。

最后,环境建模使环境相对有决定性,因此,根据可预测性管理挖掘过程的功能被启用。

## 5.7.4 实时数据挖掘模型

基于实时数据挖掘框架的模型系统中有 3 个核心部件:环境模型器(EM)、实时动态数据挖掘器(RDDM)和实时数据挖掘环境描述(RDMED),如图 5.3 所示。

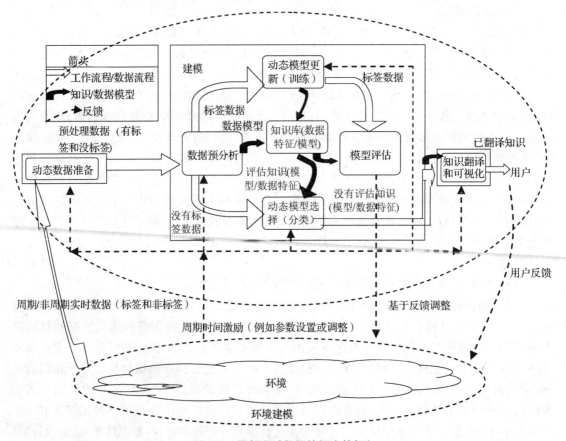

**图 5.3 局部实时数据挖掘支持框架**

（1）RDMED 是用来描述环境元素的模块。根据统一的描述，其他组件可以有效地了解环境，操作挖掘过程。

（2）EM 是对环境建模的模块。在模块中，环境 Interactor(EI)用于获取局域环境因素并与其他全局环境 EI 沟通。获取的元素通过数据适配器（DA）或应用需求调整适配器（ARA）。DA 处理各种数据源和类型，而 ARA 转换各种应用需求到内部描述。整个过程是由环境管理器（EMr）控制的。

（3）RDDM 在实时环境中操作动态数据挖掘。实时数据挖掘过程机制从外部引入环境因素，调整 EM 中 EMr。它还通过管理数据管理器（DM）、实时控制器（RTC）及参数配置（PC）控制整个挖掘过程。DM 为过程准备未标记和标记的实时数据实例，RTC 确保过程满足时间约束和失败时进行容灾，PC 为过程管理其他环境因素。实时动态挖掘过程由数据准备器、数据预分析器、模型更新器、模型选择器和知识部署器及可视化器完成。它们被定期或不定期地调用。

## 5.7.5　实时数据挖掘技术分类

### 1）概要数据结构的构建技术

由于内存限制，为了有效地对数据进行在线聚类，只能采用相关技术在内存中维护一个反应数据特征的概要数据结构 SDS，以最大限度地保留对聚类有用的信息。该类技术一般是指在界标模型下，对起止时间戳分别为 $s$ 和 $t$ 的数据 $\{X_s,\cdots,X_t\}$ 采用直方图、抽样、哈希技术、小波变换等技术创建其对应的 SDS，要求便于增量地进行维护和更新。其中，直方图可高效地表示大数据集合的轮廓，如等宽直方图、V 优化直方图等，直方图技术也是构造 SDS 的首选技术；抽样技术借鉴统计学的相关理论，提取大数据集的特征；哈希技术通过映射关系将大值域的数据集映射为小值域数据集，然后再提取相关的特征；小波变换技术是利用信息处理中的经典方法，采用变换后得到的少数小波参数来近似模拟原始的海量数据，具体分类如表 5.1 所列。

### 2）数据倾斜技术

实时数据环境下，用户往往对最近一段时间的数据更感兴趣，而不是从数据流开始一直到现在的所有数据。基于这一思想，多种数据倾斜技术被应用于数据流。

① 滑动窗口：设滑动窗口大小是 $w$，在任一时间戳 $t$，其需要聚类的数据流片段是 $\{X_{\max(0,t-w+1)},\cdots,X_n\}$，对时间戳 $\max(0,t-w+1)$ 之后的数据全部忽略，不予考虑。这就要求滑动窗口不但要处理新到达的数据点，而且要考虑旧数据的影响。这种技术支持算法对"近期数据"作细致分析，对历史数据仅提供概要，减小了聚类对内存的需求；但是，需要事先指定窗口的大小。

② 衰退技术：基本窗口技术在一定程度上考虑了近期数据的重要性，但其对于在某一时间窗口内的数据点仍然"一视同仁"。为了突出离当前时刻越近的数据对聚类"越有意义"，

Aggarwal 等人提出衰减因子和衰减函数来解决这一问题。其基本原理是,越靠近当前时刻的数据,越赋给它们更大的权重。该方法使用衰减函数为 $f(t)=2^{-\lambda t}(\lambda>0)$,设在 $t$ 时刻,某聚类包含的数据点集合为 $C=(X_{i1},\cdots,X_{in})$,对应的时间序列是 $T_{i1},\cdots,X_{in}$,则在 $t$ 时刻该聚类特征结构就是一个 $2d+1$ 维向量:$FC(C,t)=(FC2^x(C,t),FC1^x(C,t),W(t))$,其中,$FC2^x(C,t)$,$FC1^x(C,t)$ 均为 $d$ 维向量,其第 $j$ 维可分别表示为:$FC2^x(C,t)_j=\sum f(t-T_{ik})(x_{ik}^j)^2$,$FC1^x(C,t)_j=\sum f(t-T_{ik})(x_{ik}^j)$,其中,$k=1,2,\cdots,n$,$W(t)$ 为微聚类中所有数据点的权值之和。可以看出,距离当前时刻 $t$ 越近的数据点被乘上了较大的权值 $f(t-T_{ik})$,突出了其相对于历史数据的重要性。

表 5.1　概要数据结构构建技术

| 相关技术 | 分　类 |
|---|---|
| 直方图 | 等宽直方图 |
|  | 压缩直方图 |
|  | V 优化直方图 |
| 抽　样 | 域抽样 |
|  | 总体抽样 |
|  | 水库抽样 |
|  | 精确抽样 |
|  | 计数抽样 |
| 哈　希 | 布隆过滤器 |
|  | Sketch 方法 |
|  | Flageolet-Martim 方法 |
| 小波变换 | 哈尔小波 |

③ 金字塔时间框架:Han J 等人详细介绍了 3 种倾斜时间框架,即自然倾斜、对数尺度倾斜、渐进对数倾斜,在数据流聚类中被广泛使用的是一种渐进对数倾斜的金字塔时间框架。数据流算法在线聚类产生的所有微聚类,一般以一个快照的形式存储于磁盘。金字塔时间框架描述了快照存储粒度与时间的关系。框架特征如下:每层最多存放 $\alpha^l+l$ 个快照;第 $i$ 层快照的时间间隔为 $\alpha^i$,且该层快照对应的时间戳能被整除;每层只保留不能被 $\alpha^{i+1}$ 整除的快照;时间段内最多维护 $(\alpha^l+l)\log_\alpha(T)$ 个快照。其中,金字塔最大的层次数为 $\log_\alpha(T)$,$T$ 表示从数据流开始至今所逝去的时间,$\alpha(\geqslant1)$ 决定了金字塔时间框架的时间粒度,$l(\geqslant1)$ 决定了金字塔时间框架所产生的快照的精度。可以看出,距离当前时间越近的时刻产生的微聚类,其被存储的概率越大,以突出近期数据的重要性。而且已经证明,若用户请求的时间窗长为 $h$,则从当前时刻向前追溯 $2h$ 个时间单位,必定可以找到至少一个快照。这种对"近期数据"的倾斜技术可以保证在一定精度的前提下有效地节省数据流聚类所需的存储空间。

④ 数据点密度系数：最近，使用了一种新的针对数据点的倾斜方法。与前面针对聚类特征结构或者在滑动窗口内进行数据衰减不同，该模型直接按照到达的时刻给每个数据点一个密度系数。假设数据点到达的时刻为 $t_c$，则该数据点在任意时刻的密度系数为 $D(X,t)=\lambda^{t-t_c}$，并将该定义应用于数据流网格聚类。假设在任意时刻 $t$，属于网格 $g$ 的数据点集合为 Set$(g,t)$，则在 $t$ 时刻网格 $g$ 的密度为所有 Set$(g,t)$ 中的数据点的密度系数之和。该模型的好处有：每一数据点都随时间不断衰退，更真实地反应了数据流的实时性；在任意时刻，很容易确定数据点的密度系数；在网格聚类模型下，由前次结果可以很方便地增量计算出网格当前的密度值，便于实现增量聚类。

# 5.8　流数据聚类演化分析

随着人们获取数据信息量的不断增加，简单的计算查询数据已经不能满足人们深层次的需要，而且信息量过大，原有的数据处理技术也无法有效地查询处理这些数据。人们希望在这些连续无界的数据中，获取任意时间段内的数据特征信息，可视化地找出不同时间点的数据变化情况，以便于为及时、准确的决策提供依据。

实时数据聚类区别于传统静态数据聚类的特征之一，就是数据流的演化分析。数据流随时间动态变化，这种变化导致对应的聚类模型也在实时变动，捕捉这种变化并及时向用户汇报，可以使用户知道"发生了什么"，更好地帮助用户及时进行决策调整。例如，在网络监控数据流中，新聚类簇出现可能意味着一批 DOS 攻击的开始，获取这一变化有利于用户及时采取相关防范措施；在工业实时控制流中，合格产品对应的聚类簇的变化如果超过规定范围，说明可能是生产线上的机械发生故障或工人的误操作在导致产品质量下降，决策者应立即进行调整。已有一些算法在设计时就注重其对数据流的演化分析能力，但仍有许多算法只能实现实时聚类，不能进行演化分析。

人们对数据流的分析展开了深入研究，针对进化数据流提出了有效的进化分析技术。所谓进化数据流，是指在数据流形成的过程中，内部隐含的类模式不断发生变化的数据流。在某段时间内，将这种数据流中的类发生的变化情况以文字或图形等形式展示出来，并对结果进行比较分析的过程就叫做聚类演化分析。演化分析的对象是经过某些数据挖掘技术处理得到的一些中间结果（也即类集合），如应用滑动窗口技术以快照的形式存储的类的中间结果集。

为了获取类演化相关信息过程，用户需要输入一些参数：两个时间点 $t_1$、$t_2$（$t_2>t_1$）和时间段间隔 $h$。算法将会对 $(t_1-h,t_1)$ 和 $(t_2-h,t_2)$ 这两个时间段的类进行计算并比较。

设数据流在 $(t_1-h,t_1)$ 和 $(t_2-h,t_2)$ 两个时间段的聚类特征结构 $S(t_1,h)$ 及 $S(t_2,h)$ 都存储在内存中，则可以通过比较这两个时间段的聚类来发现其演化情况：

- 产生新聚类：$S_{add}(t_1,t_2)=S(t_2,h)-[S(t_1,h)\bigcap S(t_2,h)]$；
- 消失的原聚类：$S_{del}(t_1,t_2)=S(t_1,h)-[S(t_1,h)\bigcap S(t_2,h)]$；

• 原有聚类发生变化：$S_r(t_1,t_2)=S(t_1,h)\bigcap S(t_2,h)$。

这种通过集合运算实现演化分析的模型实现起来十分简便,后来的大多数支持演化分析的算法均沿用这一模型。该模型的局限性在于不能精确地定位和描述数据流的变化。在实际应用中,用户不仅要知道"是否发生了变化",而且想知道"到底哪里发生了什么变化"。该模型只能确定数据流是发生"急剧变化"还是"相对稳定"以及新增和消失的聚类簇有哪些,但对于原有聚类到底发生了什么变化不能进行细致的描述。深入研究表明,随着新数据的不断流入以及历史数据的不断衰退,原有聚类发生变化的情况十分复杂:原有聚类分裂成两个新聚类;原有两个独立的聚类合并为一个聚类;原有聚类发生了位置漂移;原有聚类形状发生了改变;一个聚类同时发生前述的多种演化,例如,一个聚类既发生漂移也发生了形变。如何对这些演化进行精确地定位和描述,该模型无法解决。

根据比较结果的不同,流数据聚类演化分析可分为3类:

(1) 新类形成,即流数据聚类过程中创建了新的类,如图5.4(a)所示;

(2) 旧类消失,即流数据聚类过程中,某类内的所有元素均已过期,删除该类,如图5.4(b)所示;

(3) 类的漂移,即数据的变化引起类的位置和属性(如密度、形状)发生变化,如图5.4(c)所示。

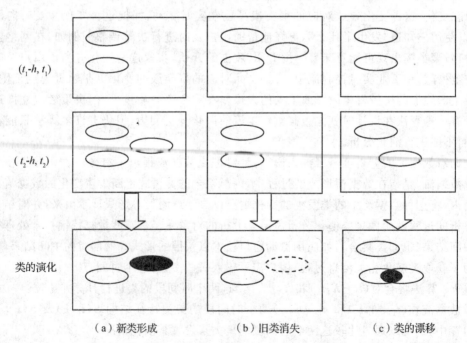

（a）新类形成      （b）旧类消失      （c）类的漂移

图 5.4　聚类演化示意图

类是连接在一起的密度单元的集合,聚类结果就是这样的一些集合,因此通过对区间 $(t_1-h,t_1)$ 和 $(t_2-h,t_2)$ 中的单元聚类就可以发现数据流的变化。假定区间 $(t_1-h,t_1)$ 和 $(t_2-h,t_2)$ 的聚类结果分别是 $C(t_1,h)$ 和 $C(t_2,h)$,则聚类演化可通过如下操作进行:

(1) 新类形成:可通过 $C(t_2,h)-C(t_1,h)\bigcap C(t_2,h)$ 发现的第一类变化,如图 5.4(a)所示,被标为黑色的类是一个新类。

(2) 旧类消失:通过 $C(t_1,h)-C(t_1,h)\bigcap C(t_2,h)$ 得到在聚类过程中消失的类,如图 5.4 (b)所示。

(3) 类的漂移,通过计算 $C(t_1,h)\bigcap C(t_2,h)$ 得到类的漂移情况,如图 5.4(c)所示。

# 5.9  流数据挖掘新技术研究

到目前为止,研究人员已经开发了许多流数据系统,这些系统根据使用目的可划分为流数据分析挖掘系统和流数据管理系统。流数据管理系统的主要目的是对流数据连续查询提供支持,而流数据分析挖掘系统的主要目的是提供各种流数据分析挖掘功能。下面是一些有代表意义的流数据分析挖掘系统:

(1) Diamond Eye 系统。该系统代表早期的流数据分析系统,是由 Burl 等人为美国国家航空和宇宙航行局的喷气推进实验室设计开发的,目的是使远程计算系统和科学家们能从实时空间对象图像流中提取各种模式。这一项目的代表是早期流数据分析应用。

(2) MobiMine 系统。该系统是第一个处理流数据挖掘系统,由 Kargupta 等人开发。该系统基于 PDA,采用客户端/服务器系统结构对股票市场中的流数据进行分布式挖掘。在该系统中,服务器实现主要的挖掘处理,并在 PDA 与服务器之间通过多次信息交互直到最终将分析挖掘结果显示在 PDA 屏幕上。随着 PDA 设备计算能力的不断增强,越来越倾向于在客户端执行更多的分析和挖掘任务。

(3) VEDAS(Vehicle Data Stream Mining System)系统。该系统是由 Kargupta 等人设计开发的,用于移动车辆的监控和信息提取。VEDAS 可连续监测移动设施产生的流数据,并从中实时提取模式,主要的挖掘任务由车载 PDA 完成,采用聚类技术分析驾驶员行为。

(4) EVE 系统。该系统由 Tanner 等人开发设计,可用于挖掘天文研究中各种传感器连续不断产生的观测数据。为了节省有限的带宽,仅在空间监测单元发现了有趣的模式时,才将这些有趣模式传送回地面上的基站进一步分析和处理。该系统是空间流数据应用的典型代表,空间流数据应用中将产生大量的各种天文观测数据,需要实时分析这些流数据信息。

(5) Srivastava 等人为美国国家航空和宇宙航行局开发了一个实时系统,采用核聚类方法检测地球物理过程,例如下雪、结冰以及多云等。核聚类算法用于压缩数据。该项目的目的在于,为传输空间图像流数据到地面处理中心的传输过程节省有限的带宽。由于核方法计算复杂度低,而系统计算资源有限,因此选择核方法。

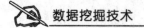 

在流数据环境下，聚类分析的应用仍然十分广泛，涉及交通管理、Web 挖掘与网络安全、金融管理、天文气象、电信管理等众多领域。

1）交通管理

在线聚类传感器网络中的传感数据，可实现地理环境、交通拥塞等的实时监控和模式挖掘。例如，交通拥塞往往对应于交通监测数据中某新簇的出现，或具有相似地理信息簇所包含记录数量的大幅增加；在快速路交通系统中，对交通流时间序列进行聚类分析，可以发现一些典型的交通流变化趋势规律，对交通检测点日流量高峰时段的合理分组具有重要意义。

2）Web 挖掘与网络安全

Web 流数据主要是服务器日志数据，是网络用户访问 Web 服务器时，服务器忠实记录的访问信息，如一记录用户 ID、受访 web 的 URL、用户的 IP 地址、访问时期、时间、访问方式等。某些日志数据正以每天数十兆的速度增长。对这些日志数据的分析，能够发现隐藏的有意义的访问模式与规则（如客户的兴趣爱好、购买模式、点击规律、客户群体等），为设计满足不同客户需求的个性化网站提供了数据数源。此外，对因特网数据、事务日志进行在线聚类，可用于监测网络入侵、网络点击欺诈、网络异常等现象。例如，网络入侵往往对应着包含一个或多个具有相似源或目的地址 IP 包簇的快速形成。

3）金融管理

在线聚类金融数据，可实现金融欺诈检测，消费者分布状况统计以及为金融走势预测提供支持。例如，金融数据簇的变化，往往代表着消费者分布状况的改变，新消费模式的形成以及金融走势出现新变化。

4）天文气象

对天文数据进行在线聚类，可及时发现新的天文现象。例如，天文观测数据新簇的出现，往往对应着宇宙高速粒子流、超新星爆发或新星际云团的形成等。

5）电信管理

路由器连续产生大量的流量数据（通常以 Netflow 的方式进行采集），这些数据的体量非常大，产生的速度极快并且分析的精度并不要求完全准确，符合典型的流数据模型。对 Netflow 数据进行聚类分析可以发现网络中流量的分布情况以及它的变化趋势，从而检测异常流量，进行攻击预警，还可以对海量的数据进行压缩。

# 本章小结

传统数据挖掘技术旨在从大型数据库或数据仓库中提取隐含的、事先未知的、潜在有用的信息或模式。它融合了数据库、人工智能、机器学习、统计学等多个领域的理论与技术，在理论和应用上均已取得了丰硕的成果。将数据挖掘技术应用于流数据，需考虑数据的实效性和动态性、流数据内在分布的变化和单遍扫描数据库等限制。在流数据概要数据结构的基础上，针对不同的挖掘任务,设计不同的低时空复杂度挖掘算法,已引起了广大研究者的关注。流数据聚类方法是传统聚类方法在流数据环境下的延伸,目的是在不断变化的流数据上发现对象间的类,每个类内的对象相似,而类之间的对象不相似。此外,流数据是一类流速与数据内容都随时间动态变化的数据对象,在线聚类结果也会随时间推移发生演化,对流数据进行聚类演化分析是流数据聚类分析面向应用的重要研究内容。

# 参考文献

[1] Henzinger M, Raghavan P, Rajagopalan S. Computing on data streams[J]. Dimacs Series in Discrete Mathematics and Theoretical Computer Science, 1999,50:107－118.

[2] 周傲英,崇志宏.流数据中基于计数的频繁模式挖掘[J].计算机应用,2004,24(10):4－6.

[3] 张昕,李晓光,王大玲,等.流数据中一种快速启发式频繁模式挖掘方法[J].软件学报,2005,16(12):2099－2105.

[4] 刘学军,徐宏炳,董逸生,等.挖掘流数据中的频繁模式[J].计算机研究与发展,2005,42(12):2192－2198.

[5] 刘学军,徐宏炳,董逸生.基于滑动窗口的流数据闭合频繁模式的挖掘[J].计算机研究与发展.2006,43(10):1738－1743.

[6] 潘云鹤,王金龙,徐从富.流数据频繁模式挖掘研究进展[J].自动化学报,2006,32(4):594－602.

[7] 王伟平,李建中,张冬冬,等.一种有效的挖掘流数据近似频繁项算法[J].软件学报,2007,18(4):884－892.

[8] Liu Yuchin, Hsu Pingyu. Toward supporting real－time mining for data residing on enterprise systems[J]. Expert Systems with Applications, 2008,34(2):877－888.

[9] Agrawal R, Imielinski T, Swami A. Mining Association Rules between Sets of Items in Large Databases[C]//Proceedings of the 1993 ACM SIGMOD International Conference on Management of Data. New York:ACM Press, 1993:207－216.

[10] Agrawal R, Srikant R. Fast algorithms for mining association rules[C]//Proceedings of the 20th International Conference on VLDB. San Francisco:Morgan Kaufmann Publishers,1994:487－499.

[11] Agrawal R, Srikant R. Mining sequential patterns[C]//Proceedings of international conference on data engineering. Taipei:[s. n.],1995:3－14.

[12] Agrawal R, Shim K. Developing tightly－coupled data mining applications on a relational database system[C]//Proceedings of international conference on knowledge discovering and data mining. Menlo Park,CA:AAAI Press, 1996:287－290.

[13] Han Jiawei, Dong Guozhu, Yin Yiwen. Efficient mining of partial periodic patterns in

the time series database[C]//Proceedings of international conference on data engineering. Sydney:[s. n.], 1999:106 - 115.

[14] Han Jiawei, Fu Yongjian, Wang Wei, et al. Dmql:A data mining query language[C]// Proceedings of the 1996 SIGMOD'96 workshop on research issues on data mining and knowledge discovery. Montreal:[s. n.], 1996:27 - 33.

[15] Domingos P, Hulten G. A general method for scaling up machine learning algorithms and its application to clustering[C]//Proceedings of the Eighteenth International Conference on Machine Learning. Williamtown,MA:Morgan Kaufmann, 2001:106 - 113.

[16] Han Jiawei, Pei Jian, Yin Yiwen, et al. Mining frequent patterns without candidate generation:A frequent - pattern tree approach[J]. Data Mining and Knowledge Discovery, 2004,8(1):53 - 87.

[17] Kamber M, Han Jiawei, Chiang J Y. Metarule - guided mining of multi - dimensional association rules using data cubes[C]//In Proceedings of international conference on knowledge discovering and data mining. Newport Beach:[s. n.], 1997:207 - 210.

[18] 高宏宾,张小彬,杨海振. 一种实时挖掘数据流近似频繁项的算法[J]. 计算机应用, 2008,28(S2):219 - 222.

[19] Karp R M, Shenker S, PapadimitriouGroup C H. A simple algorithm for finding frequent elements in streams and bags [J]. ACM Transactions on Database Systems, 2003, 28(1):51 - 55.

[20] Domingos P, Hulten G. Mining high - speed data streams[C]//Proceedings of the sixth ACM SIGKDD International Conference on Knowledge Discovery and Data Mining. Boston,MA:ACM Press, 2000:71 - 80.

[21] 金澈清,钱卫宁,周傲英. 流数据分析与管理综述[J]. 软件学报,2004,15(8): 1172 - 1181.

[22] Raman V, Yoram B. Sampling Theorems for Uniform and Periodic Nonuniform MIMO Sampling of Multiband Signals[J]. IEEE Transactions on Signal Processing, 2003, 51 (12):3152 - 3163.

[23] Vitter J S. Random sampling with a reservoir[J]. ACM Transactions on Mathematical Software. 1985,11(1):37 - 57.

[24] Gibbons P B, Matias Y. New sampling - based summary statistics for improving approximate query answers[C]//In Proc. ACM SIGMOD. New York: ACM Press, 1997:1 - 25.

[25] Bjorn J, Wim S. Overview of Wavelet Based Multiresolution Analyses[J]. SIAM Review, 1994, 36(3):377 - 412.

[26] Yuan Xiao, Chen Xiangdong, Li Qiliang, et al. Generalized Haar Wavelet[J]. Journal

of the University of Electronic Science and Technology of China, 2002, 31(1):19-19.

[27] Indyk P. Stable distributions, pseudorandom generators, embeddings and data stream computation[C]//Proceedings of 41st IEEE Symposium on Foundations of Computer Science. Redondo Beach, CA: Foundations of Computer Science, 2000:189-197.

[28] Palpanas T, Vlachos M, Keogh E, et al. Streaming Time Series Summarization Using User-Defined Amnesic Functions[J]. IEEE Transactions on Knowledge and Data Engineering, 2008, 20(7):992-1006.

[29] Zhao Yanchang, Zhang Shichao. Generalized Dimension-Reduction Framework for Recent-Biased Time Series Analysis[J]. IEEE Transactions on Knowledge and Data Engineering, 2006, 18(2):231-244.

[30] Bulut A, Singh A K. SWAT:Hierarchical Stream Summarization in Large Networks [C]//In: Proceedings of the 19th International conference on Data Engineering. Los Alamitos: IEEE Computer Society, 2003:303-314.

[31] Potamias M, Patroumpas K, Sellis T. Amnesic Online Synopses for Moving Objects [C]//Proceedings of the 15th ACM nternational conference on Information and knowledge management. New York: ACM Press, 2006:784-785.

[32] Aggarwal C C, Han Jiawei, Wang Jianyong, et al. A Framework for On-Demand Classification of Evolving Data Streams[J]. IEEE Transactions on Knowledge and Data Engineering, 2006, 18(5):577-589.

[33] Aggarwal C C, Han Jiawei, Wang Jianyong, et al. A framework for projected clustering of high dimensional data streams[C]//In Proceedings of International conference on Very Large Data Bases. Toronto:[s. n.] 2004:852-863.

[34] Gaber M M, Zaslavsky A, Krishnaswamy S. Mining data streams: a review[J]. ACM SIGMOD Record, 2005, 34(2):18-26.

[35] Kargupta H. MobiMine: monitoring the stock market from a PDA[J]. ACM SIGKDD Explorations Newsletter, 2002, 3(2):37-46.

[36] Chen Yixin, Tu Li. Density-Based Clustering for Real-Time Stream Data[C]// Proceedings of the 2007 KDD Conference on Data Mining. Las Vegas:[s. n.], 2007:12-15.

[37] Tanner S, Alshayeb M, Criswell E, et al. EVE: On-Board Process Planning and Execution[C]//Earth Science Technology Conference. Pasadena,CA:[s. n.], 2002:11-14.

[38] Dass R, Kumar V. Kaal-a Real Time Stream Mining Algorithm[C]//Proceedings of the 43rd Hawaii International Conference on System Sciences. Honolulu, HI:System Sciences, 2010:1-10.

[39] Flajolet P, Martin G N. Probabilistic counting algorithms for data base applications [J]. Journal of Computer and System Sciences, 1985(31):182 - 209.

[40] Cohen S, Matias Y. Spectral bloom filter[C]// Proceedings of the 2003 ACM SIGMOD International conference on Management of Data. New York: ACM Press, 2003:241 - 252.

[41] Noga A, Yossi M, Mario S. Space Complexity of Approximating the Frequency Moments[C]// Proceedings of the Annual ACM Symposium on Theory of Computing. Philadelphia, PA: ACM Press, 1996:20 - 29.

[42] Zhu Yunyue, Shasha Dennis. StatStream: Statistical monitoring of thousands of data streams in real time[C]//Bernstein P, Ioannidis Y, Ramakrishnan R. Proceedings of the 28th International conference on Very Large Data Bases. Hong Kong: Morgan Kaufmann, 2002:358 - 369.

[43] Park N H, Lee W S. Statistical Grid - based Clustering over Data Streams[R]. [S. l. ]: ACM SIGMOD Record, 2004, 33(1):32 - 37.

[44] Babcock B, Datar M, Motwani R. Sampling from a moving window over streaming data[C]//Epstein D. Proc. of the 13th Annual ACM - SIAM Symp. on Discrete Algorithms. San Francisco: ACM/SIAM, 2002:633 - 634.

[45] Cohen E, Strauss M. Maintaining time - decaying stream aggregates[C]//Proceedins of the 22nd ACM SIGMOD - SIGACT SIGART symposium on Principles of database systems. New York: ACM Press, 2003:223 - 233.

[46] Kopelowitz T, Porat E. Improved Algorithms for Polynomial - Time Decay and Time - Decay with Additive Error[J]. Theory of Computing Systems, 2008, 42(3):349 - 365.

[47] Cormode C, Korn F, Tirthapura S. Time - decaying aggregates in out - of - order streams[C]// Proceedings of the twenty - seventh ACM SIGMOD - SIGACT SIGART symposium on Principles of database systems. New York: ACM Press, 2008:89 - 98.

[48] Palpanas T, Vlachos M, Keogh E, et al. Online Amnesic Approximation of Streaming Time Series[C]// Proceedings of the 20th International conference on Data Engineering. Los Alamitos: IEEE Computer Society, 2004:339 - 349.

# 第**6**章　高维聚类算法

高维流数据聚类算法是一类特殊的聚类问题,即使在传统聚类领域,也具有较高的难度。现实中大量的应用领域存在高维的流式数据,如大型超市的交易数据流、在线新闻及大型搜索公司中所表现出来的文档数据流、网络连接数据流等。对于这种高维流数据的聚类分析具有极大的挑战性。

## 6.1　高维聚类算法概述

大多数的聚类算法都是针对低属性维设计的,当属性维度很高,超过十甚至上百上千时,这些算法往往不能有效进行处理。因为当属性维增加的时候,往往只有少数几个维度是与某一类相关的,此时其他不相关的维度会生成大量的噪声,并在一定程度上导致某些类被隐藏。此外,随着属性维的增加,数据往往变得异常稀疏,此时,常规的距离度量方法就失去意义了。数据挖掘面对的数据库中存放数以 GB 级或 TB 级的数据,无论进行何种类型的数据挖掘,庞大的数据规模将大大降低挖掘效率、质量和结果的有效性。为了解决这些问题,一类高维聚类方法应运而生。

### 6.1.1　高维聚类算法

高维聚类算法(Clustering High-Dimensional Data)的研究成果很多,主要包括 CLIQUE、PROCLUS、pCluster 以及高维稀疏聚类 CABOSFV 算法等。即使在传统静态数据集上,高维数据的聚类问题也极具挑战性,由于高维空间中数据的稀疏性,数据点之间的距离趋于相等,传统的距离定义在高维空间中失效。子空间聚类、属性选择、稀疏特征提取等技术是静态高维数据聚类的常用技术。CABOSFV 聚类算法通过引入稀疏向量,记录扫描数据的相似性、差异度,同时该稀疏向量又具有累加性,因此可以非常简洁、快速地对数据库中的数据进行聚类。这种算法既降低了数据的存储量和计算量,同时又保证了稀疏差异度计算的精确性。

LOCAL-SEARCH 算法、STREAM 算法、CluStream 算法、DenStream 算法、E-Stream 算法、D-Stream 算法等是目前专门针对数据流设计的聚类算法。但这些算法存在一个相同的问题:多数情况下,只适用于低维数据流;当被用于高维数据流聚类时,效果不佳。通常情况下,采用传统聚类方法对高维数据集进行聚类时,主要遇到以下 3 个问题:

① 随着维数的增长,时间和空间复杂度会迅速上升,从而导致算法性能的急剧下降。

② 高维数据中存在大量无关的属性,使得传统聚类算法很难处理高维数据。

③ 难于定义距离函数。高维情况下距离函数经常失效,在这种情况下,必须通过重定义合适的距离函数或相似性度量函数才能避开"维度效应"的影响。

## 6.1.2 高维度数据处理方法

### 1. 维归约

维度的归约是有关于数据的编码和转化的,这样做可以得到原始数据的一种压缩形式的表示。如果将刚刚压缩过的数据还原为原始的数据,其结果与原始数据一致,则说明这种数据的转化或者叫归约是无损归约;如果仅仅构造原数据的近似的一种表示,则可以说是有损的数据归约。一般较常见的数据归约的方法主要是小波变换和主成分分析法。

#### 1) 小波变换

小波变换是一种信号的处理技术。其中,离散的小波变换(DWT)将数据进行截短。对于刚刚存储的一小部分较强的小波系数作为压缩数据的结果。如果留下预先设定的阈值的全部的小波系数,其他为 0,那么最后的数据结果会较为稀疏,用于消除噪声,而且不会丢失数据集的主要特征。使用 DWT 逆有效地清除不相关的数据,得到原始的数据的近似。而且小波变换对局部性的细节处理得非常好。

#### 2) 主成分分析

主成分分析(PCA)就是研究如何通过原始变量的为数不多的几个线性组合来概括原始变量的绝大部分信息,它是由 Hotelling 在 1933 年第一次给出其概念的。主成分分析的基本思路是:如果不能从第一个线性组合中收集更多的信息,则再从第二个线性组合中收集,直到所收集到的全部信息能够包含原始数据集的绝大部分信息为止。主成分分析的基本步骤如下:首先是对数据的分析,确定是否有必要进行主成分分析;其次,是选择主成分的累积的贡献率与其特征值来考察要提取的主成分或因子的数目;然后,通过进行主成分分析来将提取新的变量作为存储,方便以后的处理。一般经过主成分分析后,可以获得较少的主成分,它们之中包含了原始数据集的绝大部分信息,用来作为原始全部属性的代表,如此一来就实现了对数据集的降维。一般来讲,如果数据集中存在 $n$ 个属性列,经过主成分分析后最多可产生 $n$ 个主成分,不过要提取 $n$ 个主成分就会失去主成分分析降维的意义。所以通常情况是提取 90% 以上数据集信息的前 2~3 个主成分来做分析。

虽然采用降维方法会将数据集的维度大大降低,但完备数据集所有的可理解性和可解释性变得非常差,一些对完整数据集中聚类有用的重要信息也可能会失去,所以较难表达和理解聚类的效果。对于高维度数据处理,采用属性转换方式得到的聚类效果并不是很令人满意,存在一定的局限性,所以其不能满足目前高维聚类算法发展的需求。

## 2. 特征子集选择

一般数据聚类算法的数据集可能包含大量的属性列,其中绝大部分属性列对数据挖掘任务来讲是冗余的。尽管人们可以根据挖掘目标挑出有用的属性列,但这是很费时的任务,尤其是当数据的行为无法准确表述时。丢掉相关属性或留下与挖掘任务无关的属性是不利的。这可能导致聚类结果质量很差。此外,不相关或多余维度和属性特征会增加数据量,大量消耗数据挖掘的时间。

通过删除不相关的属性列或者维度减少数据量,一般使用特征子集的方法进行选择。特征子集选择的目的是获得最小的属性列,使其数据类的概率分布最大限度地接近原始的属性列分布。在压缩的属性列上进行数据挖掘还有其他的优势,不但减少了挖掘结果属性列的个数,而且使得挖掘结果易于解释。

对于 $n$ 个属性有 $2n$ 种可能子集的组合,尤其是当 $n$ 的数值和数据集类别的个数增加时,进行列举筛选属性列的最佳特征子集在某种意义上讲是不现实的。所以涉及特征子集选择问题的时候,一般是采用压缩搜索空间的一种启发式的搜索算法,被称作是贪心算法。这种方法是关于局部的最佳选择,从而得到全局的最优解。在实践应用中,这种贪心算法是十分有效的,可以利用其逼近最优解。

相关的和无关的或者冗余的特征项通常使用统计显著性测试来选择,并假定特征之间是相互独立的。同时,也可以选用其他一些特征估计测量,例如使用信息增益度量构建的分类判定树。

特征子集选择的基本启发式方法包括以下几步:

① 向前逐步选择特征:由空特征集开始,选择原始全部属性列中最好的特征,并将其加入到该集合中。然后进行迭代,将原始属性列中剩下的属性列中的最好的特征添加到该集合中。

② 向后逐步删除特征:从全部的属性列开始进行,逐步删除掉存在于属性列中的最坏特征项。

③ 前两种方法的组合:向前选择特征和向后删除特征方法可以结合在一起,每一步选择一个最好的特征属性,且剩下的特征属性列中删除一个最坏的属性。

④ 判定树归纳:例如 ID3 和 C4.5 以及 CART 这样的决策树方法最初是用来进行分类的。判定树归纳是一个流程图结构的显示与判定,将各个内部非树叶的结点衡量某个特征上的测试,各个支流对应于测试中一个输出;将各个外部树叶结点定义为某个判定类。利用节点中选出的最好的属性特征,将数据集划分成不同的类别。

在利用判定树进行特征子集选择时,树型结构是由特定的数据构造而成的。在树中的没有出现的属性定义为不相关的属性特征,而出现在树中的特征为归约后的特征子集。

方法①～④可以通过设定一个阈值来决定是否停止特征选择进程。

## 3. 特征创建

特征创建是用来完成属性转换的。其目标是将原始数据集中的某些属性合并在一起组合为新的属性列,从而达到来降低数据集的维度的目的。例如,自组织特征映射(SOM)方法与多维缩放(MDS)等就是通过特征创建来实现降维的方法。

自组织特征映射(Self-Organizing Feature Map,SOM)方法是属于目前常用的神经网络聚类分析方法的范畴。SOM 将高维空间中的所有的属性列映射到二维或者三维空间中,这样就形成了高维特征向低维特征的转化和创建。SOM 方法从另一个角度来讲为 K-means 算法中类簇的中心投影到低维的特征空间中。对于 SOM 算法,是利用单元竞争中的记录来聚类的,其权重向量接近记录单元变成为目标单元。通过调整目标单元和与其最接近的权值来进入输入的记录。自组织映射网络通过选出最佳参考向量的组合来对输入模式的集合进行划分。所有的参考矢量分别为一输出对应单元的连接权组合的向量。和传统的模式聚类方法相比,其聚类中心被映射到 2 维平面或曲面上,但其拓扑的结构不发生变化。当遇到聚类中心的选择问题时,可以用 SOM 方法来解决。

多维缩放方法与聚类算法相似。多维缩放属于一种非监督的降维技术,其目标并非用来做预测,而是更加便于理解数据项之间的相关程度。多维缩放是一种数据集的低维度的投影形式的表现,使得记录之间的距离度量值更加接近原始数据集。关于多维缩放在屏幕或者纸张的打印输出,一般的处理方式是将其降至 2 维。

# 6.2  高维数据流聚类分类

高维数据流环境下的聚类分析,需要兼顾"维数"与"大量、快速、无序到达的数据"对于聚类效果的双重影响。传统静态高维聚类技术无法直接应用于高维流数据。现有的高维流数据聚类算法为数不多,其研究思路多遵循以下几点:

1) 投影聚类技术

即在流数据的投影空间,而非全空间中寻找聚类。由于"维数灾难"的影响,流数据在高维空间具有稀疏性,全空间范围内的聚类模式发现难度较大且可能不具有实际意义,因此在投影子空间中进行聚类,是近年来高维聚类领域普遍采用的研究方法。

由于选择的搜索策略不同,对聚类结果有很大的影响。根据搜索策略方法的不同,可以将子空间聚类方法分成两大类:自底向上的搜索策略和自顶向下的搜索策略。

自底向上的策略很容易导致有重叠簇的产生,一般都需要两个参数:网格的大小和密度的阈值,这两个参数的值对最后形成簇的质量有很大影响。自底向上的搜索方法利用了关联规则中的先验性质(Apriori Property):如果一个 $k$ 维单元是密集的,那么它在 $k-1$ 维空间的投影也是密集的;反过来,如果给定的 $k-1$ 维单元不密集,则其任意的 $k$ 维空间也是不密集的。这类算法将每一维划分为若干网格,并为各维的所有网格形成直方图,然后只选择那些密度大于给定阈值的单元格,不断重组临近的密集单元以形成 $2,3,\cdots,k$ 维单元,最后合并相邻的密集单元以形成簇。

自顶向下算法需要的参数有:簇的数量、相同或相近的簇的大小。通常自顶向下的搜索方法开始将整个数据集划分为 $k$ 个部分,赋给每个簇相同的权值。然后重复采用某种策略改进这些初始簇,更新这些簇的权值。在自顶向下的聚类算法中,一个点只能赋给一个簇,不会有重复的簇产生。

2) 基于网格和密度聚类技术

通过网格划分技术,利用网格内数据点的统计个数作为网格密度,利用密度阈值判断该网格是否稠密,稠密的类彼此连接,即形成新的簇。基于网格和密度的聚类技术,其算法处理速度不受数据集规模 $N$ 的影响,只与划分网格数量以及密度阈值有关。该优点符合流数据处理算法的要求,传统数据库中经典的高维聚类算法 CLIQUE 也是用该技术进行聚类的。因此,基于网格和密度的聚类技术被理所当然地应用到高维流数据聚类领域。

3) 基于双层结构聚类技术

分为在线微聚类和离线宏聚类两个阶段:在线微聚类统计相关网格信息,形成快照存储在特定的时间窗口模型内;离线宏聚类按照用户指定时间跨度对微簇(多为网格)进行聚类。双层结构的聚类算法能有效处理进化数据,同时在线微聚类能够对流数据进行降维处理,从而加快离线宏聚类的处理速度。

现有的高维流数据聚类算法均是基于投影聚类技术及网格和密度聚类技术提出的,结合流数据双层处理结构,制定在线存储快照模型、离线根据用户需求进行聚类分析的高维流数据聚类策略。这些算法具体包括:

HPStream 算法,是一个高维数据流子空间聚类算法,它同样使用微聚类压缩数据流信息。对每个得到的簇,HPStream 选择使簇的分布范围较小的维与其相关。在 HPStream 中,用户需要指定与各个簇相关的维的数目的平均值,即各个子空间的平均维度。HPStream 算法是对 CluStream 算法的改进,使用聚类纯度估计聚类结果的性能,在数据维数较高的情况下,都优于后者,但响应时间是尚待解决的问题。

SHStream 算法将数据流分段,在每一数据分段上统计密集网格单元,如第一分段用于统计一维密集网格单元,它将作为第二分段处理的输入,即利用第 $(k-1)$ 分段上获得的 $(k-1)$ 维密集网格单元,作为第 $k$ 个数据流分段的输入,以发现 $k$ 维密集网格单元,最后利用所维护的密集网格单元以与 CLIQUE 类似的方法求出最终聚类结果。则在数据分布变化较大的数据流环境下,这种以前一段数据流分布所求得的结果作为统计下一分段数据分布的基础将使得算法不再适用。

HT-Stream 算法采用 Bloom Filter 对低维子空间网格单元密度近似估计。近似的对低维子空间网格进行统计信息的记录,再利用自底向上的搜索策略发现高维子空间密集网格单元,由此可减少需要保存信息的规模。然后采用倾斜时间窗口存储数据流数据,利用在线网格信息统计与离线聚类相结合对流数据进行聚类分析。

CLIQUE 算法是一种适用于高维空间的聚类方法。该算法采用了子空间的概念来进行聚类,主要思想体现在:如果一个 $k$ 维数据区域是密集的,那么其在$(k-1)$维空间上的投影也一定是密集的,所以可以通过寻找$(k-1)$维空间上的密集区来确定 $k$ 维空间上的候选密集区,从而大大地降低了需要搜索的数据空间。该算法也可应用于大数据集,并给出了用户易于理解的聚类结果最小表达式;但是该算法的简洁性对聚类的质量有一定的影响。

这些基于网格和密度的数据流聚类方法的基本思想就是通过不断更新网格空间的信息,来维护具有时效特性的数据分布信息。在需要得到聚类结果时,针对某一时刻的网格空间状态进行聚类处理。另外,可以定时对数据流进行聚类处理操作,并将聚类结果按照一定的结构进行存储,以用于今后对数据流的历史信息进行查询。从本质上说,这种处理方法就是将数据流中的动态问题转化为静态的处理问题:让聚类过程处理带有时效性信息的静态数据集合。

高维流数据聚类分析仍处在起步阶段,现有的研究思路均有其弊病,仍待进一步研究突破:

① 投影聚类技术在流数据空间中难以获得精确的子空间概要信息;

② 基于网格和密度的聚类技术要求用户输入过多的聚类参数;

③ 双层聚类结构需要保存在线微聚类信息,离线翻译这些信息并进行聚类,聚类实时性较差。

此外,有效地距离度量函数仍然是高维流数据聚类问题的关键问题。如何构造有效的距离函数,以适应增量式的流数据处理方式,以及减量式的流数据遗忘方式,是流数据环境下的高维聚类分析对距离函数构造提出的新要求。

# 6.3 维度对聚类算法精度的影响

对于聚类分析来讲,高维度数据集的聚类分析是非常有挑战性的。随着属性列的增加,关于数据的聚类分析变得相当的困难。一是由于要处理的数据在高维空间分布的较为"稀疏",同时,用高维空间中的记录之间的"距离"来衡量数据记录之间的相似度显得有很少的区分度。这样对聚类算法起关键作用的记录的"距离"和"密度"对聚类结果几乎不起作用,因此基于距离或者密度的聚类方法在对较多属性数据集时表现得不是很好。另一方面的原因是由于随着维度的增加,在正常情况下,只有少数的属性列决定着最终的聚类效果,相关性较低的属性列会对最终的聚类的结果产生大量的噪声的影响,这样就导致真正的数据记录划分准确度的降低,影响到聚类算法的聚类结果。

针对以上所述的问题,常用的解决办法是进行特征转换与特征选择。通常来讲,特征转换办法主要有主成分分析(PCA)法与奇异值分解(SVD)法,其将数据集维度降低到一个较小的数据空间,同时确保数据记录之间原始的相对"距离",完成确立的属性列的线性组合,或许可以发现记录之间潜在的数据结构。另一种关于解决"维灾难"的方式是将聚类中无关的属性列去掉,这也是特征子集选择中最常用方法。

子空间聚类为关于特征子集选择的一种衍生,其为完成高维度数据聚类的一种见效的方式。子空间聚类方法试图在某个数据集中不同子空间的映射中找到类簇,这就要选用一种检索策略和评估方法来筛选出需要聚类的簇,同时,涉及不同类簇分布于不同子空间中,要考虑对其评估方法作某种限定。

## 6.3.1　维度对数据对象间距离的影响

**定义 6.1**　数据记录之间的最大距离。如果数据集 $D$ 有 $n$ 个数据记录,每个数据记录有 $d$ 个属性列(维),那么 $X_i = \{x_k, k=1, \cdots, d\}, i=1, \cdots, n$,数据记录之间的最大距离被定义为:

$$\text{Dist}_{\text{Max}} = \text{Max}\left\{\left[\sum_{k=1}^{d}(x_{ik}-x_{jk})^2\right]^{\frac{1}{2}}, i \neq j\right\} \tag{6-1}$$

**定义 6.2**　数据记录之间的平均距离。数据记录之间的平均距离被定义为:

$$\text{Dist}_{\text{Aver}} = \left[\frac{1}{n(n-1)}\sum_{i=1}^{n}\sum_{j=1}^{n}\sum_{k=1}^{d}(x_{ik}-x_{jk})^2\right]^{\frac{1}{2}} \tag{6-2}$$

关于数据集维度对聚类准确度影响的研究,有必要研究数据记录之间的"距离"随维度增加的变化趋势。依据以上对数据记录之间的最大距离和平均距离的定义,数据记录之间的最大距离和平均距离的变化规律是随维度的升高而增加的。我们选用 UCI 数据库中的 Libras Movement 数据集,将数据集从最小到最大进行标准化处理,然后计算该数据集中数据记录之间随维度升高的最大距离和平均距离。实验结果如图 6.1 和图 6.2 所示。

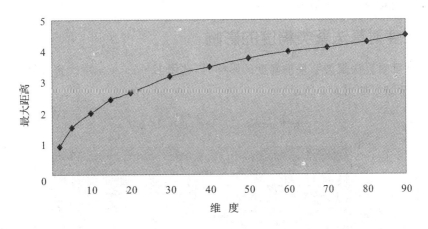

**图 6.1　数据记录之间最大距离随维度升高的变化趋势**

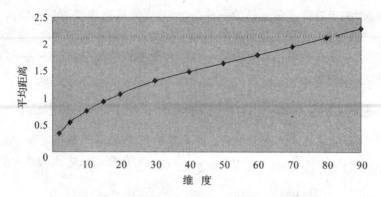

图 6.2　数据记录之间平均距离随维度升高的变化趋势

　　由图 6.1 和图 6.2 可以看出,随着维度的升高,数据记录之间的最大距离和平均距离逐渐加大。当数据集的维度小于 30 时,数据记录之间的最大距离和平均距离变化得较快;当数据集的维度大于 30 时,数据记录之间的最大距离和平均距离变化得较慢,几乎趋近于一条直线。另外曲线中有一拐点,拐点处维度为 30。数据记录之间的最大距离和平均距离随维度的升高而增加,其显示数据记录之间的"距离"随维度的升高而增加。此时可以得到的结论是:基于"距离和密度"的聚类算法在数据集的维度小于 30 时有效。

　　同时,此实验结果也显示数据记录在高维度数据空间中会变得较为"稀疏",这样处理距离的聚类算法往往得不到良好的聚类效果。为了取得较好的聚类结果,基于距离、密度与 CADD 等聚类算法就要重新确定相似度的计算公式。

## 6.3.2　维度对算法聚类精度的影响

　　在研究维度对算法聚类结果准确度的影响时,选用 K-means 与层次聚类算法来处理上述数据集,其实验结果如图 6.3 所示。

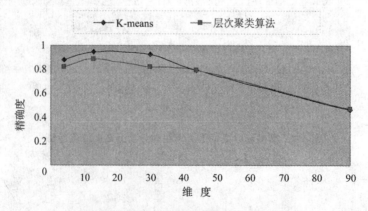

图 6.3　聚类精度随维度增加的变化趋势

实验结果表明,当数据集的维度小于 30 时,聚类结果表现得非常好;当数据集的维度大于 30 时,聚类结果的准确度会随维度的升高而降低。同时当数据集的维度小于 30 时,类似 K-means 和层次聚类算法这种基于"距离"的聚类方法是有效的;但是,当维度大于 30 时,上述聚类算法的效果却不是很理想。

## 6.3.3　传统方法降维实验

对于 Wine 数据集总共 13 维,在经过主成分分析(PCA)降维结束后,将数据集中原始的 13 维降到了 3 维。为了对比主成分分析方法在降维前后的实验效果,选用 K-means 与层次聚类算法分别对原始的 Wine 数据集以及降维后的数据集进行聚类,其实验结果如图 6.4 所示。

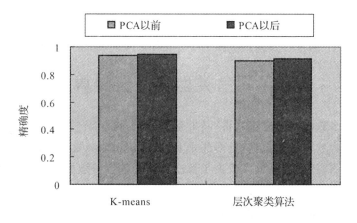

图 6.4　Wine 数据集的聚类结果

实验结果显示,在数据集降维之后,K-means 聚类算法与层次聚类算法的聚类准确度有了一定的提高,但效果却不是很明显。此结果也显示了 K-means 聚类算法与层次聚类算法处理 30 维以内的数据集的准确度较高。

对于 Libras Movement 数据集共有 90 维,经过主成分分析降维后转化为 10 维,降维前后的聚类效果如图 6.5 所示。

实验结果显示,降维前和降维后 K-means 聚类算法和层次聚类算法的聚类准确度均偏低:

(1)上述两种聚类算法无法有效地处理高维度数据;

(2)主成分分析对聚类算法并非总是有效的;

(3)此数据集共有 15 个类别,聚类算法无法较好地识别。

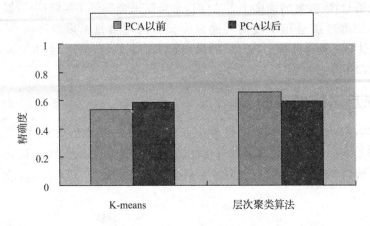

图 6.5  Libras Movement 数据集的聚类结果

# 6.4  混合类型属性聚类算法

对于目前绝大多数的聚类方法来讲,其处理的数据都是面向数值型的数据;但是,实际应用中的数据不只包含数值型的数据,更多的是非数值型数据,如姓名、字符标识、颜色等特征的数据都是字符型的,这就限制了大多数聚类算法在数据挖掘领域的实用性。因此,对基于混合类型的聚类处理方法的研究是非常有意义的。

一般对于混合类型的数据处理有以下 3 种办法:

(1) 将非数值型特征的数据转换为数值型的数据,接着利用相关的相似度距离度量方法进行分析;

(2) 将数值型的数据离散化,同时将混合类型的数据转化为非数值型数据再进行聚类的方法,其缺点是由于离散化将聚类过程中的重要信息丢失;

(3) 用一种基于概率分布的评价函数去处理数值型数据与非数值型数据。

还有其他一些对混合类型数据聚类的方法:Ralam-bondrainy 提出的概念 K-means 聚类算法,该方法将非数值型数据转换为二元属性数据 0 或 1 这样的数值型数据进行聚类。同时,这种处理方式使得 K-means 算法处理非数值型数据成为可能,但要牺牲一定的计算效率与存储空间,另外还可能有"维灾难"的产生。对于 Huang 提出的 K-modes 算法和模糊 K-modes 算法来说,在 K-modes 算法中,聚类中心用模替代,并以基于频率的方法对聚类的模进行更新,对非数值数据的属性用非数值属性匹配的差异性计算方式进行处理。在 K-prototypes 算法中,将数值型数据和非数值型数据混合描述的对象进行聚类,缺点是无法将非数值数据在每个类内的每个对象上用单一的模表示其在该对象上的统计信息,同时,K-modes 算法的代价是可能会丢失其他非数值数据的值。

本节采用的方法把整型、浮点型、二元型和字符型的数据转化成数值型数据进行聚类分析,再对数值型数据进行标准化。将其转换为标准化的数据再进行聚类,并对前后的聚类结果进行对比,同时与传统的聚类算法进行对比。用此种方法处理流数据集 KDD-CUP99,取得了较好的聚类结果。

## 6.4.1　混合类型属性的处理

将非数值型数据转换为数值型数据,然后将所有的属性变量进行一次聚类分析。其转换的步骤如下:

(1)假设数据集 $D$ 中有 $m$ 个记录,每个对象有 $p$ 个属性,设第 $i$ 个记录的 $f$ 维的值为 $x_{if}$,变量 $f$ 有 $M_f$ 个有序的状态,表示秩评定 $1,\cdots,M_f$。用对应的秩 $r_{if}\in\{1,\cdots,M_f\}$ 代替 $x_{if}$ 的值。

(2)将非数值型数据不同的表示状态域映射到区间 $[0.0,1.0]$,以便使每个数据有相同的权重。这里用 $Z_{if}$ 代替第 $i$ 个记录的第 $f$ 个属性的秩 $r_{if}$ 来实现,其中

$$Z_{if} = \frac{r_{if}-1}{M_f-1} \qquad (6-3)$$

这样,混合类型的数据就转换成了数值型的数据,可以用来进行聚类分析。

为了衡量实验效果的准确度,将准确度定义如下:假设数据集 $D$ 中有 $k$ 个类,定义 $C_i(i=1,\cdots,k)$ 为 $i$ 类,$O_{ip}(p=1,\cdots,m_p)$ 为 $C_i$ 类里的数据记录。数据集 $D$ 经过聚类分析得到类 $C'_i$ $(i=1,\cdots,k)$,定义 $O'_{ip}(p=1,\cdots,m_p)$ 为类 $C'_i$ 所包含的数据记录。将准确度定义为:

$$\text{Accuracy} = \frac{\sum_{i=1}^{k}\text{Max}[\,|\,C_1\bigcap C'_i\,|\,,\,|\,C_2\bigcap C'_i\,|\,,\cdots,\,|\,C_k\bigcap C'_i\,|\,]}{|\,D\,|} \qquad (6-4)$$

$|\,C_k\bigcap C'_i\,|$ 代表同时属于类 $C_i$ 和类 $C'_i$ 的数据聚类的个数,$|\,D\,|$ 是数据集 $D$ 里的记录个数。

混合类型数据的具体处理步骤分为两个阶段:第一阶段是将原始的数据集转换为数值型的数据集,第二个阶段是将第一阶段的数值型的数据集标准化。

## 6.4.2　UCI 数据集实验分析

实验数据集分别选择 UCI 数据集中的 Chess dataset、Mushroom dataset 和 Cencus-income dataset 数据集。其中 Chess dataset 包含 3 个数值属性和 3 个非数值属性,而 Mushroom dataset 包含 22 个非数值属性,Cencus-income dataset 包含 6 个数值属性和 8 个非数值属性。各数据集如表 6.1 至表 6.6 所列。

表 6.1　Chess dataset 的部分数据

| 序号 \ 属性名称 | WKF | WKR | WRF | WRR | BKF | BKR |
|---|---|---|---|---|---|---|
| 1 | a | 1 | c | 4 | d | 3 |
| 2 | a | 1 | d | 4 | c | 3 |
| 3 | a | 1 | d | 4 | d | 3 |
| 4 | a | 1 | d | 4 | e | 3 |
| 5 | a | 1 | d | 4 | e | 4 |
| 6 | a | 1 | d | 4 | e | 5 |
| 7 | a | 1 | d | 5 | e | 4 |
| 8 | a | 1 | e | 4 | d | 3 |
| 9 | a | 1 | e | 4 | d | 4 |
| 10 | a | 1 | e | 4 | e | 3 |
| 11 | a | 1 | e | 4 | e | 5 |
| 12 | a | 1 | e | 4 | f | 3 |
| 13 | a | 1 | e | 4 | f | 4 |
| 14 | a | 1 | e | 4 | f | 5 |
| ⋮ | ⋮ | ⋮ | ⋮ | ⋮ | ⋮ | ⋮ |

表 6.2　转换成数值型数据后 Chess dataset 的数值型数据

| 序号 \ 属性名称 | WKF | WKR | WRF | WRR | BKF | BKR |
|---|---|---|---|---|---|---|
| 1 | 0 | 1 | 0.142857 | 4 | 0.142857 | 3 |
| 2 | 0 | 1 | 0.285714 | 4 | 0 | 3 |
| 3 | 0 | 1 | 0.285714 | 4 | 0.142857 | 3 |
| 4 | 0 | 1 | 0.285714 | 4 | 0.285714 | 3 |
| 5 | 0 | 1 | 0.285714 | 4 | 0.285714 | 4 |
| 6 | 0 | 1 | 0.285714 | 4 | 0.285714 | 5 |
| 7 | 0 | 1 | 0.285714 | 5 | 0.285714 | 4 |
| 8 | 0 | 1 | 0.428571 | 4 | 0.142857 | 3 |
| 9 | 0 | 1 | 0.428571 | 4 | 0.142857 | 4 |
| 10 | 0 | 1 | 0.428571 | 4 | 0.285714 | 3 |
| 11 | 0 | 1 | 0.428571 | 4 | 0.285714 | 5 |

续表 6.2

| 属性名称<br>序号 | WKF | WKR | WRF | WRR | BKF | BKR |
|---|---|---|---|---|---|---|
| 12 | 0 | 1 | 0.428571 | 4 | 0.428571 | 3 |
| 13 | 0 | 1 | 0.428571 | 4 | 0.428571 | 4 |
| 14 | 0 | 1 | 0.428571 | 4 | 0.428571 | 5 |
| ⋮ | ⋮ | ⋮ | ⋮ | ⋮ | ⋮ | ⋮ |

表 6.3　Mushroom dataset 的部分数据

| 属性名称<br>序号 | shape | surface | color | bruises | odor | attachment | ⋯ |
|---|---|---|---|---|---|---|---|
| 1 | x | s | g | f | n | f | ⋯ |
| 2 | x | f | w | f | n | f | ⋯ |
| 3 | x | f | g | f | f | f | ⋯ |
| 4 | x | f | g | f | f | f | ⋯ |
| 5 | x | f | g | f | f | f | ⋯ |
| 6 | x | f | g | f | f | f | ⋯ |
| 7 | x | f | g | f | f | f | ⋯ |
| 8 | x | f | g | f | f | f | ⋯ |
| 9 | x | f | g | f | f | f | ⋯ |
| 10 | x | f | g | f | f | f | ⋯ |
| 11 | x | f | g | f | f | f | ⋯ |
| 12 | x | f | g | f | f | f | ⋯ |
| 13 | x | f | g | f | f | f | ⋯ |
| 14 | x | f | g | f | f | f | ⋯ |
| ⋮ | ⋮ | ⋮ | ⋮ | ⋮ | ⋮ | ⋮ | ⋮ |

表 6.4　转换成数值型数据后 Mushroom dataset 的数值型数据

| 属性名称<br>序号 | shape | surface | color | bruises | odor | attachment | ⋯ |
|---|---|---|---|---|---|---|---|
| 1 | 0 | 0 | 1 | 1 | 0.333333 | 1 | ⋯ |
| 2 | 0 | 1 | 0 | 1 | 0.333333 | 1 | ⋯ |
| 3 | 0 | 1 | 0.5 | 1 | 0.5 | 1 | ⋯ |
| 4 | 0 | 1 | 0.5 | 1 | 0.5 | 1 | ⋯ |
| 5 | 0 | 1 | 0.5 | 1 | 0.5 | 1 | ⋯ |
| 6 | 0 | 1 | 0.5 | 1 | 0.5 | 1 | ⋯ |

续表 6.4

| 属性名称<br>序号 | shape | surface | color | bruises | odor | attachment | ... |
|---|---|---|---|---|---|---|---|
| 7 | 0 | 1 | 0.5 | 1 | 0.5 | 1 | ... |
| 8 | 0 | 1 | 0.5 | 1 | 0.5 | 1 | ... |
| 9 | 0 | 1 | 0.5 | 1 | 0.5 | 1 | ... |
| 10 | 0 | 1 | 0.5 | 1 | 0.5 | 1 | ... |
| 11 | 0 | 1 | 0.5 | 1 | 0.5 | 1 | ... |
| 12 | 0 | 1 | 0.5 | 1 | 0.5 | 1 | ... |
| 13 | 0 | 1 | 0.5 | 1 | 0.5 | 1 | ... |
| 14 | 0 | 1 | 0.5 | 1 | 0.5 | 1 | ... |
| ⋮ | ⋮ | ⋮ | ⋮ | ⋮ | ⋮ | ⋮ | ⋮ |

表 6.5　Cencus-income dataset 的部分数据

| 属性名称<br>序号 | age | workclass | fnlwgt | edu-num | marital-status | |
|---|---|---|---|---|---|---|
| 1 | 39 | State-gov | 77516 | 13 | Never-married | ... |
| 2 | 50 | Self-emp-not-inc | 83311 | 13 | Married-civ-spouse | ... |
| 3 | 38 | Private | 215646 | 9 | Divorced | ... |
| 4 | 53 | Private | 234721 | 7 | Married-civ-spouse | ... |
| 5 | 28 | Private | 338409 | 13 | Married-civ-spouse | ... |
| 6 | 37 | Private | 284582 | 14 | Married-civ-spouse | ... |
| 7 | 49 | Private | 160187 | 5 | Married-spouse-absent | ... |
| 8 | 52 | Self-emp-not-inc | 209642 | 9 | Married-civ-spouse | ... |
| 9 | 31 | Private | 45781 | 14 | Never-married | ... |
| 10 | 42 | Private | 159449 | 13 | Married-civ-spouse | ... |
| 11 | 37 | Private | 280464 | 10 | Married-civ-spouse | ... |
| 12 | 30 | Private | 141297 | 13 | Married-civ-spouse | ... |
| 13 | 23 | Private | 122272 | 13 | Never-married | ... |
| 14 | 32 | Private | 205019 | 12 | Never-married | ... |
| ⋮ | ⋮ | ⋮ | ⋮ | ⋮ | ⋮ | ⋮ |

表 6.6　转换成数值型数据后 Cencus-income dataset 的数值型数据

| 序号 属性名称 | age | workclass | fnlwgt | edu-num | marital-status | |
|---|---|---|---|---|---|---|
| 1 | 39 | 0 | 77516 | 13 | 0 | ... |
| 2 | 50 | 0.5 | 83311 | 13 | 0.33333333 | ... |
| 3 | 38 | 1 | 215646 | 9 | 0.66666667 | ... |
| 4 | 53 | 1 | 234721 | 7 | 0.33333333 | ... |
| 5 | 28 | 1 | 338409 | 13 | 0.33333333 | ... |
| 6 | 37 | 1 | 284582 | 14 | 0.33333333 | ... |
| 7 | 49 | 1 | 160187 | 5 | 1 | ... |
| 8 | 52 | 0.5 | 209642 | 9 | 0.33333333 | ... |
| 9 | 31 | 1 | 45781 | 14 | 0 | ... |
| 10 | 42 | 1 | 159449 | 13 | 0.33333333 | ... |
| 11 | 37 | 1 | 280464 | 10 | 0.33333333 | ... |
| 12 | 30 | 0 | 141297 | 13 | 0.33333333 | ... |
| 13 | 23 | 1 | 122272 | 13 | 0 | ... |
| 14 | 32 | 1 | 205019 | 12 | 0 | ... |
| ⋮ | ⋮ | ⋮ | ⋮ | ⋮ | ⋮ | ⋮ |

　　将标称型和二元型数据进行转换后,通过实验,分析聚类算法对混合类型属性数据集的有效性,同时将其与 K-means 算法与层次聚类算法的聚类精确度相比较,其中 Chess dataset、Mushroom dataset 和 Cencus-income dataset 上的实验结果分别如图 6.6、图 6.7 和图 6.8 所示。实验结果表明,把混合类型数据转换成为数字型数据后,K-means、层次聚类算法和CADD 可以有效地处理这种混合类型的数据,且 CADD 算法的聚类效果最佳。

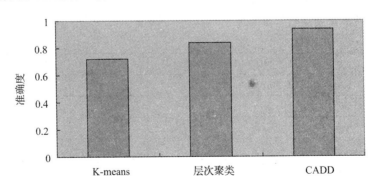

图 6.6　Chess dataset 数据集各聚类算法准确度的比较

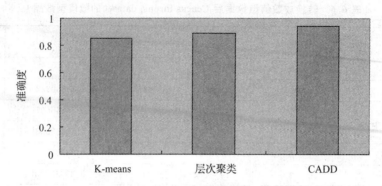

图 6.7 Mushroom dataset 数据集各聚类算法准确度的比较

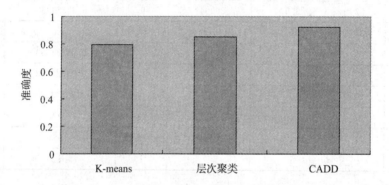

图 6.8 Cencus-income 数据集各聚类算法准确度的比较

## 6.4.3 流数据实验分析

为了验证 ICADD 和 ICSCF 算法对流数据进行聚类的有效性,这里仍采用网络入侵检测数据集 KDD-CUP99 作为实验数据。由于原始数据集的属性列太多,且数据记录过于庞大,为了有效、清晰地阐述混合类型数据处理的结果,仅截取了一少部分能够足以说明问题的数据记录及部分属性,如下所列:

| | | | | | | |
|---|---|---|---|---|---|---|
| 0 | tcp | http | SF | 181 | 5450 | … |
| 0 | tcp | http | SF | 239 | 486 | … |
| 0 | tcp | http | SF | 235 | 1337 | … |
| 0 | udp | private | SF | 105 | 146 | … |
| 0 | icmp | ecr_i | SF | 1032 | 0 | … |
| 0 | icmp | ecr_i | SF | 1032 | 0 | … |

| 0 | icmp | ecr_i | SF | 1032 | 0 | ... |
|---|---|---|---|---|---|---|
| 0 | tcp | http | SF | 54540 | 8314 | ... |
| 0 | tcp | http | SF | 54540 | 8314 | ... |
| 0 | icmp | eco_i | SF | 8 | 0 | ... |
| 0 | icmp | eco_i | SF | 8 | 0 | ... |
| 0 | tcp | private | S0 | 0 | 0 | ... |
| 0 | tcp | private | S0 | 0 | 0 | ... |
| 0 | icmp | eco_i | SF | 8 | 0 | ... |
| 0 | tcp | other | S0 | 0 | 0 | ... |
| 0 | icmp | ecr_i | SF | 1480 | 0 | ... |
| 0 | tcp | private | REJ | 0 | 0 | ... |
| 0 | udp | private | SF | 28 | 0 | ... |
| 0 | tcp | ftp_data | SF | 0 | 2072 | ... |
| 0 | icmp | eco_i | SF | 8 | 0 | ... |
| 0 | tcp | finger | S0 | 0 | 0 | ... |
| 26 | tcp | ftp | SF | 116 | 451 | ... |
| 0 | tcp | imap4 | SF | 0 | 0 | ... |
| 103 | tcp | telnet | SF | 302 | 8876 | ... |
| 25 | tcp | telnet | SF | 269 | 2333 | ... |
| 98 | tcp | telnet | SF | 621 | 8356 | ... |
| 337 | tcp | telnet | SF | 237 | 1540 | ... |
| 0 | tcp | ftp | SF | 1208 | 2449 | ... |
| 192 | tcp | ftp | SF | 119 | 426 | ... |
| 0 | tcp | telnet | RSTO | 125 | 179 | ... |
| ⋮ | ⋮ | ⋮ | ⋮ | ⋮ | ⋮ | ⋮ |

**相对应的转化后的数值数据集如下：**

| 0 | 0 | 0 | 0 | 181 | 5450 | ... |
|---|---|---|---|---|---|---|
| 0 | 0 | 0 | 0 | 239 | 486 | ... |
| 0 | 0 | 0 | 0 | 235 | 1337 | ... |
| 0 | 0.5 | 0.11111111 | 0 | 105 | 146 | ... |
| 0 | 1 | 0.22222222 | 0 | 1032 | 0 | ... |

| | | | | | | |
|---|---|---|---|---|---|---|
| 0 | 1 | 0.22222222 | 0 | 1032 | 0 | ⋯ |
| 0 | 1 | 0.22222222 | 0 | 1032 | 0 | ⋯ |
| 0 | 0 | 0 | 0 | 54540 | 8314 | ⋯ |
| 0 | 0 | 0 | 0 | 54540 | 8314 | ⋯ |
| 0 | 1 | 0.33333333 | 0 | 8 | 0 | ⋯ |
| 0 | 1 | 0.33333333 | 0 | 8 | 0 | ⋯ |
| 0 | 0 | 0.11111111 | 0.33333333 | 0 | 0 | ⋯ |
| 0 | 0 | 0.11111111 | 0.33333333 | 0 | 0 | ⋯ |
| 0 | 1 | 0.33333333 | 0 | 8 | 0 | ⋯ |
| 0 | 0 | 0.44444444 | 0.33333333 | 0 | 0 | ⋯ |
| 0 | 1 | 0.22222222 | 0 | 1480 | 0 | ⋯ |
| 0 | 0 | 0.11111111 | 0.66666667 | 0 | 0 | ⋯ |
| 0 | 0.5 | 0.11111111 | 0 | 28 | 0 | ⋯ |
| 0 | 0 | 0.55555556 | 0 | 0 | 2072 | ⋯ |
| 0 | 1 | 0.33333333 | 0 | 8 | 0 | ⋯ |
| 0 | 0 | 0.66666667 | 0.33333333 | 0 | 0 | ⋯ |
| 26 | 0 | 0.77777778 | 0 | 116 | 451 | ⋯ |
| 0 | 0 | 0.88888889 | 0 | 0 | 0 | ⋯ |
| 103 | 0 | 1 | 0 | 302 | 8876 | ⋯ |
| 25 | 0 | 1 | 0 | 269 | 2333 | ⋯ |
| 98 | 0 | 1 | 0 | 621 | 8356 | ⋯ |
| 337 | 0 | 1 | 0 | 237 | 1540 | ⋯ |
| 0 | 0 | 0.77777778 | 0 | 1208 | 2449 | ⋯ |
| 192 | 0 | 0.77777778 | 0 | 119 | 420 | ⋯ |
| 0 | 0 | 1 | 1 | 125 | 179 | ⋯ |
| ⋮ | ⋮ | ⋮ | ⋮ | ⋮ | ⋮ | ⋮ |

**将相对应的数值数据类型进行如下标准化：**

| | | | | | | |
|---|---|---|---|---|---|---|
| 0 | 0 | 0 | 0 | 0.00331867 | 0.61401532 | ⋯ |
| 0 | 0 | 0 | 0 | 0.0043821 | 0.05475439 | ⋯ |
| 0 | 0 | 0 | 0 | 0.00430876 | 0.15063091 | ⋯ |

| | | | | | | |
|---|---|---|---|---|---|---|
| 0 | 0.5 | 0.11111111 | 0 | 0.00192519 | 0.01644885 | … |
| 0 | 1 | 0.22222222 | 0 | 0.01892189 | 0 | … |
| 0 | 1 | 0.22222222 | 0 | 0.01892189 | 0 | … |
| 0 | 1 | 0.22222222 | 0 | 0.01892189 | 0 | … |
| 0 | 0 | 0 | 0 | 1 | 0.93668319 | … |
| 0 | 0 | 0 | 0 | 1 | 0.93668319 | … |
| 0 | 1 | 0.33333333 | 0 | 0.00014668 | 0 | … |
| 0 | 1 | 0.33333333 | 0 | 0.00014668 | 0 | … |
| 0 | 0 | 0.11111111 | 0.33333333 | 0 | 0 | … |
| 0 | 0 | 0.11111111 | 0.33333333 | 0 | 0 | … |
| 0 | 1 | 0.33333333 | 0 | 0.00014668 | 0 | … |
| 0 | 0 | 0.44444444 | 0.33333333 | 0 | 0 | … |
| 0 | 1 | 0.22222222 | 0 | 0.02713605 | 0 | … |
| 0 | 0 | 0.11111111 | 0.66666667 | 0 | 0 | … |
| 0 | 0.5 | 0.11111111 | 0 | 0.00051338 | 0 | … |
| 0 | 0 | 0.55555556 | 0 | 0 | 0.23343849 | … |
| 0 | 1 | 0.33333333 | 0 | 0.00014668 | 0 | … |
| 0 | 0 | 0.66666667 | 0.33333333 | 0 | 0 | … |
| 0.07715134 | 0 | 0.77777778 | 0 | 0.00212688 | 0.05081118 | … |
| 0 | 0 | 0.88888889 | 0 | 0 | 0 | … |
| 0.30563798 | 0 | 1 | 0 | 0.00553722 | 1 | … |
| 0.07418398 | 0 | 1 | 0 | 0.00493216 | 0.20284362 | … |
| 0.29080119 | 0 | 1 | 0 | 0.01138614 | 0.94141505 | … |
| 1 | 0 | 1 | 0 | 0.00434543 | 0.17350158 | … |
| 0 | 0 | 0.77777778 | 0 | 0.02214888 | 0.27591257 | … |
| 0.56973294 | 0 | 0.77777778 | 0 | 0.00218188 | 0.04799459 | … |
| 0 | 0 | 1 | 1 | 0.0022919 | 0.02016674 | … |
| ⋮ | ⋮ | ⋮ | ⋮ | ⋮ | ⋮ | ⋮ |

实验针对基于不同滑动窗口大小的 KDD-CUP99 数据集在不同的聚类算法中进行了聚类分析研究,比较其处理的聚类效果;同时研究如何有效合理地选择不同的邻域半径调节系数来产生最佳的聚类效果,以及流数据集中非数值型属性对其聚类效果的影响。

1）不同算法聚类效果的对比

实验选择 K-means、CADD、ICADD 和 ICSCF 算法,分别在不同滑动窗口大小下进行聚类的对比。

图 6.9 表明,在数据量急剧增加的情况下,K-means 算法与 CADD 聚类算法的准确度出现明显的下降;而 ICADD 和 ICSCF 算法对滑动窗口的大小不是很敏感,同时表现出较好的聚类效果。

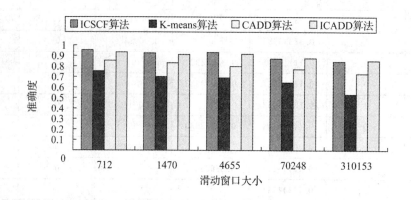

**图 6.9  不同聚类算法对比图**

2）邻域半径调节系数对聚类算法的影响

图 6.10 显示邻域半径调节系数对该数据集的聚类精度的影响。

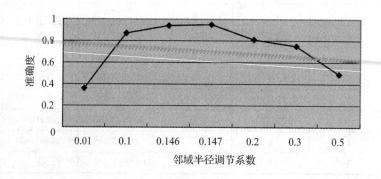

**图 6.10  邻域半径调节系数对聚类精度的影响**

实验结果表明,对于基于密度和密度可达的聚类算法,如 CADD、ICADD 和 ICSCF 算法,选择合理的密度可达邻域半径调节系数是非常必要的。例如,采用 ICADD 算法对于 KDD-cup99 数据集中的数据对象进行聚类时,邻域半径调节系数设定为 0.147 可以得到最佳的聚类效果,同时得到平均距离为 1.7861,平均距离系数为 0.3804,邻域半径为 0.6794。

3) 非数值型属性对聚类算法的影响

为了研究 KDD-CUP99 数据集中非字符型数据对聚类算法效果的影响,分别针对原始流数据集(包含字符型属性)和将其 3 个字符型属性列(Protocol_type,Service,Flag)去掉后的数据集(不包含字符型属性),利用 ICADD 算法和 ICSCF 聚类算法进行聚类,对比其聚类效果,如图 6.11 所示。

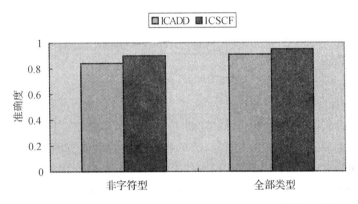

图 6.11    流数据集中的非数值型数据去掉前后的聚类效果对比图

从图 6.11 中可以看出,经过将字符型属性转换为数值型再进行聚类分析,聚类结果的精准度有了一定的提高。原因在于经过将字符型属性转换后,充分利用了流数据对象的所有属性信息,使得聚类分析结果更加准确。另外还可以看出,ICSCF 聚类算法实验效果较好。

# 6.5    基于复相关系数倒数的降维

## 6.5.1    复相关系数

复相关系数是在多元线性回归中分析变量与变量之间和有某种关系的一种相关性的指标。复相关系数越大,表示其要分析的变量与其他变量的线性相关关系的程度越高。

复相关系数并非是可以直接进行计算的,其需要其他的方法去间接进行计算。例如,当需要去衡量变量 $X$ 与另外的某些变量 $X_1,X_2,\cdots,X_k$ 之间的关系时,首先要考虑的是这些变量的相关的组合类型,接下来的将刚刚计算的组合的类型分别与变量 $X$ 的相关性进行对比,也就是计算其相关性的系数,最后综合刚刚计算的各个简单的相关性系数,即计算其复相关系数。具体的计算步骤如下:

(1) 将变量 $X$ 对变量 $X_1,X_2,\cdots,X_k$ 作线性回归,得到:

$$\hat{y}=\hat{\beta}_0+\hat{\beta}_1 X_1+\cdots+\hat{\beta}_k X_k \tag{6-5}$$

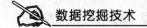 

（2）计算简单的相关性系数，也就是计算 $X$ 与 $X_1, X_2, \cdots, X_k$ 之间的复相关系数。复相关系数的计算公式是：

$$R = \frac{\sum (y - \bar{y})(\hat{y} - \bar{y})}{\sqrt{\sum (y - \bar{y})^2 \sum (\hat{y} - \bar{y})^2}} \qquad (6-6)$$

这里用 $R$ 作为复相关系数，是因为线性回归方程的决定系数正好等于 $R^2$。这种关系式的简单推导如下：

$$R^2 = \frac{\left[\sum (y - \bar{y})(\hat{y} - \bar{y})\right]^2}{\sum (y - \bar{y})^2 \sum (\hat{y} - \bar{y})^2} \qquad (6-7)$$

在上式中分子转变为：

$$\left[\sum (y - \overline{y + \varepsilon})(\hat{y} - \bar{y})\right]^2 = \left[\sum (\hat{y} - \bar{y})^2\right]^2 \qquad (6-8)$$

复相关系数和简单相关系数的不同是，简单相关系数的取值范围一般为 $[-1,1]$，而复相关系数的取值范围通常为 $[0,1]$。其原因是，如果是有两个变量存在的前提下，回归系数会有正负的区别，所以对相关性的研究时，同样要正相关系数与复相关系数之间有一定的区别；但是在多变量存在的前提下，偏回归系数通常会出现两个或两个以上的情况，且它们的符号有正有负时，其系数不能按正负来加以区分，所以这时的复相关系数只能为正值。

## 6.5.2　复相关系数倒数加权

在密度和自适应密度可达聚类算法的基础上，通过利用高斯函数来计算所有数据记录的密度

$$f_{\text{Guass}}(x_i, x_j) = e^{-\frac{d(x_i, x_j)^2}{2\sigma^2}}$$

从中找出最大密度点作为聚类的中心点。在计算密度时，CADD 算法不会对每个记录在聚类过程中所产生的作用加以考虑，统一对待，这样的公式计算出来的数据记录的相关密度并不是很准确。由于数据之间的密度是根据记录之间的距离（即所谓的欧式距离）来进行处理的，各个记录之间的距离即为记录之间的相似程度，而其相似性不但是衡量记录之间的相近程度，同时也是各个记录之间的内在的性质，也就是说对各个记录中每个变量重要性的衡量，而各个变量对聚类处理所起的作用一般情况下并不是完全相同的。

通常情况下，在高维度数据集中，仅有少数的属性列对聚类效果起至关重要的作用同时存在大量的相关性较低的属性维，会对聚类效果产生大量的噪声，形成一定的影响区而掩盖真正的类簇。基于上述存在的问题，CADD 聚类算法在对高维度数据集进行处理时，其聚类效果并不是很理想。为了使 CADD 聚类算法可以有效、高性能地处理高维度数据集，现将改进数据记录点的密度计算公式：

$$density(x_i) = \sum\nolimits_{j=1}^{n} e^{-\frac{d(x_i,x_j)^2}{2\sigma^2}}$$

中的欧式距离 $d(x_i,x_j)^2$ 进行加权处理。依据每个属性对聚类的不同影响,对每个属性赋予一个具有不同影响的权值。这样做的目的不仅有利于利用数据的分布特征,同时又可以提高聚类结果的精确度。假如数据集中存在的属性列容易划分,则这样在相同类型的数据记录将会较为集中;相反不同类型的数据记录就将相离,而不同类别之间的距离就会相对较大。经过对不同的赋权方法的比较,得出使用复相关系数的倒数作为其权值聚类的效果比较好。

复相关系数的倒数赋权法是继承了方差倒数赋权法而产生的。设定标记所选的属性为 $X_k$,则其复相关系数记为 $\rho_k$。$\rho_k$ 越大,说明 $X_k$ 与剩下的各个属性越相关,越能被非 $X_k$ 的属性所代替,即说明 $X_k$ 属性对聚类的影响较小;反之,$\rho_k$ 越小,$X_k$ 与剩下的属性列越不相关,即 $X_k$ 属性对聚类的影响较大。这里可以用 $|\rho_i|^{-1}$ 来计算权重系数 $w_k$:

$$w_k = \frac{|\rho_i|^{-1}}{\sum_{m=1}^{p}|\rho_m|^{-1}}, \qquad k = 1,2,\cdots,p \tag{6-9}$$

这样数据记录的点密度计算公式中的加权欧式距离公式即为:

$$d(x_i,x_j) = \left[\sum_{k=1}^{p} w_k(x_{ik}-x_{jk})^2\right]^{\frac{1}{2}} \tag{6-10}$$

## 6.5.3　降维实验分析

降维实验测试用的数据集是来自 UCI 数据库中的数据集,其中包括 Wisconsin Diagnostic Breast Cancer、SPECT Heart 和 Libras Movement;但是因为 Libras Movement 的类较多,只是用截取的部分数据来对准确度进行测试。

对实验数据集 KDD-CUP99 网络入侵类型的数据集进行测试,证明经过降维实验后,KDD-CUP99 的聚类精度有了一定的提高。另外,从各个方面分析了实验结果。

为了测试改进的 CADD 算法的精度,将聚类结果的准确度定义为聚类结果中属于正确聚类的数据记录占总数据记录的百分比。对于以上 3 个测试数据集,均采用 ICADD 算法取得最佳的聚类效果所使用的参数,其准确度如图 6.12 所示。从图中可以看出,该聚类算法在对高维度数据集进行测试时,随着属性列的增加,聚类的准确度稍有下降,但是都取得了较好的聚类结果;同时节省了大量的聚类算法处理的执行时间,也就是算法的时间复杂度大大的下降,从而从另一个角度证明了经过复相关系数加权的 ICADD 算法的高效性。

本节将复相关系数倒数赋权法作为一种特征选择方法来使用。用此方法将对每个数据集的每个属性进行加权,而后计算得到了每个属性的权值。之后根据权值的大小,设定标明一个参数 $\sigma$,选择所有属性列中权值大于 $\sigma$ 的属性列,完成数据集的降维。最后,对选出的这部分属性列中还有的数据集进行聚类分析。为了证明此算法的有效性,本节将 K-means 算法、层次聚类算法以及 CADD 算法对 WDBC 数据集与 SPECT Heart 数据集进行测试,以对比降维前后的聚类效果。

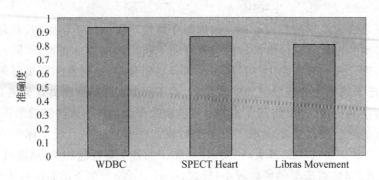

**图 6.12　ICADD 算法聚类精度**

WDBC 数据集中有 30 个属性,将所有的属性列加权后,各个属性的权值如下:

| | | | |
|---|---|---|---|
| 0.0321225877781641 | 0.0335614286109108 | 0.032122609755786 | 0.0321646305753262 |
| 0.0342779773930488 | 0.0324411398821677 | 0.0323477293998155 | 0.0323892227345082 |
| 0.0367681068579301 | 0.0331887743973963 | 0.0323333178066359 | 0.0367888006895212 |
| 0.0323490738659048 | 0.0325157585338284 | 0.0370443210045665 | 0.0332173994523648 |
| 0.0331932278014574 | 0.0336101466908587 | 0.0357582391673661 | 0.0339104469663297 |
| 0.0321384829557273 | 0.0330197330870118 | 0.032158091229883 | 0.0321660958159551 |
| 0.0336978982020358 | 0.0325616114172805 | 0.0326327761416693 | 0.032564307551985 |
| 0.0339508471697642 | 0.0330052170648008 | | |

当权值的阈值取到 0.036 时,数据集此时为 3 维;当权值的阈值取到 0.034 时,数据集此时为 6 维;当权值的阈值取到 0.033 时,数据集此时为 15 维。利用 K-means、层次聚类和 CADD 聚类算法分别在该数据集的 3 维、6 维、15 维及原始维度上聚类,得到的聚类效果如图 6.13 所示。实验结果显示:当权值的阈值控制在 0.034 时,聚类效果最佳。

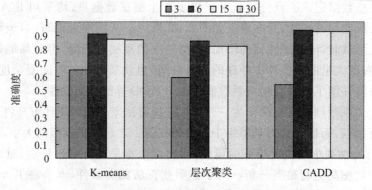

**图 6.13　WDBC 数据集的聚类效果**

SPECT Heart 数据集有 44 个属性,将所有的属性进行加权后,所得的各个属性权值如下:

| | | | |
|---|---|---|---|
| 0.0247329524741843 | 0.023577533571881 | 0.0254184317441695 | 0.0236541939675204 |
| 0.0248657962913331 | 0.022512950581931 | 0.0231734594133519 | 0.0228360678991956 |
| 0.0221081817657358 | 0.022129744162623 | 0.023609712709717 | 0.0230384494923698 |
| 0.0235464296260897 | 0.023476238260854 | 0.021983582955763 | 0.0221050213983347 |
| 0.021633982229505 | 0.0218454919257807 | 0.0233652548601713 | 0.0229113844602968 |
| 0.0260793902778867 | 0.0253381620118656 | 0.023010249351587 | 0.0228978760535548 |
| 0.0211955491349902 | 0.0214575322251289 | 0.0232995453562678 | 0.023229746844436 |
| 0.0213300899028856 | 0.0212708230280012 | 0.0231391659324281 | 0.0222349165062958 |
| 0.0239209414374772 | 0.022694412111824 | 0.0214380712388295 | 0.0215097425839164 |
| 0.0226739557252866 | 0.0219405008597102 | 0.0214822090947359 | 0.021440233999101 |
| 0.0215126958010421 | 0.0214759384581897 | 0.0215379934432719 | 0.0213653988304805 |

当权值的阈值取到 0.024 时,数据集此时为 5 维;当权值的阈值取到 0.023 时,数据集此时为 18 维;当权值的阈值取到 0.022 时,数据集此时为 28 维。利用 K-means、层次聚类和 CADD 聚类算法分别在该数据集的 5 维、18 维、28 维及原始维度上聚类,得到的聚类效果如图 6.14 所示。实验结果显示:当权值的阈值控制在 0.023 时,聚类效果最佳。

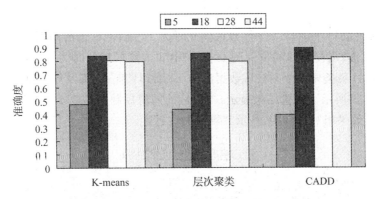

图 6.14　SPECT Heart 数据集的聚类结果

Libras Movement 数据集有 90 个属性,将所有的属性进行加权后,所得的各个属性权值如下:

| | | | |
|---|---|---|---|
| 0.0111095392429847 | 0.011110997395018 | 0.0111090131822724 | 0.011109297843351 |
| 0.0111090924691791 | 0.0111096204430828 | 0.0111093467568486 | 0.0111107154279912 |
| 0.0111098724901947 | 0.0111115090281267 | 0.0111095650821066 | 0.0111110163313466 |
| 0.011109428269419 | 0.0111103922954466 | 0.0111097631762102 | 0.0111106801658532 |
| 0.0111098616054258 | 0.0111110055309246 | 0.0111095895763898 | 0.0111113845625558 |

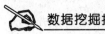

续表

| | | | |
|---|---|---|---|
| 0.0111096659971015 | 0.0111111873990486 | 0.011109737389875 | 0.0111116747198592 |
| 0.0111096110066969 | 0.0111144975699746 | 0.0111095691270892 | 0.0111121236445855 |
| 0.0111095467243331 | 0.0111116277265002 | 0.0111099421951216 | 0.0111148062964838 |
| 0.011110265887981 | 0.0111142222647684 | 0.0111095160408815 | 0.0111113001404327 |
| 0.0111096029958484 | 0.0111113389701819 | 0.0111098613991906 | 0.0111127012115712 |
| 0.0111096731070258 | 0.0111159925914541 | 0.0111096716007276 | 0.0111199192617353 |
| 0.011109716547934 | 0.011114370174524 | 0.0111098389839051 | 0.0111123623391654 |
| 0.0111097358163689 | 0.0111119452477196 | 0.0111101134458395 | 0.0111125514523706 |
| 0.0111098786444004 | 0.0111119005625727 | 0.0111095694899433 | 0.0111129158341334 |
| 0.0111097388358716 | 0.0111138592387136 | 0.0111099700558627 | 0.0111123373708053 |
| 0.011110951879243 | 0.0111108574815092 | 0.0110095864982955 | 0.0111110511241789 |
| 0.011109729236354 | 0.0111114465486166 | 0.0111096465795401 | 0.0111115269602612 |
| 0.0111093238480719 | 0.011111560284296 | 0.0111094333780777 | 0.0111110434646908 |
| 0.0111100955920957 | 0.0111112200792301 | 0.0111097680068624 | 0.0111138381690477 |
| 0.0111094625991344 | 0.0111124582293762 | 0.0111093368172764 | 0.0111122509546027 |
| 0.0111095905106556 | 0.0111112127165154 | 0.0111094582545344 | 0.0111107554164537 |
| 0.0111092964218999 | 0.0111115338207599 | 0.0111094281817951 | 0.0111135639637834 |
| 0.0111126171375405 | 0.0111288387489481 | | |

当权值的阈值取到 0.011 113 时,数据集此时为 10 维;当权值的阈值取到 0.011 111 时,数据集此时为 34 维;当权值的阈值取到 0.011 110 时,数据集此时为 47 维。利用 K-means、层次聚类和 CADD 聚类算法分别在该数据集的 10 维、34 维、47 维及原始维度上聚类,得到的聚类效果如图 6.15 所示。实验结果显示:当权值的阈值控制在 0.011 110 时,聚类效果最佳,同时 CADD 聚类效果相对好一些,显示其算法的优越性。

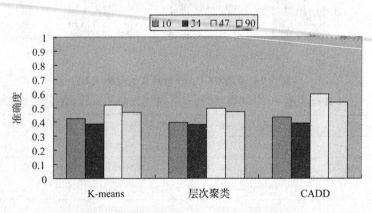

图 6.15 Libras Movement 数据集的聚类结果

在实验中,使用抽样的方法从 KDD-CUP99 整体数据集中选取 717 条记录进行试验对比,其中包括正常的连接、各种入侵和攻击等。该数据集中各个类所包含的数据对象个数分别是:normal 为 212、back 为 72、buffer_overflow 为 6、ftp_write 为 6、guess_passwd 为 10、imap 为 12、ipsweep probe 为 85、land dos 为 3、loadmodule 为 2、multihop 为 3、neptune dos 为 67、nmap probe 为 22、perl 为 2、phf 为 1、pod dos 为 18、portsweep probe 为 31、rootkit 为 5、satan probe 为 30、smurf dos 为 68、spy 为 2、teardrop dos 为 21、warezclient 为 30、warezmaster 为 10。数据集中数据对象有 41 个属性,计算得出的所有的属性权值如下:

| | | | |
|---|---|---|---|
| 0.0262429756997453 | 0.0235775337993438 | 0.02541843398830573 | 0.0236540974258312 |
| 0.0258657830480531 | 0.0265597671254313 | 0.02617354387338741 | 0.0234547665798942 |
| 0.0241023153535487 | 0.0234544769879823 | 0.02565465467689815 | 0.0236778980988243 |
| 0.0235454375322251 | 0.0244763432543348 | 0.02198358295979086 | 0.0222974392742439 |
| 0.0226339432524042 | 0.0218456664767673 | 0.02334354301744557 | 0.0223773854542954 |
| 0.0260654656586563 | 0.0253545245654764 | 0.0236765455768735 | 0.0226565658787557 |
| 0.0211955467637607 | 0.0214575008525876 | 0.0232995453562678 | 0.023229746844436 |
| 0.0213432698743249 | 0.0212768768921273 | 0.02313859238742814 | 0.0222349165062958 |
| 0.0239209414374732 | 0.0235464120793942 | 0.0214309492882956 | 0.0215097425839164 |
| 0.0227343219789732 | 0.0219836204939234 | 0.0214822454373567 | 0.0234546402533443 |
| 0.0214354864540239 | | | |

当权值的阈值取到 0.025 时,数据集此时为 8 维;当权值的阈值取到 0.024 时,数据集此时为 12 维;当权值的阈值取到 0.022 时,数据集此时为 30 维。利用 K-means、CADD、ICSCF 和 ICADD 聚类算法分别在该数据集的 8 维、12 维、30 维及原始维度上聚类,得到的聚类效果如图 6.16 所示。实验结果显示:当权值的阈值控制在 0.024 时,聚类效果最佳。

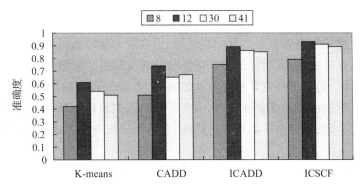

**图 6.16 KDD-CUP99 数据集的聚类效果**

对数据集 KDD-CUP99 进行降维后的聚类算法的时间复杂度有了明显的降低,同时,聚类结果的准确度在一定程度上得到了提升。图 6.17 显示利用 ICSCF 算法对 KDD-CUP99 数据集聚类。从图中可以看出,随着滑动窗口大小以及维度变化的聚类时间统计,降维后聚类的时间有了明显降低。

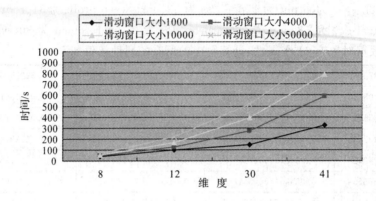

图 6.17　KDD-CUP99 数据集的聚类时间

上述实验结果说明:

(1)将复相关系数倒数降维法作为一种属性特征的选择方法是有效的,同时数据的计算量低,便于处理高维数据;

(2)降维过程中维度太大或者太小,会导致数据信息量的丢失或者冗余,严重影响聚类算法的效果;

(3)通常的聚类算法不能方便地处理较多属性列同时属性类型总数较多的数据集,所以进一步研究此方面的聚类算法是很必有要的。

# 本章小结

常见的需要处理的数据集仅有少量的属性列,但在较为前端的研究领域,数据的维度往往很高。随着属性维度的提升,对数据的科学描述与研究变得更加的精确,可以有效地衡量数据的特点;但由此而付出的代价是计算的复杂性的提高,数据处理时间的延长,以及存储空间的极大占有。针对流数据的高维复杂性问题,分析了数据类型转换的处理方法,将流数据集中的数据转换为数值型数据,并对流数据集进行降维,能有效地提高聚类速度和精确度。

# 参考文献

[1] 武森,高学东,Bastian M. 高维稀疏聚类知识发现[M].北京:冶金工业出版社,2002.

［2］Lee J W，Park N H，Lee W S. Efficiently Tracing Clusters over High-dimensional On-line Data Streams［J］. Data and Knowledge Engineering，2009，68(3):362 - 379.

［3］Jiang N，Gruenwald L. Research Issues in Data Stream Association Rule Mining［R］. ［S. l. ］:SIGMOD Record，2006，35(1):14 - 19.

［4］Park N H，Lee W S. Statistical Grid - based Clustering over Data Streams［R］. ［S. l. ］: SIGMOD Record，2004，33(1):32 - 37.

［5］孟海东,张玉英,宋飞燕. 一种基于加权欧氏距离聚类方法的研究［J］. 计算机应用，2006,26(z2):152 - 153.

［6］郝媛,高学东,谷淑娟. 面向科技管理的流数据聚类算法研究［J］. 科学管理研究，2012，30(2):24 - 26.

［7］郝媛,高学东,孟海东. 高维数据对象聚类算法效果分析［J］. 中国管理信息化. 2012,15(8):51 - 53.

# 第7章 分布式数据挖掘

随着分布式计算和计算机网络技术的发展,分布式系统的应用及其设计技术成为计算机科学研究领域的热点。分布式实时系统的应用包括:利用 RFID、无线数据通信等技术,实现物流、交通、虚拟现实、远程教育、远程医疗监控的物联网系统;利用分布式计算和虚拟化技术,给用户提供计算的云计算平台等。在这些领域产生了海量的、实时的、分布式的数据,诸如电信公司的通话记录、网络监控产生的 IP 数据包、工业自动控制中的控制信息、无线传感器网络大量生成的数据等。为了提高信息传输的及时性、方便性和完整性,必须开发一个可显示实时工作状况和具有高实用性的数据挖掘系统,以提高企业生产管理水平,因此一种新的数据挖掘方法——分布式数据挖掘和知识发现,成为数据挖掘领域的一个研究热点。

## 7.1 分布式数据挖掘概述

分布式数据挖掘(Distributed Data Mining,DDM)是指数据源分布在多个站点,使用分布式计算技术来完成数据挖掘任务。分布式环境除了数据源的地理分布在不同地区外,还包括用户、硬件和软件在地理上或逻辑上的分散分布。分布式数据挖掘在近年来的数据挖掘的研究进展尤为突出,尤其随着物联网及云计算的发展,越来越多的数据分散在不同的地区或站点,并以几何级数的速度增长。这么多分散的数据,要求数据挖掘系统必须具有分布式挖掘的能力,而且在特定环境下需要考虑资源受限(如能耗、计算能力)的情况,这就需要研究新的分布式数据挖掘算法来快速有效地挖掘分布式信息。

1) 分布式数据挖掘的特点

(1) 容易扩展。由于数据挖掘理论和算法研究的快速发展,新的知识形式和数据挖掘算法不断出现。为了能够保证分布式数据挖掘系统的持续可用,分布式数据挖掘系统应该设计成容易扩展的开放式数据挖掘系统,当出现新的知识形式和算法时,系统能够通过自身的扩展性功能加入这些新的知识形式和算法,而无须对系统进行重新构造或编写。

(2) 通信便利。有效的分布式挖掘系统应该可以在本系统的各个分布的站点间很方便地进行通信。这种通信应该是在不需要考虑底层是使用何种协议的较高层次上完成的。分布式数据挖掘系统中的通信功能应该很方便地处理原始数据、挖掘的请求、挖掘请求的参数及所挖掘的知识,有时甚至可以传送挖掘算法本身。

（3）移动挖掘。分布式数据挖掘算法有些时候需要挖掘算法顺序访问各个站点中的数据集，那么，分布式数据挖掘系统必须可以支持挖掘算法的移动性。挖掘算法要具有在一个站点上完成了在本站点的数据挖掘任务之后，还可以移动到其他站点上继续进行挖掘的功能。

（4）灵活挖掘。分布式数据挖掘系统应该可以灵活地响应用户的各种数据挖掘要求，比如对不同大小、不同位置的数据库的挖掘，对同一数据库挖掘各种形式的知识，对一个数据库的某个子集进行挖掘等。

（5）知识共享。在各个站点间进行分布式挖掘时必须采用可以被理解的知识形式实现站点间知识共享。分布式数据挖掘一般包含面向全局知识的挖掘，即在本地知识的基础上挖掘全局知识，所以必须采取能够统一理解的知识表示方式才能够在各个站点间实现协同挖掘。各个站点上的用户也可能需要访问其他站点上的知识，这也需要有一种通用的知识表示方式。

（6）安全保证。在分布式系统中进行数据挖掘需要考虑的一个问题就是安全性的保证。一般来说有三个方面的安全性考虑：一是数据存取的权限控制；二是知识存取、传送的安全；三是挖掘任务的设置权限，即什么角色可以发起什么样的数据挖掘任务。

（7）集中控制。为了方便地实现分布式数据挖掘，必须要有一个用于集中控制的站点。如果不存在全局控制站点，整个系统的通信开销是非常巨大的。为了得到全局知识，所有的站点将进行大量的广播，开销和难度无疑要很大。在某些分布式数据挖掘算法中，需要进行全局范围内的决策，这也要使用全局控制站点。实际上在引入了全局控制站点后，系统的可扩展性和灵活性都得到了很好的支持。

（8）平台无关。由于在分布式系统中存在着平台的异构、操作系统的异构、数据库系统的异构，因此分布式数据挖掘系统应该能够完成在各种平台的数据挖掘任务。全局数据挖掘算法及各个站点上的数据挖掘算法，都必须能够处理各种平台上的数据处理及通信任务。

2）分布式数据挖掘的优点

分布式数据挖掘是对传统的数据挖掘技术进行改进的技术，具有较好的可扩展性，能实现分布式计算环境下的数据挖掘，以满足目前实际应用的需要。分布式数据挖掘着重解决地理上或逻辑上分布的软件之间如何协同工作及执行不同站点的数据挖掘。

（1）大多数传统的数据挖掘系统所采用的算法计算复杂度都相当高，而且算法要求当前所有的数据都位于主存之中，这就使得对大型或者超大规模数据库进行数据挖掘变得十分困难甚至难以实现。这时，如果能将数据合理地划分为若干个小模块，并由数据挖掘系统分布式地处理，最后再将各个局部处理结果合成最终的输出模式，这样不仅能够完成预期的数据挖掘任务，同时也节省了大量的时间和空间开销。

（2）由于各种网络的广泛使用，目前许多实际应用所需的数据都是分布在各个不同的结点上的。同时出于对安全性、容错性、商业竞争以及法律约束等多方面因素的考虑，将所有数据集中在一起进行分析往往是不可行的;而分布式数据挖掘系统则可以充分利用分布式计算的能力,对相关的数据进行分析与综合。

分布式数据挖掘系统框架如图7.1所示,其主要过程如下:

(1) 局部数据分析:局部站点可以采用神经网络、决策树、贝叶斯网络等算法生成局部数据模型。

(2) 合并数据:局部站点数据通过网络传送到一个中心站点进行数据合并。

(3) 全局模型分析:通过组合不同站点的局部数据,生成全局数据模型。

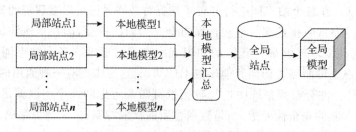

**图 7.1  分布式数据挖掘系统框架**

分布式企业管理的一个基本结构是站点分散。作为一个地域性产业,各连锁分店吸引顾客或获得营业的地理区域与范围对其经营效果有着极大的影响,客观上需要各分店根据自身特点在各自区域进行不同定位和特色定义。现代信息技术为商业企业的连锁经营不仅提供了支撑平台,而且还构筑了信息化的经营平台。目前分布式企业管理的各个分店每天都积累了海量的数据,如何从看似无关而实则相关的数据中发掘出有用的知识和模式,总结出各连锁分店的业绩与商店的经营管理、地理位置和顾客群体等各种影响因素的关系,准确评估分店的经营状况和业绩,并为其他站点的建设和管理提供参考和指导,采用分布式数据挖掘将是一种理想选择。分布式数据挖掘是一种决策支持过程,基本思想就是使用分布式信息处理技术,从存在于不同分站点的分布数据库中发现并提取隐藏在其中的有效新颖且具潜在价值的信息,帮助决策者寻找数据间潜在关联,发现被忽略要素,把握规律,预测趋势,以便于科学决策。面对的数据的基本特点是数据异构和站点分散,是在各站点上的数据挖掘,区别于一般的"集中性"数据挖掘,即将各个站点的数据汇集于一个中心,然后进行数据挖掘。近几年,国内数据挖掘及其应用的研究已经初具规模,但研究数据挖掘在分布式企业管理中应用并不是很多。另外在分布式数据库中进行数据挖掘的研究也有了一定的进展,但分布式数据挖掘的研究当前还主要集中在算法、系统的构建以及特点等领域,其应用研究相对较少。全局控制点可以通过分布式数据挖掘来更深刻地把握购买者环境、竞争者环境以及共享总体环境和供应者环境、社会公众环境上的创新性的知识,以获得综合性、全局性视野的决策,如图7.2所示。

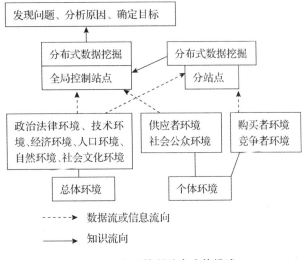

图 7.2 全局控制站点决策模式

# 7.2 分布式聚类算法

## 7.2.1 分布式聚类算法分析

传统的聚类算法需要存取所有需要分析的数据并一次性载入内存,且所有数据必须存放在一个站点。它只适用于集中式数据的聚类。然而,随着网络的广泛应用,大量的数据将分布存在。由于网络带宽、站点存储量、信息安全及隐私保护等限制,把不同站点的数据全部集中到某一个中心站点进行全局聚类几乎是不可能的。所有站点数据集中在一起,数据量会非常庞大,聚类效率会显著降低。为此,研究者已经提出了一些方法对传统的聚类算法进行修正,从而提高它们的执行效率和处理大数据集的能力。一种方法是通过优化现有算法来提高算法的伸缩性,如 CLIQUE、Cure 等。另一种方法是增量聚类,可适用于任意大小的数据集。但这两种方法对于海量数据或分布式数据仍不适用,因此,有研究者提出了分布式聚类技术,即先在单个站点数据中执行局部聚类分析,然后将部分聚类结果送给其他站点并最终聚集成最后的聚类结果。

分布式聚类是基于分布的数据和计算资源,对大规模、分布的数据进行聚类分析,是聚类分析进一步进化的结果,它体现了并行计算、分布式计算和通信日益增长的趋势。目前,分布式聚类算法的研究和有效知识集成技术的开发是当前分布式聚类研究的重点,现有的分布式聚类算法大多是传统聚类算法在分布式环境下的扩展与改进。这些算法在性能和精度上都有所不足,因此,如何根据分布式系统的特点并结合现有聚类算法以满足分布式数据和计算环境的要求,是分布式聚类问题研究的核心。

分布式环境下的聚类分析即分布式聚类,是基于分布式数据和计算资源,对大规模、分布的数据进行聚类分析,是分布式数据挖掘的一个重要研究领域,也是当前聚类分析研究的一个重要课题。分布式环境下的聚类分析研究具有十分重要的理论意义和广阔的应用前景。传统聚类算法的数据挖掘方式是集中式的,在当前很多分布式计算环境,例如因特网、企业内网、局域网、高速无限网络和传感器网络中不能很好工作。分布式聚类算法是随着数据挖掘领域的不断延伸而扩展出的一个新领域。

目前,分布式聚类算法的研究主要分两类,一类为同构聚类方法,具有代表性的聚类算法有 RACHET、DBDC、SDBDC 等。另一类为异构聚类方法,具有代表性的算法为 CHC。

分布式聚类算法研究的重点是分布式聚类算法和有效知识集成技术的开发。分布式聚类算法的核心概念是每个局部数据集各自被聚类,然后组合这些获得的局部结果以生成全局聚类。根据不同站点中数据属性的一致或不一致,分布式聚类方法可分为同构分布式数据的聚类方法和异构分布式数据的聚类方法两类。

1）同构分布式数据的聚类方法

同构数据的分布式聚类是对具有相同数据属性集的、分布的多个数据集进行聚类分析,将整体数据划分为若干个组。目前,同构分布式数据的聚类算法主要分多轮通信式的聚类算法和中心化集成式的聚类算法两类。多轮通信式的聚类算法主要有:Dhinon 和 Modha 开发的并行的 K - means 聚类算法、Forman 等人提出的并行 K -调和平均方法、Xu 等人提出的并行 DBSCAN 算法以及一些研究者提出的层次聚类算法的并行和 AutoClass 算法的并行。这些并行化的分布式聚类都具有一个共同的特点:对于大规模的数据集,相互之间通信传递中间结果,通过多次迭代,直到满足某个准则。这类方法具有较高的聚类质量,但站点间一般需要多次通信和同步。中心化集成式的聚类方法主要有:Samatova 等人提出的 KACHET 算法、Januzaj 等人提出的 DBDC 算法、Merugu 和 Ghosh 提出的 OMC 算法、Klusch 等提出的 KEDC 算法。中心化集成式的聚类算法的主要特点是:传递局部聚类的简洁表示到一个中心站点,在该站点组合这些表示形成一个全局聚类表示。这类算法的优点在于低的通信代价,但缺点在于局部结果可能不完整。

2）异构分布式数据的聚类方法

异构分布式数据聚类是对于属性集不同的分布式数据集进行聚类。它的主要聚类方法主要有:Johnson 和 KarguPta 提出的综合层次聚类算法(CHC)以及 KarguPta 等人提出的基于综合主元分析(CPCA)的聚类算法。

在分布式环境下的聚类分析的主要研究方向有:

(1)算法伸缩性。在分布式环境下,在各站点局部挖掘并在中心站点进行集成的方法可能会由于数据量的增加、通信和计算能力的限制,中心站点成为系统的瓶颈。

(2)局部结果集成的有效性和协同。局部分析为大规模数据聚类提供良好的伸缩性,但局部知识集成和协同是一个关键问题。因此,如何对局部结果进行分析并利用其他站点的信息来改善其质量,建立有效的多聚类集成是一个分布式聚类面临的问题。

(3)高效的分布式聚类算法研究。如何利用优化理论、集成学习技术等来开发高效并具有有限通信的分布式聚类算法,是现在分布式聚类分析中十分活跃的研究课题。

(4)算法有效性。对于分布在多个站点的数据,如何计算出全局结构是一个挑战性的研究课题。例如 DBDC 算法采用局部独立计算,然后传递具有代表性的对象到中心站点,在中心站点进行集成得到全局结构;它的不足在于由于信息不完整导致一些聚类可能难以发现。

(5)与其他分布式挖掘算法的集成。聚类可作为其他算法的预处理步骤,这些算法在生成的簇上进行处理。分布式情况下,如何与其他分布式算法进行集成是一个富有挑战性的课题。

(6)分布式聚类的应用。目前,对于分布式环境下聚类分析的研究主要集中在分布式聚类算法上,如何将这些分布式聚类技术应用于大量存在的大规模分布式数据分析问题尤为重要。

(7)通用的分布式聚类框架。现有的分布式聚类算法都是某种特定聚类算法的并行实现或分布式算法,不具有通用性,而作为有效的分布式聚类框架则必须能适用于多个聚类算法。

(8)分布式环境下的孤立点挖掘。许多挖掘算法试图使孤立点影响最小化或排除它们,然而孤立点本身可能是非常有用的。聚类是一种挖掘孤立点的方法。当数据量非常大或者数据分布存储时,如何利用聚类进行孤立点挖掘是值得研究的课题。

终端节点采集的数据,我们称之为分布式数据源,是指物理上(多个节点)分散而逻辑上集中的数据源系统。分布式数据源作为数据挖掘工作的对象,是使用物联网将地理位置分散而管理和控制又需要不同程度集中的多个逻辑单位(各个节点上的数据集)连接起来,共同组成一个全局的数据源。

## 7.2.2　分布式 K-means 聚类算法

我们选择 K-means 聚类算法作为具有资源约束的分布式挖掘算法的基础算法。K-means 聚类算法由于每一个聚类可以仅由该类的中心向量和点数表示,实现方便,内存使用率低,所以 K-means 聚类算法适合于在物联网中应用。

K-means 算法是把 $N$ 个数据集划分成 $K$ 个点集,即 $K$ 个簇,每个簇内部相似度高,而簇与簇之间的相似度低。给定 $N$ 个数据点的集合 $A$,$A=\{A_1,A_2,\cdots,A_N\}$,聚类划分的目标是从集合 $A$ 中找到 $K$ 个聚类 $B$,$B=\{B_1,B_2,\cdots,B_K\}$,使每一个点 $A_i$ 被分配到唯一的一个聚类 $B_j$。其中,$i=1,2,\cdots,N$,$j=1,2,\cdots,K$。

K-means 算法的基本思想是:一个包含 $N$ 个数据的对象,要生成 $K$ 个簇,首先随机选取 $K$ 个对象,每个对象为 1 个簇的初始平均值或中心,然后计算每个聚类中心距离,并把其余数据归到离它最近的簇。对调整后的新簇使用平均法计算新的聚类中心,重复进行计算。如果聚类中心没有任何变化,则算法结束,最后所有的数据对象存放在相应的类 $B_j$ 中。

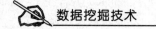

平方误差准则定义如下：

$$E = \sum_{i=1}^{k} \sum_{x \in B_j} | x - \overline{x_i} |^2 \qquad (7-1)$$

式（7-1）中，$E$ 是数据库中所有对象平方误差的总和；$x$ 是集合中的数据点；$\overline{x_i}$ 是簇 $B_j$ 的平均值。

分布式 K-means 算法分两部分：局部 K-means 和全局 K-means。

**算法 7.1　局部 K-means 算法**

输入：结果簇个数 $K$、包含 $N$ 个对象的数据集合。

输出：$K$ 个簇的集合。

算法步骤：

① 随机选取 $K$ 个对象 $A_j \in B$，作为初始簇中心；

② 把每个数据分配到离簇中心距离最近的簇中；

③ 计算新簇的平均值；重复②，直到平均值不再改变为止。

在分布式的环境中，先计算分布式环境中各个站点的局部 K-means，得到不同节点的局部 $K$ 个聚类中心。然后将各节点的局部聚类中心广播到分布式环境中的其他站点，在局部站点将原有聚类中心和新的聚类中心进行再次聚类，计算出新的聚类中心点。在计算新的中心点过程中，为了避免任意一个站点出现空集的情况，以估算出的中心点来作数据项。

**算法 7.2　全局 K-means 算法**

输入：$K$ 个原有簇中心集合和新簇中心集合。

输出：$K$ 个簇的集合。

算法步骤：

① 选取原有 $K$ 个簇中心为初始簇中心；

② 把新簇中心分配到离簇中心距离最近的簇中；

③ 计算新簇的平均值；重复②，直到平均值不再改变为止。

分布式 K-means 算法的优点是计算速度快，计算方式简洁，能够灵活适应复杂多变的需求；当结果簇是密集的，而簇与簇之间区别明显时，它的效果较好；对处理大数据集，该算法是相对可伸缩的和高效率的。

分布式 K-means 聚类算法的不足：为了达到全局最优，会要求穷举所有可能的聚类，这对于具有资源约束的物联网环境是不利的。在穷举所有可能的聚类时，会耗费大量电池电量，也会占用有限的 CPU 及内存资源，会使物联网中该终端节点很快资源耗尽，处于死机状态。

聚类分析就是在没有任何先验知识的前提下，本着"物以类聚"的思想，将数据聚合成不同的类，使得同类中的元素尽可能相似，不同类中的元素差别尽可能大。迄今为止，人们已经提出了许多聚类算法，例如 K-means、DBSCAN、Cure、Birch 等；但这些算法只适用于集中式数据的聚类。随着网络的广泛应用，大量的数据将分布存在。由于网络带宽、站点存储量、信息安全及隐私保护等限制,把不同站点的数据全部集中到某一个中心站点进行全局聚类几乎是不可能的,面向分布式大数据集的聚类分析变得尤为重要。K-means 简单、易于解释且时间复杂度和数据集大小成线性关系。当数据集较大时,算法的执行效率比较低,对大数据集的扩展性比较差;但由于 K-means 在计算各数据点和中心点距离时有着固有的并行性,符合分布式聚类思想的要求,因此现有的分布式聚类算法大多是基于 K-means 改进的。

## 7.2.3 分布式聚类算法 K-DMeans

S. Kantabutra 等人提出的 K-Dmeans 算法基于 K-means 划分聚类思想,实现分布式的聚类。中心节点将数据集随机划分为 $k$ 个子集,分布到 $k$ 个子节点上(每个节点对应一个聚簇 $c_i, 1 \leqslant i \leqslant k$),各子节点计算其对应点集的中心点,并将其中心点通知给另外 $k-1$ 个子节点,各子节点计算自己的相应数据集中的数据点到各中心点的距离,按每个数据点隶属于距其最近的中心点所代表的聚簇这一规则进行聚类,并将不属于自己的数据点传递给与该数据点所属聚簇相对应的子节点。这一过程迭代进行,直到满足判别函数的要求(例如平方差值稳定)。该算法可以有效地解决 K-means 算法的扩展性问题,但每一次迭代过程都由中心节点控制,容易造成网络拥塞与单点失效,系统的可靠性较低。

**算法 7.3** 分布式聚类算法 K-DMeans

输入:局部数据集 $\{DB_1, DB_2, \cdots, DB_p\}$、各站点聚簇个数 $\{k_1, k_2, \cdots, k_p\}$,其中 $k_1 + k_2 + \cdots + k_p = k$。

输出:$k$ 个聚簇。

步骤:

```
for each site s do
  while E is not stable do     /*当误差准则函数 E 不满足终止条件*/
{{c_{i1},c_{i2},…,c_{ik_i}}}=K—Means(DB_i,k_i);
/*执行 K-means 得到 k_i 个聚簇中心点{c_{i1},c_{i2},…,c_{ik_i}}*/
Broadcast({c_{i1},c_{i2},…,c_{ik_i}});      /*向其他站点广播聚簇中心点*/
receive({c_{j1},c_{j2},…,c_{jk_j}});       /*接收其他站点 j 的聚簇中心点*/
      for each data object d∈DB_i do
{Partition(d,{c_1,c_2,…,c_k});
/*计算 d 与所有聚簇中心的距离,根据最近原则确定 d 所属聚簇*/
if(d∉本站点聚簇){Send(d);Delete(d);}
/*将类别不属于本站点的数据对象 d 传送到所属聚簇存放的站点,并删除 d*/
}
receive(d');          /*接收其他站点传送的数据对象*/
computing(E_i);        /*计算本站点局部目标函数 E_i*/
broadcast(E_i);        /*将 E_i 广播给其余站点*/
receive(E_j);          /*接收其他站点 j 传送的局部目标函数*/
E=E_1+E_2+…+E_p;     /*计算全局目标函数 E*/
}
```

算法 K-DMeans 实现了分布式聚类,但在每次迭代过程中站点间要传送大量的数据项。由于带宽限制、网络延时等问题导致通信代价很高,尤其在处理大数据集时,通信代价远高于计算代价,算法总体效率很低。

## 7.2.4　分布式聚类算法 DK-Means

郑苗苗等人对 K-Dmeans 算法进行改进,提出了 DK-Means 算法。在每次迭代过程中,站点间只需传送各簇信息就可以达到分布式聚类的目标,降低了分布式聚类过程中的数据通信量,在保证聚类效果的同时大大提高了聚类速度。该算法设分布式系统中有 $p$ 个站点,从中任意选定一个站点 $S_m$ 为主站点,其余 $P-1$ 个站点为从站点。首先在主站点随机产生 $k$ 个聚簇中心 $\{c_1, c_2, \cdots, c_k\}$,作为全局初始聚簇中心,并将其广播给所有从站点;各站点根据这些中心确认本站数据对象所属聚簇,并得到局部聚簇中心,同时,从站点将本站点的局部聚簇中心点及相应簇的数据对象总数 $\{(c_{i1}, n_{i1}), \cdots, (c_{ik}, n_{ik})\}(1 \leqslant i \leqslant p)$ 传送给主站点。主站点根据这些聚簇信息计算全局聚簇中心 $c_j$ 迭代这一过程,直到全局判别函数 $E$ 值稳定,也即全局聚簇中心稳定。

$$c_j = \frac{n_{1j} \cdot c_{1j} + n_{2j} \cdot c_{2j} + \cdots + n_{pj} \cdot c_{pj}}{n_{1j} + n_{2j} + \cdots + n_{pj}} \qquad (1 \leqslant i \leqslant k)$$

**算法 7.4**　分布式聚类算法 DK-Means

输入:局部数据集 $\{DB_1, DB_2, \cdots, DB_p\}$,聚簇的个数 $k$。

输出:$k$ 个聚簇。

步骤:

```
master site S_m: broadcast({c_1, c_2, ···, c_k});
/* 主站点随机产生 k 个初始聚簇中心并广播 */
While{c_1, c_2, ···, c_k} is not stable do    /* 当未得到稳定的全局聚簇中心 */
{ for each slave site S_i(1≤i≤p-1) do
{receive({c_1, c_2, ···, c_k});    /* 接收聚簇中心 */
    for each data objectd d∈DB_i do
partition(d,{c_1, c_2, ···, c_k});
/* 计算 d 与所有全局聚簇中心的距离,根据最近原则确定 d 所属聚簇 */
    for j=1 to k do
computing (c_ij, n_ij);    /* 计算 k 个局部聚簇信息 */
send({(c_i1, n_i1), ···, (c_ik, n_ik)}) to master site;
/* 向主站点传送局部聚簇信息 */
}
master site S_m:
{for each data object d∈DB_m do
partition(d,{c_1, c_2, ···, c_k});
/* 计算 d 与所有全局聚簇中心的距离,根据最近原则确定 d 所属聚簇 */
for j=1 to k do
```

```
computing(c_mj, n_mj);    /* 计算 k 个局部聚簇信息 */
receive({(c_i1, n_i1), …, (c_ik, n_ik)});    /* 主站点接收从站点 i 的聚簇信息 */
for j=1 to k do
c_j = (n_1j * c_1j + n_2j * c_2j + … + n_pj * c_pj)/(n_1j + n_2j + … + n_pj);    /* 主站点计算 k 个全局聚簇中心 */
broadcast({c_1, c_2, …, c_k});    /* 向从站点广播全局聚簇中心 */
}
}
```

然而,现有的分布式聚类算法都必须存在一个中心节点,作为控制聚类过程及资源分发的核心。在现有的复杂网络环境下,这种集中式网络结构抗毁能力非常弱,一旦中心节点受到攻击,整个系统就会瘫痪。在对等网络的研究领域,拥有中心节点的集中式网络结构已经逐渐被完全对等的全分布式网络结构所替代。全分布式网络结构中的节点均为功能相同的对等节点,并不存在功能相异的中心节点,其优势在于各节点负载均衡,网络扩展能力强,不会出现某些节点因为事务处理过多而死机,继而导致系统崩溃、单点失效的问题。在全分布式网络下实现分布式聚类,则需要对 DK-Kmeans 进行改进,去除中心节点,由对等节点来实现聚类过程的控制。

# 7.3　DRA-Kmeans 聚类算法

## 7.3.1　DRA-Kmeans 聚类算法相关技术

基于自适应资源约束的 DRA-Kmeans 局部聚类算法是以 K-means 算法为基础的。考虑在 CPU、内存及电源资源受限的情况下自动调整聚类半径,当资源减少到一定值时,增大聚类半径阈值,抑制新聚类的生成,减少有限资源消耗;反之,则减小聚类半径阈值,来促进新聚类的生成,保证聚类效果。

1) 自适应内存的技术

自适应内存的技术根据所需内存的容量大小来改变微簇界限半径 $R$(Limiting Radius)的方法实现。这样可以促进或者阻碍新微簇的形成,增大阈值会防止新微簇的形成,减少阈值会促使新微簇的形成。

怎样选择合适的阈值半径,会不会影响聚类的精度,在改变阈值半径时,这些都要考虑在内。我们采取下列措施来减小精度的降低。假定 lb 是参数下限,ub 是参数上限,$X$ 是指所剩的资源。如果 $X$ 为 memory,是指所剩内存率;$X$ 为 cpu,是指当前的 CPU 利用率;X_crit_threshold 为资源 $X$ 的阈值,这里的 X_crit_threshold 为 mem_crit_threshold 即内存资源的阈值。界限半径按照公式 7-2 自动调整。

界限半径公式为:

$$R = \text{ub} - X \times \frac{\text{ub} - \text{lb}}{X\_\text{crit\_threshold}}$$

(7-2)

2）自适应 CPU 负载的技术

自适应 CPU 负载的技术是使用根据 CPU 负载情况选择分配簇的方法实现的。当 CPU 高负载的情况下，也即 CPU 利用率太高，仅剩比较少的计算能力时，一个新数据点到来要为其分配微簇时，不是检查所有的微簇，而是仅检查当前微簇中欲指定的一部分。在 CPU 低负载情况下，也即 CPU 利用率低，剩比较多的计算能力时，确定新来数据点簇的分配时需要检查所有的微簇，簇选择因子为 100%。随着负载的增加，簇选择因子也会随着减小，即选择的微簇数减少，只选择当前微簇中的一部分来分配新来的数据点。通过减小聚类过程中被检查微簇的数目来减轻 CPU 负载。当然，有可能出现离新到数据点最近的微簇未被选中可能导致不理想的分配；而且随着 CPU 负载增加，簇选择因子变得更小，这种情况发生的可能性就更大。但即使这种情况发生，数据点也将会合理地分配到距离较近的微簇中，聚类精度不会受到太大影响。本章介绍的算法为每个簇设置了权值 $W$，只选择权重较大的簇作为候选簇，就可以保证聚类质量。簇选择因子按照公式 7-3 调整：

$$\text{CSF} = \frac{10000 - \text{cpu\_crit\_threshold} \times \text{lb} - (100 - \text{lb}) \times \text{cpu}}{100 - \text{cpu\_crit\_threshold}} \qquad (7-3)$$

例如，假定 CPU 利用率的关键值是 50%，如果 CPU 利用率小于 50%，簇选择因子为 100%，意味着所有的微簇都将被检查；否则，簇选择因子在 65%～100% 之间。65% 是簇选择因子的下限。

3）自适应电池电量的技术

自适应电池电量的技术是通过改变数据采样间隔 SI 的方法实现的。对于传感器节点，电池电量是不可恢复资源，电量是线性下降的过程，一旦电池电量下降后将不可恢复。这一点和 CPU 及内存等可恢复资源不一样。物联网中的采集节点的 CPU、内存等资源属于动态变化的资源，在某一时刻如果数据量大或攻击次数比较多时，可能出现短暂时间 CPU、内存等资源处理能力不足，低于自适应阈值。此时启动自适应技术，减少 CPU、内存等资源使用量。而当数据量减少或攻击次数减少时，CPU、内存等资源处理能力又会恢复到正常状态，即高于自适应阈值，此时就不用再调用自适应算法。而电池电量资源一旦降低，则是不可恢复的，即自适应技术会一直启用。采样间隔因子按照公式 7-4 调整：

$$\text{SI} = \text{ub} - \text{battery} \times \frac{\text{ub} - \text{lb}}{\text{battery\_crit\_threshold}} \qquad (7-4)$$

其中 battery 为所剩电池电量，battery\_crit\_threshold 为电池资源的阈值。

4）自适应聚类分析

设 $A = \{A_1, A_2, \cdots, A_d\}$ 为欧氏空间下的属性集合，相应的 $d$ 维空间为 $S = A_1 \times A_2 \cdots A_d$，多维记录 $\overline{X_1} \cdots \overline{X_k}$ 在时间 $\overline{T_1} \cdots \overline{T_k}$ 时间到达，每个 $\overline{X_i}$ 都是一个 $d$ 维记录，用 $\overline{X_i} = (x_i^1 \cdots x_i^d)$ 表示，每一个 $x_i^j (i = 1, \cdots, N; j = 1, \cdots, d)$ 代表点 $\overline{X_i}$ 在属性 $A_j$ 上的值。

**定义 7.1** 改进的微簇结构：带有时间标签 $T_{i1}, \cdots, T_{in}$ 的 $d$ 维数据点 $C = (\overline{X_{i1}}, \cdots, \overline{X_{in}})$ 的

微簇定义如公式 7 - 5 所示：

$$\mathrm{FCS}(C,t) = (\overline{\mathrm{FCS}2^x(C,t)}, \overline{\mathrm{FCS}1^x(C,t)}, W(t), Z_i, \tau) \tag{7-5}$$

其中 $n < N$，$Z_i$ 是簇对应维子集，其势为 $d_i$，$d_i < d$。对于每个维 $j$：

$\overline{\mathrm{FCS}2^x(C,t)} = \sum\limits_{k=1}^{n} f(t - T_{ik}) \cdot (x_{ik}^j)^2$ 为加权平方和；

$\overline{\mathrm{FCS}1^x(C,t)} = \sum\limits_{k=1}^{n} f(t - T_{ik}) \cdot (x_{ik}^j)$ 为加权线性和；

$W(t) = \sum\limits_{k=1}^{n} f(t - T_{ik})$ 为权重和；

$W'(t) = \sum\limits_{k=1}^{n} f(t - T_{ik})/n$ 为平均权重；

$\tau = W'(t) \cdot \left(1 - \dfrac{1}{p}\right)$ 为簇选择权重，$p$ 初始化为 1，微簇每被选一次，$p$ 值增 1；

中心点 $c = \overline{\mathrm{FCS}1^x(C,t)}/W(t)$；

半径 $r = \overline{\mathrm{FCS}2^x(C,t)}/W(t) - (\overline{\mathrm{FCS}1^x(C,t)}/W(t))^2$。

定义 7.1 扩展了 HPStream 算法中的衰减簇结构，引入了特征 $(Z_i, \tau)$，更有助于描述簇的特点。当数据流量大时，只选择平均权值大的微簇作为候选簇。$\tau$ 值越大，对应的簇越容易被选中，避免了盲目随机选择，一定程度上提高了算法的精度。

实际数据流应用中，最近到达数据蕴含的知识往往比历史数据更有价值。采用指数衰变函数：

$$f(t) = \mathrm{e}^{-\lambda t}, \qquad \lambda > 0$$

作为权值来表示历史数据的重要性。$\lambda$ 值越大，历史数据的重要性就越低。

如果在时间间隔 $\delta t$ 时间内没有点加入到簇中，则

$$\mathrm{FCS}(C, t + \delta t) = \mathrm{e}^{-\lambda \delta t} \cdot \mathrm{FCS}(C, t)$$

在子空间聚类中，每个微簇都有自己的相关维集。对于每个簇 $C_i$ 都有一个 $d$ 维的二进制向量 $Z_i$。$d$ 维向量中每个元素的值都在 $\{0,1\}$ 范围内，0 表示该维不是相关维；相反，1 表示该维是相关维。算法运行过程中，$Z_i$ 是不断变化的，它的变化会反映出相关维的变化。类似的，对于 $k$ 维空间的点 $\overline{X_i}$，如果点 $\overline{X_i}$ 在维 $j$ 上的值非空，则 $d_{ij} = 1$，否则 $d_{ij} = 0$。$d_i$ 是 $k*1$ 的矩阵，其中 $k$ 为空间维数。

定义 7.2　二进制数值向量之间的相似度为：

$$\mathrm{Sim}(a_i, b_i) = \frac{\sum\limits_{i=1}^{k} \mathrm{AND}(a_i, b_i)}{k} \tag{7-6}$$

其中 AND 为与操作。

可以看出，$\mathrm{Sim}(a_i, b_i) \in [0,1]$。0 代表不相似，1 代表完全相似，用来确定 $d_i$ 和相关维 $Z_i$

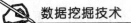

的近似程度。

**定义 7.3** 候选簇：

$$W = \tau + \mathrm{Sim}(d_i, Z_i) = W'(t) \cdot \left(1 - \frac{1}{P}\right) + \frac{\sum\limits_{i=1}^{k} \mathrm{AND}(d_i, Z_i)}{k} \qquad (7-7)$$

根据 $W$ 值的大小降序排列所有微簇，从中选择出 CSF·$k$ 个 $W$ 值较大的微簇即为候选簇。其中 CSF 为簇选择因子，即当前候选微簇在所有微簇中所占的比例，$k$ 为当前维护的微簇个数。

K-means 算法在计算距离时常用的方法是欧式距离、曼哈顿距离；但当输入数据为高维数据时，数据点的分布变得越来越稀疏，在高维空间中出现数据点"低相似度"的现象，常用的相似度度量方法欧式距离、曼哈顿距离等失去了效用，导致传统聚类算法无法有效地直接运用到高维数据的聚类分析中。针对"维度效应"的影响，在解决实际应用问题时最直接的方法是进行维度约简。维度约简首先要降低高维数据的维度，将高维数据变为低维数据，然后利用传统的聚类算法在较低维度的数据空间上完成聚类操作。通常属性约简都只是作为聚类前的一个预处理阶段，去除无关的属性，使聚类算法在较少的有用属性上聚类。但是属性约简方法也存在很大的不足，对数据进行维度约简后，噪声数据与正常数据之间的差别缩小，聚类质量无法保障；使用属性约简技术虽然缩小了数据维度空间，但其可解释性、可理解性较差，可能会丢失重要的聚类信息，很难对结果进行表达和理解。基于属性约简的降维技术对于处理极高维数据有着很大的局限性，无法满足当前高维聚类应用的发展。子空间聚类算法能很好地解决上述问题。由于数据流是不断进化的，当数据流的特点发生很大变化时，相关维也会有很大变化，这样在属性简约后的维进行较低维聚类时，算法的精度会明显降低，因而需要研究并提出有效的适应于高维数据流特点的聚类算法，使其能有效地对高维数据流进行聚类。子空间聚类算法能在较低的维上聚类，解决高维数据的"稀疏性"问题，并且每个簇的相关维集是根据数据流的进化不断更新的，从而提高了聚类的精度。

**定义 7.4** 子空间：确定每个簇的相关维集。

子空间聚类算法的关键问题是怎样确定与微簇相关的子空间。本章的 DRA-Kmeans 算法使用映射的方法发现微簇的相关属性维，用矩阵 $\boldsymbol{Z} = (Z_1, Z_2, \cdots, Z_i)$ 表示，并在相关属性维形成的子空间内计算新来数据点 $\overline{X}$ 到各个簇中心的距离 $S$ 和微簇的界限半径 $R$。

算法 Compute Dimensions 用来确定每个微簇的相关维集。沿着被选属性维的距离越小，该属性维被选的可能性越大。可以注意到，有的簇包含很少的数据点，如果发生这种情况就很难使用统计的方式确定相关属性维。在极端情况下，如果一个簇仅仅包含一个数据点，由于不能区分不同维上的界限半径，所以无法计算相关属性维。为了解决这种极端情况下出现的问题，在确定每个簇的相关属性维时，需要使用到新来的数据点 $\overline{X}$。该簇的相关维确定后，数据点 $\overline{X}$ 很好地适合该簇是较理想的。具体地说，数据点 $\overline{X}$ 在确定簇的相关维集时被临时添加到该微簇中,从而解决了包含很少点的微簇很难确定相关维的问题。计算相关维的方法如算法 7.5 所示。

**算法 7.5**　计算相关维。

输入:$\mathrm{FCS}(C_i,t),l,\overline{X}$。

输出:$i$ 个二进制向量 $\mathbf{Z}_i$。

```
ComputeDimensions(FCS(C_i,t),l,X̄)
①  {
②    for i=1to d do
③      将点 X̄ 添加到已形成的簇中;
④      在临时形成的簇中计算沿每个维到中心点的半径;
⑤      选出 l 个半径最小值的属性作为相关维;
⑥    end for
⑦    更新每个簇 C_i,构建二进制向量 Z_i;
⑧  }
```

算法 7.5 中,对于维 1 到 $d$,首先临时将数据点 $\overline{X}$ 添加到已形成的微簇中,其次在临时形成的微簇中计算沿每个维到中心点的半径,选出 $l$ 个半径值最小的属性作为该微簇的相关属性维并更新每个簇 $C_i$,最后构建该微簇的二进制向量 $Z_i$。

为了确定数据点 $\overline{X}$ 分配到哪个簇中,仅使用对应簇的相关维来计算数据点 $\overline{X}$ 到每个簇中心的距离。簇的相关维存储在矩阵 $\mathbf{Z}$ 中,随着数据点的加入实时更新。

定义不同的距离量度可以产生不同的聚类结果,本章选择的是加权欧氏距离。设有向量 $\mathbf{p}=(x_1,x_2,\cdots,x_n)$ 与 $\mathbf{q}=(y_1,y_2,\cdots,y_n)$,加权欧氏距离计算公式为:

$$d(\mathbf{p},\mathbf{q})=\sqrt{\omega_1|x_1-y_1|^2+\omega_2|x_2-y_2|^2+\cdots+\omega_{n1}|x_n-y_n|^2} \tag{7-8}$$

计算映射距离和界限半径的算法如算法 7.6 和算法 7.7 所示。

**算法 7.6**　计算映射距离:

输入:$\mathrm{FCS}(C_i,t),\overline{X},Z_i$。

输出:簇 $C_i$ 中点到其中心点的平均距离 $S$。

```
FindProjectDist(FCS(C_i,t),X̄,Z_i)
①  {
②    begin
③      for 每个 Z_i 值中为 1 的维
④        S(X̄,c_i)=√(Σ_{j=1}^{d} Z_ij·(x_ij−y_ij)²);
⑤      return 平均距离值 S;
⑥    end
⑦  end
⑧  }
```

在算法 7.6 中，沿每个簇的相关维二进制向量 $Z_i$ 值中为 1 的维计算数据点 $\overline{X}$ 到中心点的欧氏距离，并给出平均距离值。

确定数据点 $\overline{X}$ 分配到哪个簇后，需要确定相应簇的界限半径，界限半径是簇的自然界限。这个过程通过 FindLimitingRadius 实现。如果数据点落在所有簇的界限半径外，则该数据点不会被添加到已存在的簇中，相反，构建包含该数据点的新的微簇；如果新来的数据点落在某个簇的界限半径内，则该数据点被添加到该簇中。然而，如果一个数据点是噪声点，包含该噪声点的新簇很少有数据点加入，随着时间的推移，该簇的权重会不断减小，将被彻底删除。

**算法 7.7** 计算界限半径：

输入：$\mathrm{FCS}(C_i, t), Z_i$。

输出：簇 $C_i$ 的界限半径 $R$。

FindLimitingRadius($\mathrm{FCS}(C_i, t), Z_i$)

① {

②     begin

③     计算 $r = \sqrt{\dfrac{\mathrm{FCS2}^x(C, t)}{W(t)} - \left(\dfrac{\overline{\mathrm{FCS1}^x(C, t)}}{W(t)}\right)^2}$;

④     $d'$ 是 $Z_i$ 中值为 1 的数目;

⑤     return $\left(R = \sqrt{\dfrac{r^2}{d'}} * \tau\right)$;

⑥     End

⑦ }

在算法 7.7 中，首先计算簇的半径 $r$，然后根据 $Z_i$ 中值为 1 的维确定簇的界限半径。

## 7.3.2 DRA-Kmeans 局部聚类算法

设 $\mathrm{DS} = \langle \overline{X_1}, \overline{X_2}, \cdots, \overline{X_k} \rangle$ 表示数据流，各个数据点到达的时间戳分别是 $T_1, T_2, \cdots, T_k$，每个数据点 $\overline{X_i} = (x_i^1, x_i^2, \cdots, x_i^d)$，其中 $x_i^j (1 \leqslant j \leqslant d)$ 是 $\overline{X_i}$ 在第 $j$ 个特征上的赋值。DRA-Kmeans 局部聚类算法首先计算簇相关维集 $Z_i$ 和新来数据点的二进制向量 $d_i$，然后计算 $\mathrm{Sim}(d_i, Z_i)$，选择候选簇。在簇对应的子空间内计算新来数据点 $\overline{X}$ 到候选簇中心的距离 $S$，选择出新来数据点 $\overline{X}$ 到其中心点距离值 $S$ 最小的簇。如果距离值 $S$ 小于该簇的界限半径 $R$，则将点 $\overline{X}$ 加入到该簇中；否则，构建包含 $\overline{X}$ 的新簇。根据所剩内存和 CPU 使用情况，自动调整界限半径和簇选择因子。如果所剩内存小于内存阈值，自动调整界限半径，从而阻碍新微簇的形成；如果剩余 CPU 使用率小于 CPU 使用阈值，自动调整簇选择因子 CSF，减小候选簇的数目，当数据流量大时，大大提高了算法的处理速率。将形成的簇存储在金字塔时间模型中，随着算法的进行，微簇数目不断增加。为了节约内存，当微簇数目超过 $k$ 时，利用时间衰减函数删除最久未更新的微簇。

DRA-Kmeans 局部聚类算法如算法 7.8 所示。

**算法 7.8**　DRA-Kmeans 局部聚类算法：

输入：$\overline{X}, k, l$。

输出：$k$ 个微簇。

DRA-Kmeans $(\overline{X}, k, l)$

① 重复

② 获取新数据记录；

③ 将新数据记录分配到存在的微簇中；

④ If(CSF=100%&SI=100%)

⑤　　监测最近时间范围内所剩内存、CPU 使用率及电池电量；

⑥　　计算相关维二进制矩阵 $\boldsymbol{Z}_i$；

⑦　　获得每个 $\overline{X}_i$ 的 $d_i$；

⑧　　计算与每个簇的相似度 $Sim(d_i, \boldsymbol{Z}_i) = \dfrac{\sum\limits_{i=1}^{k} AND(d_i, \boldsymbol{Z}_i)}{k}$；

⑨　　选择候选簇 $W = W'(t) \cdot (1 - \dfrac{1}{P}) + Sim(d_i, \boldsymbol{Z}_i)$；

⑩　　计算到各个候选簇中心的映射距离 $S$；

⑪　　选择出 $S$ 值最小的簇；

⑫ Else If(CSF<100%)

⑬　　根据 CSF 获取 CSF$\cdot k$ 个候选簇 $W$；

⑭　　计算到各个候选簇中心的映射距离 $S$；

⑮　　选择出 $S$ 值最小的簇；

⑯ If($S<R$)

⑰　　将点加入到微簇中；

⑱　　更新微簇半径；

⑲ Else

⑳ 构建包含该点的新簇；

㉑　　　　EndIf

㉒　　EndIf

㉓　　Else　/*SI<100%*/

㉔　　采用率=SI；

㉕ If(所剩内存大于内存阈值)

㉖　　　界限半径=$R$；

㉗ Else

㉘　　　　调整界限半径；

㉙ EndIf

㉚ If(剩余 CPU 使用率大于 CPU 使用率阈值)

```
   ㉛          CSF＝100％;
   ㉜      Else
   ㉝          调整 CSF;
   ㉞      EndIf
   ㉟      If(簇的数目超过 k)
   ㊱          删除最久未更新簇;
   ㊲      If(所剩电池电量大于电量阈值)
   ㊳          SI＝100％
   ㊴      Else
   ㊵          调整 SI;
   ㊶      将形成的簇采用金字塔时间模型存储;
   ㊷ Until 处理完数据流中所有点
   ㊸ END
```

## 7.3.3　DRA-Kmeans 全局聚类算法

为了减少站点间的数据通信量,降低聚类的迭代次数,提高聚类效率,针对物联网终端节点移动及资源约束的特性,在分布式 K-means 算法局部数据挖掘的基础上提出了 DRA-Kmeans 数据挖掘算法中的全局聚类算法。传统的 K-mean 算法对初始聚类中心敏感,选择不同的初始聚类中心会产生不同的聚类结果,且有不同的准确率;并且传统的分布式聚类算法都必须存在一个中心节点作为控制聚类过程及资源分发的核心,在现有的复杂网络环境下,这种集中式网络结构抗毁能力非常弱,一旦中心节点受到攻击,整个系统就会瘫痪。针对这些缺陷,本章改进的算法利用每个数据对象的密度函数值,找出一组能反映数据分布特征的数据对象作为局部聚类的初始聚类中心;在对等网络的研究领域,拥有中心节点的集中式网络结构被完全对等的全分布式网络结构所替代,并且该算法不需要所有节点进行全局同步,只需要在直接相连的节点间进行通信,同时利用本地保存的直接相邻节点聚类信息来减少节点间的通信次数,从而减少整个网络的通信开销。

全分布式网络结构中的节点均为功能相同的对等节点,并不存在功能相异的中心节点。其优势在于各节点的负载均衡,网络扩展能力强,不会出现某些节点因为事务处理过多而死机,继而导致系统崩溃、单点失效的问题。在全分布式网络下实现分布式聚类,则需要对分布式 K-means 进行改进,去除中心节点,由对等节点来实现聚类过程的控制。DRA-Kmeans 算法,当资源充足时,按照分布式 K-means 算法,简单、速度快;当资源受限时,摒弃中心节点,所有参与聚类的节点的能力相同,在每一轮次的聚类过程中,自动选择网络带宽最大、能力最强的邻居节点作为中心节点,实现聚类过程的控制。DRA-Kmeans 算法在保证聚类准确性与效率的情况下,不再有协调器节点与路由节点之分,而将中心节点的功能融合到每一个对等节点中,如图 7.3 所示,大大提高了系统的可靠性与扩展性。在此算法中,所有节点均为对等节点,即节点的代码相同,功能相同。在聚类过程中,每一轮迭代的控制角色

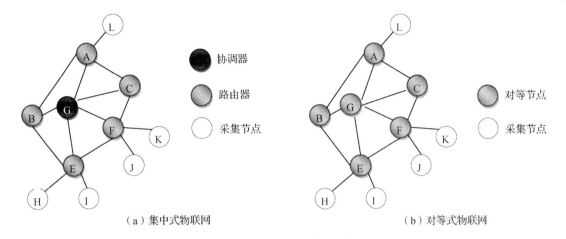

（a）集中式物联网　　　　　　　　　　　　　（b）对等式物联网

**图 7.3　集中式物联网结构与对等式物联网结构比较**

由对等节点选举出的一个邻居节点来担任,选举的标准为邻居节点运算能力与网络带宽。被选举出的邻居节点会接收其他邻居节点发送的判别函数值 $E_{ij}$,通过计算 $\sum E_{ij}$ 来判定聚类迭代是否终止;并且在聚类过程中利用数据对象间的影响函数来优化从站点的聚类初始中心点,有效降低了局部站点聚簇的迭代次数,提高了算法效率;同时,各从站点只需向主站点传递其局部聚类特征参数,大大减少了站点间的通信量,降低了网络开销。

1)对等节点拥有的能力

(1)资源充足时,使用分布式 K-means 算法。

(2)开始一次新的聚类。在对等网络中所有对等节点均已启动完毕后,任意一个节点可以开始一次新的聚类过程。

(3)对子数据集进行聚类:对自己所拥有的子数据集进行聚类操作,此过程与 K-Dmeans 算法中的子节点的聚类过程相同。

(4)通过判别函数 $E$ 来判断是否终止聚类:每一个邻居节点均会收到其他邻居节点发送的 $E_{ij}$,通过将 $\sum_{i} E_{ij}$ 作为全局判别式来判定是否达到结束聚类的条件。

(5)每一个对等节点在初始状态时都拥有随机大小的子数据集,各节点子数据集的大小不必相等,子数据集中包含的数据可有重复。

与 K-Dmeans 算法中必须由中心节点来分配初始子数据集相比,本算法大大简化了初始过程,提高了可扩展性。

2)DRA-Kmeans 的全局数据挖掘的基本思想

(1)当资源充足时,由网络中心节点协调器向网络终端节点发送 $K$ 个簇中心的初始值,终端节点将数据归到离初始簇中心距离最近的簇中,并将簇中心的数据传送回网络中心节点协调器。协调器根据所有终端节点传回的簇中心进行计算,得到 $K$ 个簇的平均值,然后再往

终端节点发送新的 $K$ 个簇中心点。反复重复进行,直到不再产生新的簇平均值为止。最终得到 $K$ 个簇中心聚类结果。

(2) 当资源受限,降低到阈值时,此时聚类结果传送到最佳路由路径中的资源充足的邻居节点,邻居节点根据传回的簇中心进行计算,得到 $K$ 个簇的平均值。然后再往终端节点发送新的 $K$ 个簇中心点,通过判别函数 $E$ 来判断是否终止聚类——每一个邻居节点均会收到其他邻居节点发送的 $E_{ij}$,通过将 $\sum_i E_{ij}$ 作为全局判别式,来判定是否达到结束聚类的条件。最终得到 $K$ 个簇中心聚类结果。

全局聚类算法是组合不同数据站点上的局部数据聚类结果,最终得到全局数据聚类结果。

3) DRA-Kmeans 全局聚类算法描述

DRA-Kmeans 算法中,设分布式系统中有 $m$ 个局部节点 $p_i (1 \leqslant i \leqslant m)$ 和 1 个中心协调器节点 $p_0$。首先,$m$ 个节点利用 K-means 算法进行独立的聚类,并得到 $m \times k$ 个局部簇中心。然后,每个节点将其局部的簇中心 $\{c_{i1}, c_{i2}, \cdots, c_{ik}\} (1 \leqslant i \leqslant k)$ 传递给邻居节点 $p_0$。最后,邻居节点根据其他邻居节点传来的局部信息,利用对象与对象间的影响函数来表示局部簇之间的影响函数,从而找出 $k$ 个全局聚簇中心。

各局部节点待聚类的数据:$X_i = \{x_{ij} \mid x_{ij} \in R^n, i = 1, 2, \cdots, m, j = 1, 2, \cdots, n\}$,$k$ 个聚类中心为 $\{c_{i1}, c_{i2}, \cdots, c_{ik_i}\}$。

**定义 7.5** 2 个数据对象间的欧氏距离:

$$d(x_{ij}, x_{ik}) = \sqrt{(x_{ij} - x_{ik})^{\mathrm{T}} (x_{ij} - x_{ik})}$$

**定义 7.6** 2 个数据对象之间的影响函数:

$$\mathrm{IF}(x_{ij}, x_{ik}) = e^{-d(x_{ij}, x_{ik})/2q^2}$$

**定义 7.7** 数据对象的密度函数值,即该数据对象与所有其他对象的影响函数之和:

$$\mathrm{DF}(x_{ij}) = \sum_{j \subset \{1, 2, \cdots, n\}}^{n} \mathrm{IF}(x_{ij}, x_{ik})$$

4) 算法步骤

输入:$K$ 个局部簇中心集合,聚簇的个数 $k$,设定的阈值 $\delta$。

输出:$K$ 个簇的集合。

① 选取原有 $K$ 个簇中心为初始簇中心,将簇中心分发到局部节点;

② 如果局部节点资源充足,局部节点将终端节点传递过来的新簇中心分配到相应的簇中,跳到③;如果路由资源受限,则跳到④。

③ 计算新簇的平均值;重复②,直到平均值不再改变为止。

④ 将局部节点簇中心传递给邻居节点,邻居节点再将新簇中心分配到离簇中心距离最近的簇中。

⑤ 计算新簇的平均值;重复④,直到平均值不再改变为止。

5) DRA-Kmeans 全局聚类算法

算法 7.9　DRA-Kmeans 全局聚类算法

输入：局部数据集 $\{DB_1, DB_2, \cdots, DB_m\}$，聚簇的个数 $k$，设定的阈值 $\delta$。

输出：$k$ 个聚簇。

步骤：

```
Node_Terminated=false. /* 设置每个局部节点终止状态 */
for each RFD node S_i do   /* RFD 为局部节点 */
{while E_i is.not stable do    /* 当误差准则函数 E_i 不满足终止条件 */
   { for each data object d_j∈DB_j(1≤j≤s) do /* 其中 s 为局部数据集 DB_j 中数据对象的个数 */
   for j=1 to s
      computer DF(d_j) /* 计算数据对象 d_j 的密度函数值 */
   sort(DF(d_j))={DC_i1,DC_i2,⋯,DC_is}; /* 对数据对象的密度函数值进行降序排列 */
   {RFDCorePoint i1,RFDCorePoint i2,⋯, RFDCorePoint ik}=select(DF(X_ij), k); /* 从中选择 k
个具有最大密度函数值相对应的对象作为局部节点的初始聚类中心 */
   for m=1 to k−1
      for n=m+1 to k
      {computer IF(RFDCorePoint im, RFDCorePoint in); /* 计算任意 2 个初始聚类中心间的相似度 */
      If(IF(RFDCorePoint im, RFDCorePoint in)≤δ)
      {delete(RFDCorePoint in) from { RFDCorePoint i1, RFDCorePoint i2, ⋯, RFDCorePoint ik};
   /* 如果某 2 个初始中心的相似度小于或等于阈值 δ,就舍弃具有较小密度函数值的那个对象 */
            add(DC_ik+1) to { RFDCorePoint i1, RFDCorePoint i2, ⋯, RFDCorePoint ik } /* 将核心
的点 DC_ik+1 添加到初始的聚类中心 */
      }
   }
{ RFDCorePoint i1, RFDCorePoint i2, ⋯, RFDCorePoint ik}=K−means(DB_i,k); /* 在局部节点运行 K-
means 得到 k 个聚簇中心点 */
If 局部节点聚类结束 Node_Terminated=True;
If(Node_Terminated=True)
{send({RFDCorePoint i1, RFDCorePoint i2, ⋯, RFDCorePoint ik}) to neighbor node  /* 将其聚簇中
心传递给邻居节点 */
(NeighborCorePointSet)= K-means(DB_i,k); /* 在邻居节点运行 K-means 得到 k 个聚簇中心点 */
computing(E_i); /* 计算各局部节点局部目标函数 E_i */
send(E_i,{(NeighborCorePointSet i1,n_i1), ⋯, (NeighborCorePointSet ik,n_ik)} to COORD set S_0; /*
向协调器节点传送局部节点聚簇信息 */
}
}
for COORD set S_0   /* COORD 为协调器节点 */
while E is not stable do
{receive(E_i,{(RFDCorePoint i1,n_i1), ⋯, (RFDCorePoint ik,n_ik)} from each RFD node; /* 接受局
部节点传送局部站点聚簇信息 */
computer DF(RFDCorePoint ij); /* 计算局部聚簇中心的密度函数值 */
sort(DF(RFDCorePoint ij)={DC_1,DC_2,⋯,DC_m.s}; /* 对局部聚簇中心的密度函数值进行降序排列 */
(GlobalCorePointSet 1,⋯,GlobalCorePointSet k)=select(DF(RFDCorePoint ij),k); /* 从计算的局
部聚簇中心的密度函数值中选择 k 个最大函数值相应的局部聚簇中心点作为全局初始聚类中心 */
```

```
for s=1 to k−1 do
for t=s+1 to k do
{computer
(IF (GlobalCorePointSet_s,GlobalCorePointSet_t)); /＊计算任意 2 个全局聚簇中心间的相似度＊/
If (IF(GlobalCorePointSet_s,GlobalCorePointSet_t)≤δ)
  {delete(GlobalCorePointSet t) from (GlobalCorePointSet 1,…,GlobalCorePointSet k); /＊如果某
Ω个初始中心的相似度小于或等于阈值δ,就舍弃具有较小密度函数值的那个对象 ＊/
  add(DC_{k+1}) to (GlobalCorePointSet 1,…,GlobalCorePointSet k); /＊将核心的点 DC_{k+1} 添加到初始
的聚类中心 ＊/
  }
}
Broadcast(GlobalCorePointSet 1,…,GlobalCorePointSet k) to RFD nodes; /＊将 k 个全局聚簇中心广
播到局部站点＊/
}
```

# 7.4 分布式数据挖掘新技术研究

目前针对分布式数据挖掘的研究已经有很多,如 JAM 系统,该系统可以从各个独立的金融机构数据库中挖掘出关于诈骗的知识模式。

Samatova 等人提出基于层次聚类的分布式聚类 RACHET;孙志挥等人提出的基于垂直划分的分布式密度聚类算法 DDBSCAN 及基于局部密度分布式聚类 LDBDC;Domenico Talia 提出了分布式数据挖掘框架 Weka4WS,这个框架基于 WEKA 工具包,提供了常见的数据挖掘算法的支持;Januzaj 等人提出基于密度中心化的分布式聚类算法 DBDC;Klusch 等人提出的基于核密度的聚类算法 KEDC;Mohamed Medhat Gaber 等人提出的传感器网络中基于时序的分布式聚类 DSIC。

# 本章小结

传统聚类方法的数据集中在一个站点对数据进行处理。随着物联网及云计算平台的迅速发展,多个数据源形成的分布在不同物理及逻辑站点的海量数据大量出现,而传统的集中式聚类算法不能很好地对分布式环境中的数据进行处理,因此,分布式聚类的研究已经成为热点问题。分布式聚类是基于分布的数据源和计算资源,对大规模、分布式的数据进行聚类分析。分布式聚类的思想是:首先在个体站点数据执行局部聚类,然后将局部聚类结果通过网络传送给其他站点进行全局聚类,形成最后的聚类结果。

# 参考文献

[1] 郑苗苗,吉根林. DK-Means-分布式聚类算法 K-Dmeans 的改进[J].计算机研究与发展,

2007,44（增刊）:84-88.

[2] 江建举,葛运建.基于 CORBA 的新型分布式数据挖掘体系结构研究[J].计算机工程与应用,2002,38(23):188-190.

[3] 夏红霞,水俊峰,钟洛,等.基于 SOAP 的分布式数据挖掘系统的设计[J].武汉理工大学学报,2003,25(1):73-76.

[4] 倪巍伟,陈耿,孙志挥.一种基于数据垂直划分的分布式密度聚类算法[J].计算机研究与发展,2007,44(9):1612-1617.

[5] Datta S, Giannella C, Kargupta H. K - means clustering over a large dynamic network [C]//2006 SIAM Conference on Data Mining. Bethesda, MD:[S. n.], 2006:153-164.

[6] Maltz D A, Broch J, Jetcheva J, et al. The effects of on - demand behavior in routing protocols for multi - hop wireless ad hoc networks[J]. IEEE Journal on Selected Areas in Communications, 1999, 17(8):1439-1453.

[7] 骆盈盈,陈川,毛云芳.基于传感器网络的 K 均值聚类算法研究[J].计算机工程与设计,2007,28(6):1349-1351.

[8] 梁建武,田野.一种分布式的 K_means 聚类算法[J].现代电子技术.2010,33(10):11-14.

[9] 任家东,周玮玮,何海涛.高维数据流的自适应子空间聚类算法[J].计算机科学与探索,2010,4(9):859-864.

[10] 江海峰,钱建生,李世银.簇头负载均衡的无线传感器网络分簇路由协议[J].计算机工程与应用,2010,46(23):111-114.

# 第8章 物联网数据挖掘

本章针对物联网环境下分布式实时数据挖掘中资源约束的特点,研究物联网环境下的分布式数据挖掘方法。基于终端传感器节点计算能力、存储能力和电池电能的资源以及网络带宽等限制,对物联网的数据挖掘方法及路由协议方法展开研究。

## 8.1 物联网数据挖掘概述

有3个方面能为企业提升管理水平创造条件,它们是物联网、移动互联网以及云计算平台。

物联网(Internet Of Things,IOT)是"通过射频识别(RFID)、红外感应器、全球定位系统、激光扫描器等信息传感设备,按约定的协议,把任何物品与互联网相连接进行信息交换和通信,以实现智能化识别、定位、跟踪、监控和管理的一种网络概念。"从物联网的定义可以看出,它最终的目的就是实现管理。物联网的出现使得企业所管理的对象更加丰富,原来的管理对象是企业运营环节中的主要部分,比如原材料、产品、客户等;而物联网使得企业具有了管理更多对象的能力,比如原材料运输的工具、产品生产工具与运输工具、客户相关资料等。物联网中基于 ZigBee 技术的网络是一种新兴的短距离、低速率的无线网络,其以传感器、嵌入式系统为核心,构建了一个覆盖日常生活中万物的网络系统,被许多业内专家称为下一代的网络。

与此同时,移动互联网的快速发展使这些管理对象的管理内容更加细致,每个管理对象在任何时间的任何位置信息、运输状态等都可以被监控和管理。

随着物联网和无线互联网的飞速发展,传统的信息管理系统与计算资源建设与部署方式就显得越来越捉襟见肘,经过多年的技术积累,云计算恰逢其时地出现了。云计算不仅提供了企业需要的 IT 基础设施,更难能可贵的是,一些 IT 厂商适时推出了基于云计算平台的安全、ERP 等云服务,如图 8.1 所示。

从数据挖掘价值的角度来看,由于现代电子商务的所有信息都直接进入数据库,同时还拥有了网民具体的上网行为,因此,对这些数据的挖掘显然可以带来更高的价值。尽管数据挖掘的意义已经被多数企业认可,但是显然还没有切实地从数据挖掘中获得价值。

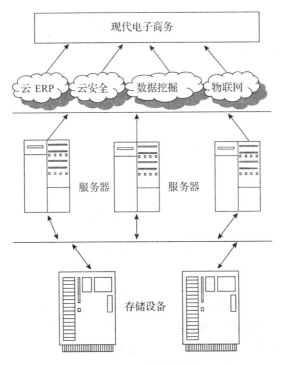

图 8.1　电子商务技术支撑原理

目前随着物联网中对各种各样信息的需求,大量的传感器应用在工业生产中,它们传达着温度、湿度、压力、角度、位移、气体浓度等不同的物理量信息。在大型的复杂系统中,传感器发挥着非常重要的作用,所蕴含的信息量极为丰富,具有数据容量大、测试对象较多、层次多等特点。针对如此特征的物联网系统,利用数据挖掘技术可以有效地获取感兴趣的知识,发现具有某种特点的知识,实现系统的检测功能,保证其正常运行;同时也能实现系统发生故障后的故障模式分析、故障模式分类,并对故障数据进行数据恢复,使得短时间内正常的数据代替故障数据输出,保证系统的安全生产。此外,根据多传感器产生的海量数据,运用数据挖掘技术从各种各样的、巨量的信息中获取所需的有价值数据,可以实现预测的功能,方便用户作出合理的决策。

物联网是由大量受限设备构成的,因此在研究物联网系统中要关注数据的实时性、移动性、分布性及资源受限的特点。物联网系统现在面临的困难是如何从海量实时数据中快速地进行挖掘,及如何将挖掘结果快速地传递到中央服务器端,以及在中央服务器端如何对多组数据进行挖掘结果汇总,得到有效信息。由于数据量及网络节点的不断增长,传统的集中式数据挖掘方式已不适应。随着网络和通信技术的迅速发展和普及,各类企业、个人应用产生了大量自治的、分布式的数据。如何从大量分布数据源中进行有效的挖掘抽取知识,已经成为了一个重要的研究课题。为了从大量数据或分布存储的数据中抽取新的知识,最近研究者提出了分布式数据挖掘技术。该技术从分布的数据集中提取有趣的模式,使用分布式计算从分布的数据中发现知识。大量分布存储的数据使得数据挖掘系统必须具有分布式挖掘的能力,同时也需要根据分布式数据挖掘的特点设计出新的分布式数据挖掘算法,提出新的分布式数据挖掘系统的体系结构。

运用物联网以及云计算平台的电子商务逻辑模块如图 8.2 所示。

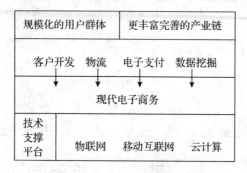

**图 8.2  电子商务逻辑模块**

针对物联网规模大、节点资源有限、实时性、移动性和分布式等特点,本章提出了一种物联网挖掘系统——具有资源约束的分布式挖掘方法的物联网系统。该系统是将远端移动节点采集到的信号,先在本地对信号进行局部挖掘,提取有用信息。然后,将分析结果通过采用 AODVjr 路由的 Zigbee 网络传递到协调器,并存储在与协调器相连的服务器端数据中心的数据库中,再次进行全局挖掘。最后,将分析结果通过可视化方式输出。

1999 年美国麻省理工学院(MIT)首次提出物联网的概念:把所有物品通过射频识别(Radio Frquency Identification,RFID)等信息传感器设备与互联网连接起来,实现智能化识别和管理的网络。2005 年国际电信联盟(ITU)的年度报告中对物联网的内涵进行了扩展。该报告中指出,信息与通信技术发展的目标已经从任何时间、任何地点连接任何人,发展到连接任何物品的阶段,万物的连接形成了物联网。从功能上来看:物联网可以归纳为是对物—物之间信息的感知、传输和处理。

1) 物联网的三大要素

- 信息采集:将传感器或 RFID 等采集设备嵌入需要关注和采集的地点、物体以及系统中,实时获取其状态及状态的变化。
- 信息传递:建设无处不在的无线网络,对采集到的数据进行安全、有效的传递。
- 信息处理:借助云计算等新的运算处理系统来处理信息和辅助决策。

2009 年 1 月 28 日,奥巴马就任美国总统后,与美国工商业领袖举行了一次"圆桌会议"。作为仅有的两名代表之一,IBM 首席执行官彭明盛首次提出"智慧地球"这一概念,"智慧地球=互联网+物联网"。

2009 年 8 月 7 日,温总理视察无锡时,提出在无锡加快建立"感知中国"中心的指示。从此在国内不管是各级地方政府还是企业都很重视,并掀起了一个追逐物联网的行动热潮,"感知中国＝感＋知＋行"物联网就是物物相连的互联网。物联网的物联基础是单片机与嵌入式系统,智慧源头是微处理器,服务体系是云计算。

2)物联网的典型应用

物联网的典型应用项目包括:上海浦东国际机场入侵系统、"感知太湖、智慧水利"物联网示范应用项目、居民二代身份证、火车半价优惠卡、市政一卡通、校园一卡通等。物联网产业链中何处是真正的经济增长点。在整个经济增长模式的转变中,突出系统的信息服务。

3)物联网网络特征

物联网与普通的无线网络有许多相似之处,但同时也存在很大差别。物联网主要的网络特征是:

(1)网络自组性。分布式无线传感器网络可以在任何时刻、任何地点,不需要任何现有基础网络设施(包括有线和无线设施)支持的条件下,快速构建起一个移动通信网络。网络的运行、维护、管理等完全在网络内部实现;但是还需要一些基站节点,建立起传感器网络与外界的联系。不过网络中没有严格的控制中心,所有节点地位平等,各个节点协调各自的行为,自主完成网络的配置,自动形成独立的无线系统。

(2)资源有限。传感器节点是一种微型嵌入式设备,由于受价格、体积和功耗的限制,导致其计算、存储与通信能力非常有限,因此在应用中传感器节点不能够处理较复杂的任务。传感器节点一般由电池供电,而电池容量有限,并且在一般应用中电池不可充电或更换,导致其能量有限。因此,高能效的网络协议是分布式无线传感器网络节点设计的最重要的策略。

(3)分布式控制。一般情况下,基站节点与传感器节点使用了集中式的控制结构,但是各个传感器节点之间,是一种无中心的分布式控制网络。网络中的终端一般均具有路由器和主机双重功能,主机之间地位平等,网络控制协议以分布式的方式实现,因而具有很强的鲁棒性和抗毁性。

(4)无线网络的局限性。由于无线信道本身的物理特性以及其本质上是一个广播式的竞争共享信道,因此而产生的碰撞、信号衰减、噪声干扰、信道间干扰等多种因素,网络的有效带宽远小于理论值。

(5)多跳无线网络。网络中节点通信距离有限,节点只能与它的邻节点直接通信。如果希望与其传输覆盖范围之外的节点进行通信,则需要通过多路径跳跃进行通信。固定网络的多跳通信一般使用网关和路由器来实现,而分布式无线传感器网络中的多跳通信是由普通网络节点完成的,没有专门的路由设备。

(6)动态网络拓扑结构。分布式无线传感器网络拓扑结构随着时间的推移会发生改变。这是因为:节点可能会因为电池能量耗尽或其他故障而失效;由于监测区域的变化或者需要提高被监测区域的监测精确度,新节点可以添加到现有的网络中;分布式无线传感器网络节点虽然没有移动自组织网络中的节点那样快速移动,但仍具有一定的移动性。因而分布式无线传感器网络具有动态拓扑重构功能。

（7）数量多、规模大、密度高。传感器节点价格一般比较低，并且由于大量冗余节点的存在，使得分布式无线传感器网络具有较强的容错性和抗毁性，且具有较高的监测精度，并避免了出现盲区。因此在实际应用中，特别是军事领域，大量部署传感器节点，一般是数以千计或者数以万计，而且节点分布得非常稠密。

（8）安全性较差。由于采用无线信道、有限电源、分布式控制等技术，网络主机更加容易受到被动窃听、主动入侵、拒绝服务、剥夺睡眠（终端无法进入睡眠模式）、伪造等形式的攻击；而且，传感器节点往往直接暴露在外部，安全性很差。

（9）数量冗余与汇聚。由于传感器节点部署稠密，因此，相邻传感器节点感知的信息，很多是相同、冗余的。为了节省网络带宽，提高效率，一般情况下，在传感器网络节点与基站路径上的中间节点会对转发的数据进行汇聚，减少数据冗余。

# 8.2　物联网数据挖掘技术分类

## 8.2.1　物联网环境下基于分类的数据挖掘方法

在物联网系统中，大量的传感单元感测的数据隐含着为用户做出各种合理决策所需要的数据。最初的数据挖掘方法大多是基于这些方法所构造的算法，目前的数据挖掘算法更具有优势，主要是有能力处理大规模数据集合且具有可扩展能力。分类就是针对这些测量数据形式进行分析，充分发挥数据挖掘的技术优势，抽取能够描述一些较为有意义的数据集合或者建立预测未来的数据趋势的模型。基于数据挖掘技术的一些智能分类方法用于对数据对象的离散类别划分。各种基于数据挖掘的机器学习、专家系统、统计学和神经生物学等领域的研究人员，已经提出了许多具体的分类方法。

在进行物联网分布式数据挖掘前，首先要准备好需要挖掘的数据。一般是需要对数据进行预处理，以帮助提高分类的准确性、效率和可扩展性。

首先，数据转换。物联网的故障诊断中需要根据故障模式划分不同的故障特征，基于数据挖掘技术提取数据的故障特征，匹配各种特征，实现分类的目的。经典的算法有基于决策树的分类。

其次，数据清洗。这一步主要是去除多个终端采集节点获得的测量数据中的噪声，它能帮助有效减少学习过程中可能出现的互相矛盾的情况，同时是传感器信号处理中极为关键的部分。

最后，相关分析。由于终端节点蕴含的信息是多个物理量的，有些物理量可能与数据挖掘任务本身是无关的，因此需要对数据进行相关分析，以帮助在基于数据挖掘技术的各种智能算法在学习阶段就消除无关或者冗余属性，比如基于主元分析法，粗糙集等方法降维和数据约简。

## 8.2.2 物联网环境下基于关联规则的数据挖掘方法

物联网中有时需要多个冗余的敏感单元来保证监控系统的安全性,它们之间的信息在正常工作下存在冗余,数据挖掘算法将会对它们进行关联分析,降低冗余程度,减小数据的计算量,提高效率。在某种特殊的场合,为了提高测量的精度,需要挖掘其关联特性,充分融合其内部关系,实现测量分辨率的提高,比如采用一致性检验的数据融合方法可以提高数据的准确程度。关联挖掘是从大量的数据中挖掘出有价值描述数据项之间相互关系的有关知识,随着物联网中需要收集和存储在数据库中的数据规模越来越大,人们对从这些数据中挖掘相应的关联知识越来越有兴趣。物联网终端传感器感测对象是多种的,这些被测量量之间总会存在或多或少的信息关联,这些关联信息一直未被充分的利用。这些信息可以反映其测试对象内在关系的实质,可以利用它们作为传感器数据恢复的一个参考量。具体来说,当物联网中局部的敏感单元发生故障时,可以利用数据挖掘技术探索出被测对象的内在关系,建立相应的解析模型,利用该模型实现其发生故障的敏感单元的数据恢复,如此即保证了整个物联网的健康运行。

## 8.2.3 物联网环境下基于聚类分析的数据挖掘方法

物联网中可以基于这种数据挖掘技术将本次探测的所有传感器数据按照一定的原则,如层次聚类方法、基于密度的方法、基于网格的方法等,通过观测学习进行相似度聚类。它是一种无教师监督的学习方法。

目前,随着物联网中无线传感器网络的迅速发展,为了节省通信带宽,需要动态组簇,这样就需要以无教师监督的方式选择合适的簇首和簇内节点,将它们聚成一起,完成整个物联网的检测任务。聚类分析是将一个数据集划分为若干组或类的过程,使得同一个组内的数据对象具有较高的相似度,而不同组内的数据对象是不相似的。相似不相似的度量基于数据对象描述属性的取值来确定,通常是利用各对象间的距离来进行描述。

## 8.2.4 物联网环境下基于时间序列分析的数据挖掘方法

为了更深层地了解传感器系统的工作状况或未来趋势,数据挖掘技术将对这些传感器产生的时序数据和序列数据进行趋势分析、相似搜索、挖掘序列模式与周期模式。一个时序数据库包含着随时间变化而发生的数值或事件序列,时序数据库应用也较为普遍,如动态生产过程踪迹、看病医疗过程等。不同类型的传感器将在这些领域发挥重要作用。

时序分析就是研究其中的趋势、循环和无规律的因素,常用的就是曲线拟合方法,如自由方法、最小二乘法和移动平均法。通过观察和学习,可以帮助用户及时了解时序数据的长期或者短期的变化,作出高质量的预测或预报。

如果物联网产生某时序属于序列,相似搜索问题就是发现所有要与查询序列相似的数据序列(或者序列匹配)。相似搜索在实现数据分析中是非常有用的。例如,医疗传感器传递过来的一组时间序列数据，搜索到相似的历史序列数据，可以进行知识挖掘，推算出对应病症，达到医疗诊断的目的。此外，在语音识别中，一段语音特征数据时序搜索到相似性的时序数据，便可达到识别说话人的目的。基于数据挖掘技术的时序分析，在传感器的周期性干预检测方面也发挥着作用。一般在某测试系统会收到工频干扰，这个干扰是周期性的，基于数据挖掘的一些智能算法能实现这个噪声或者干扰的抑制。常用的有小波分析方法、盲源分离方法等。

# 8.3　无线传感器网络中的聚类算法

传感器网络是通过终端节点采集数据，所以传感器网络中的数据是分散到各个网络终端节点。把终端节点的数据全部传送到网络中心节点，集中进行数据挖掘会十分困难。因为传感器网络中的通信带宽有限，终端节点通过电池供电能源有限，终端节点一般由单片机等控制，处理能力有限。因此在传感器网络进行数据挖掘时要考虑这些问题，尽量减少数据传输，减少能量消耗，对传统数据挖掘算法要进行改进。

DKCSN(Distributed K-means Clustering Algorithm In Sensor Networks,基于传感器网络的分布式 K-均值聚类算法)的基本思想，是由网络中心节点协调器向网络终端节点发送 K 个簇中心的初始值，终端节点将数据归到离初始簇中心距离最近的簇中，并将簇中心的数据传送回网络中心节点协调器。协调器根据所有终端节点传回的簇中心进行计算，得到 K 个簇的平均值，然后再往终端节点发送新的 K 个簇中心点，反复重复进行，直到不再产生新的簇平均值为止。最终得到 K 个簇中心聚类结果。

假设数据集中两个对象分别为 $m=(A_{m1}, A_{m2}, \cdots, A_{mh})$, $n=(A_{n1}, A_{n2}, \cdots, A_{nh})$。其中每个对象都有 $h$ 个属性。欧几里得距离公式为：

$$d(m,n) = \sqrt{|A_{m1}-A_{n1}|^2 + |A_{m2}-A_{n2}|^2 + \cdots + |A_{mh}-A_{nh}|^2} \qquad (8-1)$$

算法步骤：

输入：结果簇个数 $K$、包含 $N$ 个对象的数据集合。

输出：$K$ 个簇的集合。

① 网络中心节点协调器随机地选择 $K$ 个点作为要划分的 $K$ 个簇的初始值，并将它们发送到各个终端节点传感器上；

② 每个终端传感器节点计算本地数据每个点到 $K$ 个质心的距离，并划分成 $K$ 个簇；

③ 每个终端节点将本地簇的信息发送给协调器节点；

④ 协调器节点在收到所有终端节点的消息之后，计算本地 $K$ 个簇的信息和收到的簇值平均值，然后将新的 $K$ 个簇中心值发送到各个终端节点；重复②计算，直到不产生新值为止，则该值为最终 $K$ 个簇中心集合，输出。

# 8.4　RA-Cluster 算法

近年来,针对物联网及传感器领域的数据流挖掘逐渐成为一个热点研究方向,如 Gaber 等人提出了 AOG 算法,第一次在资源限制的环境下注意到数据流量的变化,它通过调整算法的输出粒度来适应数据流量的变化。随后,Gaber 等人又提出了一种针对资源受限环境下的数据流聚类框架及 RA-Cluster 算法(Resource-aware Clustering Algorithm in Data Stream)。RA-Cluster 算法在资源的充分利用上体现出了很好的性能,通过调整聚类中参数阈值来控制聚类粒度,在一定程度上实现了根据现有计算资源的状况,动态地调整算法的运行。

Nhan Duc Phung 等人对 RA-Cluster 算法进行改进,提出了 ERA-Cluster 算法。其目的是尽量减少由于资源使用率低,比如耗光电池、内存存满和 CPU 满负荷情况下几个节点死亡或停止工作而导致的精确度损失。针对 CPU、内存和电源资源使用线性外推法模型去估计动态迁移门槛。

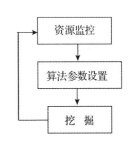

图 8.3　一种资源受限的数据流聚类系统体系结构

RA-Cluster 框架有 3 个部分:资源监控部件、算法参数设置部件和挖掘部件。资源监控部件按照一定的时间间隔,周期性地对资源的消耗状况进行实时监控;算法参数设置部件调整聚类中参数阈值来控制聚类粒度;挖掘部件根据设置的参数进行挖掘,如图 8.3 所示。

RA-Cluster 算法步骤:

① 首先在一个时间内对每一个新到达的数据点进行处理,根据设定的参数阀值来确定是归入离它最近的聚类中还是创建一个新聚类。

② 计算系统当前可用的资源:内存可用量、CPU 剩余使用率和电池剩余能量。如果内存可用量小于规定的阀值,则增大聚类半径阈值,抑制新聚类的生成;否则,减小聚类半径阈值来促进新聚类的生成。

③ 如果 CPU 剩余使用率小于规定的阀值,则减小随机化因子来降低对每个新的数据计算量;否则,增大随机化因子,提高对每个新的数据计算量。

如果剩余电池电量(NoFBatt)小于规定的阀值,则降低数据取样率,这样可在一定程度上降低能量的消耗;相反,如果剩余能量在增加,则可以适当增大数据取样率,以充分利用能量。Gaber 等人利用该算法在真实的数据集和人工数据集上分别进行了实验,并且跟传统的 K-means 方法进行了比较。实验结果表明,在聚类精度上,RA-Cluster 算法与 K-means 算法相差不大;但是 RA-Cluster 算法在资源的充分利用上体现出了很好的性能,在一定程度上实现了根据现有计算资源的状况,动态地调整算法的运行。这一特性使 RA-Cluster 算法在无线传感、移动设备及航天等资源受限和实时性要求较高的领域具有广阔的应用前景。

自适应聚类算法根据数据点到簇质心的距离更新已形成的微簇结构,实时监测内存和 CPU 的使用情况,自动调节界限半径和簇选择因子,调节聚类的粒度,存储微簇并删除过期的微簇,实现增量的联机聚类查询。

自适应聚类算法首先在一个时间窗口(TimeFrame)内,重复地对每一个新到达的数据点(DSRec)进行处理,根据预先设定的聚类半径阀值(Radiusthreshold),确定是为 DSRec 创建一个新的聚类,还是将它归入离它最近的聚类中。当 TimeFrame 处理完毕时,算法开始计算系统当前可用的资源:内存可用量(NoFMem)和 CPU 剩余使用率(NoFCPU),然后判断如果 NoFMem 小于规定的阀值(RTMem),则释放内存中孤立点所占的空间,增大 Radiusthreshold,一定程度上抑制新聚类的生成;否则,减小 Radiusthreshold 来促进新聚类的生成。如果 NoFCPU 小于规定的阀值(RTCPU),则减小随机化因子(randomization factor)来降低对每个新的数据点进行处理的计算量;反之,则增大随机化因子。需要指出的是,随机化因子 randomization factor 主要用在对新数据点的处理中,其范围在 0~1 之间。当 randomization factor=1 时,对新数据点要检查每个已经存在的聚类与其他的距离,然后确定一个最佳的聚类来接收该数据点;当 randomization factor<1 时,根据随机化因子来选取一部分已经存在的聚类进行考察,确定新数据点的归属,计算量比前者要小一些。这样可以根据 CPU 的占用情况设置随机化因子,在牺牲一定的聚类精度的情况下,确保资源的有效性。如果剩余电池电量(NoFBatt)小于规定的阀值(RTBatt),则降低数据取样率,这样可在一定程度降低能量的消耗;相反,如果剩余能量在增加,则可以适当增大数据取样率,以充分利用能量。

**算法 8.1** 自适应聚类算法:

Input:DS,RTMem,RTCPU,RTBatt,Radiusthreshold

```
Output: micro-clustering
① Repeat
② Repeat
③     Get next DS record DSRec
④     Find ShortDist /* DSRec 与微簇中心最短距离 */
⑤     If ShortDist<Radiusthreshold
⑥         Assign DSRec to that micro-cluster
⑦         Update micro-cluster statistics
⑧     Else
⑨         Create new micro-cluster
⑩     EndIf
⑪   Until(End of Time Frame)
⑫   Calculate NoFMem,NoFCPU
⑬   If NoFMem<RTMem
⑭   Reclaim outlier memory
⑮   Increase Radiusthreshold    /*减少微簇产生*/
⑯       ElseIf available memory increases
```

```
⑰          Decrease Radiusthreshold    /* 促进微簇产生 */
⑱          EndIf
⑲          If NoFCPU＜RTCPU
⑳              Decrease randomization factor /* 降低计算量 */
㉑          ElseIf unused CPU power increases
㉒              Increase randomization factor /* 增加计算量 */
㉓          EndIf
㉔          If NoFBatt＜RTBatt
㉕              Decrease sampling rate /* 降低能量消耗 */
㉖              ElseIf remaining battery life increases
㉗              Increase sampling rate /* 充分利用能量 */
㉘      Until(End of Stream)
```

# 8.5　物联网路由算法

　　物联网中传感器节点体积小,由电池供电,故而电源能力有限成为约束物联网应用的严重问题。无线分布式路由算法是指网络层软件中算法,其负责找到一条路径把收到的数据包转发出去。由于无线分布式网络自身节点多、节点资源有限并且复杂多变的动态特性,基于 Zig-Bee 技术的物联网系统路由协议的设计仍然是人们关注的热点问题。

　　本节针对电池等不可恢复资源的约束情况,通过对 Ad hoc 路由算法 AODVjr 及其资源受限数据挖掘算法的研究,结合物联网无线传感器采集终端节点电源能量等有限资源缺乏的特点,提出了一种基于资源受限聚类的物联网路由算法——资源约束按需距离矢量路由算法(Resource-Aware-the Ad Hoc on-demand Distance Vector simplified routing protocol, RA-AODVjr)。该算法根据物联网的相关特性,在终端节点资源受限时通过路由选取最佳邻居节点,在最佳邻居节点上实现网络流量的分流。

## 8.5.1　无线分布式网络及其路由协议

### 1. 无线分布式网络

　　无线通信网络按其组网控制方式可分为集中式控制和分布式控制。集中式控制系统,如蜂窝移动通信系统,其以基站和移动交换为中心;分布式控制系统,如 Ad Hoc 网络,其能临时快速、自动地将分布式节点组网。无线分布式网络主要分 3 类:Ad Hoc 网络、无线传感器网络及无线 Mesh 网络。Ad Hoc 为无线自动自组织网络,其不需要以基站或交换机为中心,而是在移动环境中由移动节点组成的一种临时多跳无线移动通信网络。无线传感器网络是 Ad Hoc 网络的一个特例,是由大量低功耗的具备信息采集、处理和传输功能的传感器节点组成的对设备进行实时监控的网络。无线 Mesh 网络是在 Ad Hoc 网络基础上解决无线接入发展起来的,具有更高的网络容量和故障自恢复性的多跳网络。现在人们关注比较多的物联网属于无线分布式网络系统,如图 8.4 所示。

**图 8.4　物联网时代**

无线分布式网络的主要特点:

(1) 分布式:分布式网络由分布在不同地点的多个终端节点互连组成,数据可以选择多条路径传输。分布式网络没有中心,不会因为中心被破坏造成整体崩溃。

(2) 自组织:节点能够随时加入和离开网络,节点的变化或故障不会影响网络的运行。

(3) 多跳路由:无线分布式网络中的终端节点信息需要通过大量节点多跳多次传输才能到达目的节点,因此需要设计一个好的路由算法加快数据传输,并保证网络的健壮性。

(4) 节点移动和动态拓扑:由于节点的移动,无线射频信号的有效范围也在发生改变。当节点移动到另一个节点传输范围时,这两个节点间通信的无线链路就形成了;当节点超出另一个节点的传输范围,这两个节点间通信的无线链路就断开,这样就形成了动态的拓扑网络。

(5) 终端资源受限:移动节点一般由 MCU、Flash、电池组成。与 PC 机比较,PC 机采用性能高的 CPU,主频速度、计算能力比 MCU 微控制器都要高出上百倍。PC 机采用硬盘来存放数据,而移动节点由于造价和空间的限制一般采用 Flash 备份数据,Flash 存储容量比硬盘少得多。PC 一般使用不间断电源供电,而移动节点一般都使用电池供电,电池资源有限。一旦电池能源耗尽,该节点就失去作用,并且有些节点会处于不太容易更换电池的偏远地方,因此无线分布式网络设计时要考虑电能问题。

（6）安全性差:无线网络的信号散布在不可靠的物理通信媒体中,其广播式传播存在着安全隐患,因此在设计无线分布式网络时要考虑安全性问题。

对于图 8.5 中的无线网络,虚线表示移动节点无线发送的有效范围,实线表示无线链路节点间的连接。

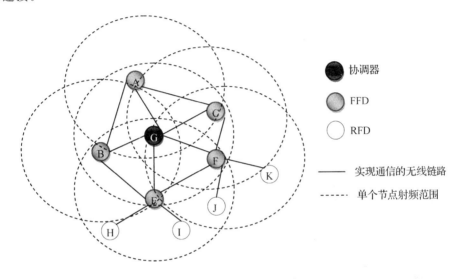

图 8.5　移动自组无线网络

**2. 无线分布式路由协议及分类**

在无线分布式网络中,节点移动使得其网络拓扑结构不断变化。怎样迅速地将源节点数据准确地送到目的节点,路由选择很重要。用于无线分布式网络中的路由协议分类方式有:

1）根据路由发现的驱动方式

表驱动路由协议和按需路由协议。表驱动路由协议也称为先验式路由协议,是基于路由表的路由协议。网络中节点自己维护一个或多个路由表来记录路由信息,通过周期性地交互路由信息得到其他节点的路由。网络拓扑结构能够从路由表中反映出来,但这种路由协议会浪费网络资源来建立和重建没有被使用的路由。表驱动路由算法包括:DSDV、WRP、GSR 和 TBRPF 等。按需路由协议也称为反应式路由协议,只有需要相互通信的两个节点才会进行路由查找和路由维护。源节点发出建立路由请求,收到请求的目的节点选出最好路由建立链路。按需路由协议算法包括:DSR、AODV 和 TORA 等。当网络规模小、通信数据少时,主要采用表驱动路由协议;当网络规模大、通信数据量大时,为了节省路由开销,大多采用按需路由协议。

2）根据网络拓扑结构

平面式路由协议和分层路由协议。平面路由协议中节点的逻辑视图是平面结构,所有节点的地位和职责平等,节点移动简单,容易管理。平面结构中节点覆盖范围较小、费用低、路由经常失效。节点将数据以广播方式向邻居节点发送或接收,数据包直到过期或到达目的地才停止传播。该平面结构缺点是扩展性差,只适合于中小型无线分布式网络。平面结构示意如图 8.6 所示。平面式路由算法包括:SPIN、Directed Diffusion、Rumor Routing。分层路由协议中网络由多个簇组成,节点被分成簇,一些节点成为簇头,其他节点为簇成员。簇头负责收集簇内节点的数据后,转发到其他簇头。分层路由协议通过减少参与路由计算的节点数目,减小路由表大小,降低通信开销,扩展性好,适合于大型无线分布式网络。缺点是可靠性和稳定性对协议性能影响较大。分层结构示意如图 8.7 所示。分层路由算法包括:LEACH、PE-GASIS、GSEN、EECS、EEUC 和 PEBECS。分层路由协议比平面式路由协议的拓扑管理方便、数据融合简单、能耗少,所以分层路由协议使用比较广泛。

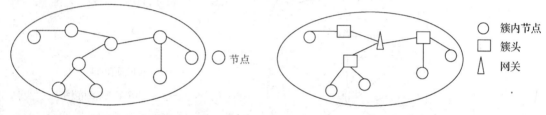

图 8.6　路由协议的平面结构　　　　　　图 8.7　路由协议的分层结构

## 8.5.2　物联网路由算法分析

路由选择算法分自适应算法和非适应算法。自适应算法根据拓扑结构、资源变化情况自动改变路由选择,如距离矢量算法和链路状态算法;非适应算法不根据拓扑结构或资源变化情况改变路由选择,如单源最短路径算法。路由协议衡量指标包括端到端的平均时延、路由开销、丢包率等。在无线分布式网络中,节点在动态变化,网络资源情况也在不断变化,如节点电量变化,因此一般采用自适应算法进行路由选择。

**1. 自适应基本路由算法**

1）距离矢量路由算法

距离矢量路由算法(Distance Vector Rooting Algorithm,DVA)是自适应路由选择算法,旨在寻找两个节点间最短路径。该算法中每个节点路由器维护一张路由表。路由表中记录了每个目的节点的最佳距离和路径,通过与邻居路由表交换信息来更新路由表。其缺点是收敛速度慢。ford-fulkerson 算法属于距离矢量路由算法。

2）链路状态路由算法

链路状态路由算法(Link State Routing Algorithm)也是自适应路由选择算法,其构造一个包含所有邻居列表的链路分组时,每个分组标上序号。当一个路由器包括一整套链路分组时,其可以构造整个网络结构,并可以确定最短路径。OSPF 算法属于链路状态路由算法。

**2. AODV 算法及不足分析**

1) AODV 算法

AODV(Ad Hoc On-Demand Distance Vector Routing,Ad Hoc 按需距离矢量路由)算法是一种按需路由协议算法,1997 年提出,是 MANET 标准协议——RFC3561。各节点将动态生成并维护一个路由表,逐跳转发分组。路由表包括目的节点 IP 地址、目的节点序列号、路由跳数、最后有效跳数、下一跳 IP 地址、前向邻居链表、生存期、其他状态路由标志位、请求周期、路由请求数量。AODV 算法包括 3 种主要消息:RREQ(Route Request,路由请求)、RREP(Route Reply,路由应答)和 RERR(Route Error,路由出错)。RREQ 分组格式如下:

| 31~21 | 20~15 | 14~9 | 8 | 7 | 6 | 5 | 4 | 3~0 |
|---|---|---|---|---|---|---|---|---|
| — | 跳数 | 保留 | U | D | G | R | J | 消息类型 |
| 广播 ID | | | | | | | | |
| 目的节点 IP 地址 | | | | | | | | |
| 目的节点序列号 | | | | | | | | |
| 源节点 IP 地址 | | | | | | | | |
| 源节点序列号 | | | | | | | | |

　　RREQ 的消息类型值为 1;J 表示加入标志位;R 表示修复标志位;G 表示 RREP 是否无偿回复标志位;D 表示目的节点唯一标志位;U 表示未知序列号标志位;保留位为以后扩展预留;跳数初值为 0;广播 ID 唯一标识了一个 RREQ 消息;目的节点序列号表示源节点可接收的到源节点前进路由新旧程度,等于过去接收到的目的节点的最大序列号,节点需要为每一个目的维护一个目的序列号;源节点序列号由源节点维护,用于表示到目的反向路由的新旧程度。RREQ 的作用是节点没有到源节点的活动路由时,向其邻居广播 RREQ 消息用于路由发现。

　　RREP 分组格式如下:

| 31~26 | 25~16 | 15~10 | 9~6 | 5 | 4 | 3~0 |
|---|---|---|---|---|---|---|
| — | 跳数 | 保留 | 前缀 Sz | A | R | 消息类型 |
| 目的节点 IP 地址 | | | | | | |
| 目的节点序列号 | | | | | | |
| 源节点 IP 地址 | | | | | | |
| 生存期 | | | | | | |

　　RREP 的消息类型值为 2;R 表示修复标志位;A 表示确认标志位;前缀 Sz 表示判断前缀是否为零,用于区别下一跳是不是源节点;保留位为以后扩展预留;跳数初值为 0;生存期以

ms为单位,表示自收到RREP开始计时以保证线路正确。RREP由源节点产生,如果收到相应的RREQ目的节点序列号与目的节点维护的当前序列号相等,则目的节点将自己维护的序列号加1,否则不变。

RERR分组格式如下:

| 31～26 | 25～16 | 15～5 | 4 | 3～0 |
|---|---|---|---|---|
| — | 不可达目的地址数目 | 保留 | N | 类型 |
| 不可达目的节点IP地址(1) | | | | |
| 不可达目的节点序列号(1) | | | | |
| 更多不可达目的节点IP地址(如果需要) | | | | |
| 更多不可达目的节点序列号(如果需要) | | | | |

RERR的消息类型值为3;N表示禁止删除标志位,如果链路出错,当本地正在修复时禁止上游节点删除路由;保留位以后扩展预留;不可达目的地址数目表示消息中包含不可达目的地址的数据,最少设置为1;不可达目的节点IP地址表示由于链路断开而导致目的节点不可达的IP地址;不可达目的序列号表示路由表条目到目的地无法达到目的IP地址领域。

AODV路由算法实现过程:当源节点需要向目的节点建立通信但没有有效路径时,会启动路由发现过程。AODV的路由发现过程由前向路由建立和反向路由建立两部分组成。前向路由是在节点回送路由响应消息过程中建立起来的,指从源节点到目的节点方向的路由,用于以后数据消息传送。反向路由是源节点在广播路由请求报文过程中建立起来的,指从目的节点到源节点的路由,用于将路由响应报文回送至源节点。源节点广播一个路由请求消息(RREQ),广播ID号加1。RREQ沿多条路径传播,中间节点收到RREQ时,建立或更新到源节点的有效路由。源节点序列号用来保持到源节点的反向路径的信息的最新序列号。目的节点序列号用来保持到目的节点的路由在被源节点接收前的最新序列号。当节点将RREP消息返回到源节点时,从源节点到目的节点反向路由已经建立。如果节点收到多个RREP消息,节点会更新路由表,并根据目的节点序列号和跳数更新。当所获新路由信息中的相关序列号比原路由表中相应路由的序列号大,或序列号相同而跳数比原来的小时,则改变相应路由的目的序列号或者跳数,并增加路由的生存时间;若中间节点有RREQ所查找的有效路由,则向上一跳节点回发路由应答消息(RREP),RREP只沿最先到达的路径传回源节点,即时间度量最短路由选择。图8.8给出收到RREQ的路径情况,图8.9给出收到RREP的路径情况,表8.1为RREQ路由发现过程,表8.2为RREP路由发现过程。

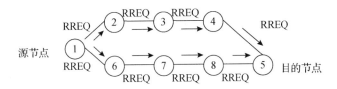

图 8.8　节点收到 RREQ 情况

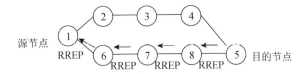

图 8.9　节点收到 RREP 情况

表 8.1　RREQ 路由发现过程

| 节　点 | 目的节点 IP | 下一跳 | 节　点 | 目的节点 IP | 下一跳 |
|---|---|---|---|---|---|
| 2 | 1 | 1 | 6 | 1 | 1 |
| 3 | 1 | 2 | 7 | 1 | 6 |
| 4 | 1 | 3 | 8 | 1 | 7 |

表 8.2　RREP 路由发现过程

| 节点 1 | | 节点 6 | | 节点 7 | | 节点 8 | |
|---|---|---|---|---|---|---|---|
| 目的 IP | 下一跳 | 目的 IP | 下一跳 | 目的 IP | 下一跳 | 目的 IP | 下一跳 |
| — | — | 1 | 1 | 1 | 6 | 1 | 7 |
| 5 | 6 | 5 | 7 | 5 | 8 | 5 | 5 |

2）AODV 算法的不足及 AODVjr 算法

① AODV 路由算法由于在路由请求消息的广播过程中建立的反向路由,因此要满足双向传输信道网络的要求。

② AODV 的分组只带有目的节点的信息,路由算法中节点路由表中仅维护一个到目的节点的路由。当该条路由失效时,源节点需要重新发起路由发现过程,对于网络拓扑频繁变化的环境可靠性下降,影响网络的性能。

③ AODV 路由算法中节点的路由发现机制采用泛洪机制,而在路由回复时只有最早收到请求的节点提供路由回复,大部分的请求发送被放弃,这样占用的路由资源白白浪费。

AODVjr 具有 AODV 的主要核心功能,但是对 AODV 作了相应的简化。AODV 去除了节点的序列号,只有目的节点对 RREQ 进行回复 RREP;目的节点响应的总是第一个到达的

RREQ 消息,所以该路径就会是最佳路径,其他的路径可以忽略;去掉了 HELLO 消息,不再定期地发送 HELLO 消息来确定链路状态。这样就避免了 RREQ 消息在网络中大量的泛洪,避免占用大量带宽。

在 AODVjr 算法的路由发现过程中,在 RFD 源节点 H 要给 FFD 目的节点 C 发送数据的时候,当源节点 H 没有找到节点 C 的路由时,源节点就会在网络层通过发送广播 RREQ 数据包,请求其他的邻居节点查找目的节点 C。当中间节点收到 RREQ 数据包的时候,它就会维护一条到源节点 H 的路由消息,并且帮源节点转发 RREQ 数据包,通过广播的方式,即泛洪方式,目的节点最终就会收到来自于源节点的 RREQ 数据包。在目的节点 C 收到 RREQ(路由请求)数据包后,就会根据路由的代价来决定是否要对自己的路由表进行更新,同时使用最短的路径来给源节点发送 RREP 数据包。如图 8.10(a)所示,当节点设备 H 要发送数据给 C 时,H 先把数据发送给具有路由功能的父节点 E,E 查找自身路由表,没有发现一条到 C 的有效路径,于是发起一个路由发现过程,构建并泛洪 RREQ 包。C 选择最先到达的 RREQ 包的传送路径 E—F—C,并返回 RREP 信息,如图 8.10(b)所示。E 收到 C 发来的 RREP 路由回复信号,路由路径建立,E 就会按这条路径来发送缓存的数据,如图 8.10(c)所示。

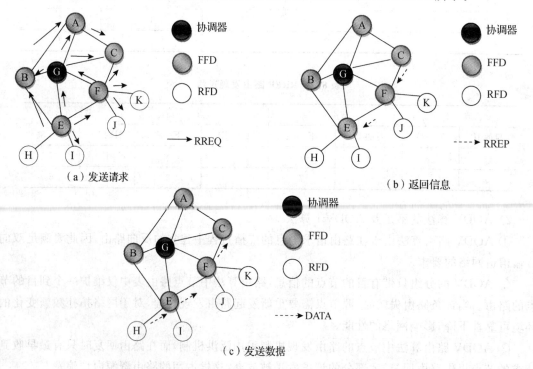

(a) 发送请求 (b) 返回信息

(c) 发送数据

图 8.10 AODVjr 算法路由请求示意图

AODVjr 为了减少控制开销和简化路由发现,规定只能是目标节点对最先到达的 RREQ

信号作出响应;RERR 仅转发给传输失败的数据包的源节点;在数据传输中,如果发生链路中断,采用本地修复,在路由修复的过程中,仅允许目的节点回复 RREP,如果本地修复失败,则发送 RERR 到数据包的源节点,通知它由于链路中断而引起目的节点不可达,RRER(路由出错)的格式被简化到仅包含一个不可达的目的节点;由目的节点定期向源节点发送 KEEP_A-LIVE 连接信息来维持路由,当源节点在一段时间内没有收到目的节点发来的 KEEP_ALIVE 信号时,它认为此条路径失效,必要时重新进行路由发现。

## 8.5.3　RA-AODVjr 算法原理

### 1. 基本思想

本节提出的基于资源受限聚类的物联网路由算法 RA-AODVjr,对原有 AODVjr 路由算法进行了改进。

RA-AODVjr 算法在终端节点资源充足时,在本终端节点进行数据采集挖掘,即局部挖掘,挖掘结果采用 AODVjr 路由方式进行路由发现和路由维护,完成源节点向目的节点的发送信息。当终端节点资源受限时,如电池电量不足、信息量过大计算处理能力受限、存储器容量受限等情况时,该节点会启动 RA-Cluster 算法,在附近节点中寻找最佳邻居节点路由路径,将来不及处理的信息传递到最佳邻居节点。邻居节点继续将传递来的信息进行挖掘,然后将挖掘结果按照 AODVjr 路由算法传送到中央服务器端,由中央服务器再进行全局分析挖掘及显示。本算法实现其中 AODVjr 路由算法的改进部分。

**定义 8.1**　假如源地址节点为 $H$,下一跳节点为 $N$,以电源资源为例,根据 RA-AODVjr 算法,计算路由路径的公式为:

$$N = \begin{cases} \text{AODVjr}(H,C) & \text{NoFBatt} \geqslant \text{RTBatt} \\ \text{RA-Cluster}(H,C) & \text{nbBatt} \leqslant \text{NoFBatt} < \text{RTBatt} \\ \text{DERA-Cluster}(H,C) & \text{minBatt} \leqslant \text{NoFBatt} < \text{nbBatt} \\ \text{DERA-Cluster}(H,C) & \text{NoFBatt} < \text{minBatt} \end{cases} \quad (8-2)$$

式中:$H$ 为 RFD 源节点,$C$ 为 FFD 目的节点,$N$ 为路由路径中下一跳节点,NoFBatt 为电源剩余能量,RTBatt 为电源自适应阈值,nbBatt 为电源邻居阈值,minBatt 为电源迁移阈值。

**定义 8.2**　前三跳节点地址:如果节点设备 $H$ 要发送数据给 RREQ 消息给 $C$。首先 $H$ 广播 RREQ 给 $E$,$E$ 广播此 RREQ 消息给 $F$,$F$ 广播此 RREQ 消息给 $C$,即 $H \rightarrow E \rightarrow F \rightarrow C$。其中 $H$ 是 $C$ 的前三跳地址,$E$ 是 $C$ 的前两跳地址,$F$ 是 $C$ 的前一跳地址。

情况 1:节点设备 $H$ 要发送数据给 $C$,如果 NoFBatt≥RTBatt,按照公式 AODVjr($H,C$) 第一次路由请求过程,计算建立路径为 $E \rightarrow F \rightarrow C$。

情况 2:节点设备 $H$ 要发送数据给 $C$,如果 minBatt≤NoFBatt<nbBatt,按照公式 DERA-Cluster($H,C$)第二次路由请求过程,如图 8.11(a)所示,寻找最佳邻居节点新的路径 $E \rightarrow F \rightarrow J$。

情况 3:节点设备 $H$ 要发送数据给 $C$,如果 NoFBatt<minBatt,则将数据按照 $E \rightarrow F \rightarrow J$

路径传递给节点 $J$,并由 $J$ 把数据发送给有路由功能的父节点 $F$,由 $F$ 重新发起第三次路由请求过程,如图 8.11(b)所示。建立路径 $F \to C$,$F$ 按照这个路径将数据传到 $C$,如图 8.11(c)所示。

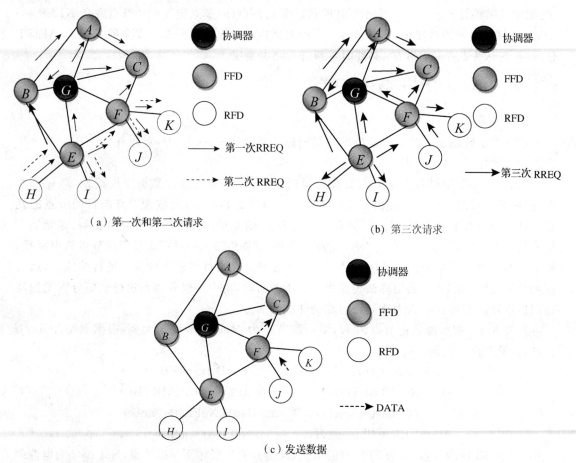

图 8.11   RA-AODVjr 算法路由请求示意图

**2. 无线信道建模**

信息传送的路径称为信道。无线信道是指将电磁信号沿空间传输信息的路径。由于传输介质的不同及空间地域位置的差异,无线通道传播模型主要分为以下 3 种:

自由空间传播模型:自由空间模型是 3 种模式是最简单的一个直接无阻挡的发射端和接收端之间的视距路径。如果设备在发射端的工作空间的圆形范围内,它会接收所有数据包;否则,它将失去所有的数据包。自由空间模型仅适用天线远场区。

双线地面反射模型:这是一个对自由空间模型稍微改进的版本。除了直接视距链接,地面反射也被包含在此模型中。当在发送端和接收端之间的距离很长,双线地面反射模型比自由空间模型提供更精确的结果。该模型在预测几千米范围内的大尺度信号强度时是很准确的。

阴影模型:上面两个传播模型主要适用于短距离通信。然而,在发送端和接收端之间的距离是相当大的,在移动通信中,发送的信号由于多径传播会衰减。前两个模型没有考虑到这一点,因此,这种模型在模拟不同的无线网络中被广泛使用。

1) 自由空间传播建模

自由空间传播模型指发送端和接收端之间可直接通信完全无阻挡的视距路径,可预测接收到的信号功率强度。根据 Friis 公式,接收天线输出功率 $P_r$ 与发射天线辐射面积、发射天线增益和接收天线的有效面积有关:

$$P_r(d) = S \times G_t \times A \qquad (8-3)$$

$$S = \frac{P_t}{4\pi d^2} \qquad (8-4)$$

$$A = \frac{G_r \lambda^2}{4\pi} \qquad (8-5)$$

根据 Friis 自由空间方程式,节点接收信号功率公式 $P_r$ 和节点间距离 $d$ 之间关系公式:

$$P_r(d) = \frac{P_t G_t G_r \lambda^2}{16\pi^2 d^2} \qquad (8-6)$$

式中:$P_r$——接收天线输出功率;　　　$G_r$——接收天线增益;

　$P_t$——发射功率;　　　　　　　　$\lambda$——信号波长;

　$G_t$——发射天线增益;　　　　　　$d$——有效通信距离。

Friis 自由空间方程式说明了随着发送端至接收端间隔距离平方值的增加,接收功率不断下降。这一结果表明接收功率随着距离的增加将以 2 次幂的速率衰减。

2) 双线地面反射建模

双线地面反射模型是指电波传播中遇到两种不同介质的光滑可反射平面时,如地球表面或水面,当界面的尺寸远大于电波的波长时就会发生反射,通过反射建立通信路径,如图 8.12 所示。

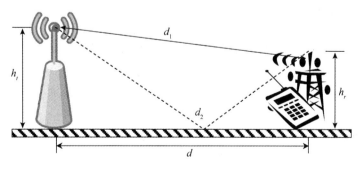

图 8.12　双线地面反射模型示意图

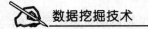

$d_1$ 为直线传播距离,计算公式为:

$$d_1 = \sqrt{d^2 + (h_t - h_r)^2} \tag{8-7}$$

$d_2$ 为双线地面发射路径传播距离,计算公式为:

$$d_2 = \sqrt{d^2 + (h_t + h_r)^2} \tag{8-8}$$

$$\Delta d = d_2 - d_1 = \sqrt{d^2 + (h_t + h_r)^2} - \sqrt{d^2 + (h_t - h_r)^2} \tag{8-9}$$

$$\Delta d = d\left[\sqrt{1 + \left(\frac{h_t + h_r}{d}\right)^2} - \sqrt{1 + \left(\frac{h_t - h_r}{d}\right)^2}\right] \tag{8-10}$$

一般情况下,$h_t \pm h_r \ll d$,即当 $\frac{h_t \pm h_r}{d} \ll 1$ 时,有

$$\sqrt{1 + \left(\frac{h_t + h_r}{d}\right)^2} \approx 1 + \frac{1}{2}\left(\frac{h_t + h_r}{d}\right)^2 \tag{8-11}$$

$$\sqrt{1 + \left(\frac{h_t - h_r}{d}\right)^2} \approx 1 + \frac{1}{2}\left(\frac{h_t - h_r}{d}\right)^2 \tag{8-12}$$

将式(8-11)、(8-12)代入式(8-10),得

$$\Delta d \approx d\left\{\left[1 + \frac{1}{2}\left(\frac{h_t + h_r}{d}\right)^2\right] - \left[1 + \frac{1}{2}\left(\frac{h_t - h_r}{d}\right)^2\right]\right\} \tag{8-13}$$

$$\Delta d \approx d\left(\frac{2h_t h_r}{d^2}\right) = \frac{2h_t h_r}{d} \tag{8-14}$$

将式(8-14)代入相位差 $\Delta\varphi = \frac{2\pi\Delta d}{\lambda}$ 中,得

$$\Delta\varphi = \frac{4\pi h_t h_r}{\lambda d} \tag{8-15}$$

双线地面发射接收天线输出功率 $P_r$ 为:

$$P_r(d) = \frac{P_t G_t G_r \lambda^2}{16\pi^2 d^2} |1 - e^{i\Delta\varphi}|^2 \tag{8-16}$$

将式(8-14)、(8-15)代入式(8-16),得

$$P_r(d) = \frac{P_t G_t G_r \lambda^2}{4\pi^2 d^2} \sin^2\left(\frac{2\pi h_t h_r}{\lambda d}\right) \tag{8-17}$$

当 $h_t h_r \ll d$ 时,

$$\sin\left(\frac{2\pi h_t h_r}{\lambda d}\right) \approx \frac{2\pi h_t h_r}{\lambda d} \tag{8-18}$$

将式(8-18)代入式(8-17)得:

$$P_r(d) \approx \frac{P_t G_t G_r h_t^2 h_r^2}{d^4} \tag{8-19}$$

双线地面发射模型路径损耗公式为:

$$L_p(d) = -10\log\left[4\left(\frac{\lambda}{4\pi d}\right)^2 \sin^2\left(\frac{2\pi h_t h_r}{\lambda d}\right)\right](\text{dB}) \tag{8-20}$$

双线地面反射方程式(8-19)说明了随着发送端至接收端间隔距离的增加,接收功率不断减小。这一结果表明,接收功率随着距离的增加将以 4 次幂的速率衰减。比自由空间传播 2 次幂衰减的速度要快得多。

根据第一费涅尔区距离 $d_c$ 公式:

$$d_c = \frac{4h_t h_r}{\lambda} \tag{8-21}$$

发射端与接收端端点之间的距离 $d_1$ 的计算公式如下:

$$d_1 = \sqrt{(x_r-x_t)(x_r-x_t)+(y_r-y_t)(y_r-y_t)+(z_r-z_t)(z_r-z_t)} \tag{8-22}$$

式中：$P_t$——发射功率；　　　　　$d$——节点垂直距离；

$G_t$——发射天线增益；　　　$x_r$、$y_r$、$z_r$——接收端位置；

$G_r$——接收天线增益；　　　$x_t$、$y_t$、$z_t$——发送端位置；

$L$——系统损耗；　　　　　$d_1$——节点天线间直线距离；

$h_t$——发射天线高度；　　　$d_2$——双线地面反射路径传播距离；

$h_r$——接收天线高度；　　　$d_c$——第一费涅尔区距离。

$\lambda$——信号波长；

如果 $d_1 \leqslant d_c$,则接收端在发射端射频范围之内,接收端可以直接建立与发射端的自由空间,传播无线链接,路径损耗以 2 次幂速度衰减;如果 $d_1 > d_c$ 并且在双线地面反射区间内,则接收端超出发射端射频范围,接收端不可以直接建立与发射端的无线链接,只能通过双线地面反射以 4 次幂路径损耗的速度衰减;如果 $d_1 \gg d_c$,两点之间通信则需要路由节点多跳链接。双线地面反射模型对于由强地面反射波为主导的无线信道预测是很有效的。

**3. 线性回归模型**

利用线性回归法模型,估计动态迁移阈值。根据 CPU、内存资源缺乏和访问量过大等特点向附近端转移数据,以优化物联网资源平衡。线性回归模型的主要目标是给予一个用户指定的运行时间和收集数据等任务,其目的是使网络能够完成预设的运行时间和得到准确的结果;另一个目的是,尽量减少在资源缺少的情况下,因几个节点死亡或停止工作而导致的精确度损失。表 8.3 列出了资源约束线性回归法模型中使用的符号及作用。

表 8.3 资源约束自适应符号

| 变 量 | 作 用 |
|---|---|
| lb | 最低阈值 |
| ub | 最高阈值 |
| memory | 剩余内存百分比 |
| X_crit_threshold | 资源 X 临界阈值百分比 |
| cpu | CPU 当前利用率百分比 |
| traffic | 访问量阈值 |

创建自适应阈值公式为：

$$radius = ub - X \times \frac{ub - lb}{X\_crit\_threshold} \qquad (8-23)$$

计算随机因子(RF)公式为：

$$RF = \frac{10\,000 - cpu\_crit\_threshold \times lb - (100 - lb) \times cpu}{100 - cpu\_crit\_threshold} \qquad (8-24)$$

$X$ 可取值为 memory、cpu、traffic。

该算法采用线性外推法来预定义资源可用性或迁移数据的阈值。举例来说，当 CPU 计算能力达到 30% 时，它开始搜索最好的邻居；而当 CPU 计算能力达到 10% 时，它开始迁移数据。这种方法是最简单，也最容易实现的，算法流程如图 8.13 所示。如果资源减少，则为了降低资源消耗，数据挖掘过程中会抑制新聚类的生成。然而在某些情况下，自适应资源无法显著改善这一情况。在这种情况下，我们选择在该节点死亡之前迁移现有的结果。当资源下降到低于这个搜索最好的邻居阈值时，启动搜索最好邻居算法，这个节点开始对其邻居广播要求。答复中的信息是剩余的资源水平。链路质量也可以从答复中估算。在

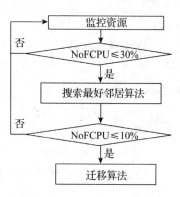

**图 8.13  RA-AODVjr 算法流程**

这些信息中，一个"最好"的邻居会被标记。最后，当资源达到迁移阈值时，启动迁移算法，这个节点利用剩余的足够的能量在它死亡之前把它的数据传送出去，将它的数据迁移到已选择的邻居那里。

**4. 算法描述**

RA-AODVjr 算法步骤：

① 如果源节点 H 资源充足，即内存可用量 NoFMem 大于或等于内存邻居阀值 nbMem，CPU 剩余使用率 NoFCPU 大于或等于 CPU 邻居阀值 nbCPU 和电池剩余能量 NoFBatt 大于或等于电池邻居阀值 nbBatt，则执行④。

② 如果源节点 H 资源有限，减少到邻居阀值，即内存可用量 NoFMem 小于 nbMem，CPU 剩余使用率 NoFCPU 小于 nbCPU 和电池剩余能量 NoFBatt 小于 nbBatt，则执行⑤。

③ 如果源节点 H 资源有限，减少到迁移阀值，即内存可用量 NoFMem 小于迁移阀值 minMem，CPU 剩余使用率 NoFCPU 小于迁移 minCPU 和电池剩余能量 NoFBatt 小于迁移阀值 minBatt，则执行⑥。

④ 利用 AODVjr 算法建立路由路径——路由发现、反向路由建立、正向路由的建立，即可建立起一条路由节点到目的节点的有效传输路径。将源节点 H 的聚类结果传送到目的节点 C，结束。

⑤ 如果 NoFMem 小于规定的邻居阀值 nbMem，或者 NoFCPU 小于规定的邻居阀值 nb-

CPU,或者 NoFBatt 小于规定的邻居阀值 nbBatt,则这个节点开始对其邻居广播,询问邻居节点剩余的资源水平,搜索最佳的邻居,链路质量也可以从答复中进行估算。在这些信息中,一个最佳邻居节点会被标记,重复④。

⑥ 如果 NoFMem 小于规定的迁移阀值 minMem,或者 NoFCPU 小于规定的迁移阀值 minCPU,或者 NoFBatt 小于规定的迁移阀值 minBatt,则这个节点将把它的数据迁移到已选择的邻居那里,最佳路由路径也被计算出来,将邻居节点代替原来源节点 H,作为新的源节点,重复④。

RA-AODVjr 算法

输入:node H,node C,nbCPU,minCPU。

输出:最佳路由路径。

(1) 重复。

(2) 监控资源。

(3) 计算当前节点 H 的 CPU 剩余使用率 NoFCPU。

(4) If NoFCPU $>$ nbCPU,

按照 AODVjr 路由算法,找到从节点 H 到节点 C 的最佳路由路径。

(5) If NoFCPU $>=$ minCPU & NoFCPU $<$ nbCPU

(6) 启动搜索最佳邻居算法:搜索邻居节点中 CPU 剩余使用率最高的邻居节点 J。

(7) ElseIf NoFCPU $<$ minCPU

(8) 迁移算法:找到从节点 J 到节点 C 的最佳路由路径。

(9) 结束。

## 8.5.4 RA-AODVjr 算法实验分析

### 1. NS-2 仿真软件

NS-2 从 NS-2.1 b6 版本开始,NS 加入了对无线移动节点的支持,可以用来对无线移动网络进行相关的仿真研究。

NS-2 可以对不同粒度抽象,实现在不同层次上网络协议研究,能仿真多数据流的汇聚和许多协议的交互,并在一组适当的网络场景下测试协议,根据用户的定义来创建复杂的业务模式、拓扑结构和动态事件。同时,用户也可以通过自己编写脚本来设置场景,添加新协议,并对结果进行验证,通过网络动画工具 Nam,对模拟结果作可视化的展示,方便用户更容易地理解网络模拟中的复杂行为。

NS-2 由 OTcl 和 C++两种语言编写而成,用 OTcl 语言编写模拟所需的脚本文件,用 C++语言编写特定网络元素的实现。可以构建由网络底三层设备 node 和物理传输链路 link 构成网络拓扑、实现 RTP 协议的 UDP Agent 和 TCP Agent。

NS-2 实现仿真的过程:

(1) 构造一个基本的网络拓扑平台,确定链路的基本特性,如节点数、带宽、延迟等。

(2) 建立协议代理或建立新协议,包括端设备的协议绑定和通信量模型的建立。建立新协议先定义 C++ 代码和 OTcl 代码之间的接口连接,找到相关程序编写新协议代码,重新编译 NS。

(3) 配置节点,对节点进行代理、路由协议等初始化。

(4) 编写 OTcl 过程或构造 OTcl 类。

(5) 设定通信的发送和结束时间,然后运行仿真。

**2. 实验结果**

使用 NS-2(Network Simulator version 2)仿真软件作为对协议的仿真实验的工具。仿真一个包含 50 个节点的 ZigBee 场景,ZigBee 射频芯片采用 CC2420。CC2420 接受阈值为 −97 dBm。这些节点分布在 1200 m×1200 m 的正方形区域中,每个节点随机选择运动方向和运动速度,最大运动速度为 40 m/s,平均速度为 20 m/s,场景持续 200。节点坐标设置及数据流变化代码如下:

```
$ node_(0) set X_ 778.894753756493
$ node_(0) set Y_ 1136.888772452452
$ node_(0) set Z_ 0.000000000000
$ node_(1) set X_ 1171.826985697265
$ node_(1) set Y_ 1033.347130971077
$ node_(1) set Z_ 0.000000000000
$ node_(2) set X_ 295.199297415431
$ node_(2) set Y_ 747.235679771989
$ node_(2) set Z_ 0.000000000000
$ node_(3) set X_ 756.048045786562
$ node_(3) set Y_ 643.191644592179
$ node_(3) set Z_ 0.000000000000
$ node_(4) set X_ 1043.956556996090
$ node_(4) set Y_ 19.760329301969
$ node_(4) set Z_ 0.000000000000
$ node_(5) set X_ 999.373760602843
$ node_(5) set Y_ 641.782685157563
$ node_(5) set Z_ 0.000000000000
            ⋮
set udp_(0) [new Agent/UDP]
$ ns_ attach—agent $ node_(1) $ udp_(0)
set null_(0) [new Agent/Null]
$ ns_ attach—agent $ node_(2) $ null_(0)
set cbr_(0) [new Application/Traffic/CBR]
$ cbr_(0) set packetSize_ 1024
$ cbr_(0) set interval_ 2.0
$ cbr_(0) set random_ 1
```

```
$ cbr_(0) set maxpkts_ 5
$ cbr_(0) attach—agent $ udp_(0)
$ ns_ connect $ udp_(0) $ null_(0)
$ ns_ at 0.071023302185825685 " $ cbr_(0) start"
#
# 1 connecting to 2 at time 5.071023302185826
#
set udp_(1) [new Agent/UDP]
$ ns_ attach—agent $ node_(1) $ udp_(1)
set null_(1) [new Agent/Null]
$ ns_ attach—agent $ node_(2) $ null_(1)
set cbr_(1) [new Application/Traffic/CBR]
$ cbr_(1) set packetSize_ 1024
$ cbr_(1) set interval_ 1.0
$ cbr_(1) set random_ 1
$ cbr_(1) set maxpkts_ 10000
$ cbr_(1) attach—agent $ udp_(1)
$ ns_ connect $ udp_(1) $ null_(1)
$ ns_ at 5.071023302185826 " $ cbr_(1) start"
```

Trace 文件部分内容:
```
M 0.00000 43 (329.18, 718.52, 0.00), (196.12, 1060.85), 36.48
M 0.00000 44 (568.74, 286.00, 0.00), (363.13, 234.47), 32.07
M 0.00000 45 (718.48, 419.14, 0.00), (886.13, 599.77), 35.57
M 0.00000 46 (507.29, 775.60, 0.00), (793.73, 1101.46), 26.73
M 0.00000 47 (365.20, 645.77, 0.00), (972.15, 458.52), 34.83
M 0.00000 48 (589.84, 253.05, 0.00), (458.00, 35.38), 17.20
M 0.00000 49 (59.58, 414.89, 0.00), (943.69, 586.23), 37.49
s 0.071023302 _1_ AGT ---- 0 cbr 1000 [0 0 0 0]----[1:0 2:0 32 0] [0] 0 16777215
r 0.071023302 _1_ RTR ---- 0 cbr 1000 [0 0 0 0]----[1:0 2:0 32 0] [0] 0 16777215
s 0.071023302 _1_ AGT ---- 1 cbr 24 [0 0 0 0]----[1:0 2:0 32 0] [1] 0 16777215
r 0.071023302 _1_ RTR ---- 1 cbr 24 [0 0 0 0]----[1:0 2:0 32 0] [1] 0 16777215
s 0.071023302 _1_ RTR ---- 0 cbr 1020 [0 0 0 0]----[1:0 2:0 32 0] [0] 0 16777215
s 0.071023302 _1_ RTR ---- 1 cbr 44 [0 0 0 0]----[1:0 2:0 32 0] [1] 0 16777215
D 0.071023302 _1_ IFQ ARP 0 cbr 1020 [0 0 1 800]----[1:0 2:0 32 0] [0] 0 16777215
s 0.213972787 _7_ AGT ---- 2 cbr 1000 [0 0 0 0]----[7:4 9:0 32 0] [0] 0 2
r 0.213972787 _7_ RTR ---- 2 cbr 1000 [0 0 0 0]----[7:4 9:0 32 0] [0] 0 2
s 0.213972787 _7_ AGT ---- 3 cbr 24 [0 0 0 0]----[7:4 9:0 32 0] [1] 0 2
r 0.213972787 _7_ RTR ---- 3 cbr 24 [0 0 0 0]----[7:4 9:0 32 0] [1] 0 2
s 0.213972787 _7_ RTR ---- 2 cbr 1020 [0 0 0 0]----[7:4 9:0 32 0] [0] 0 2
s 0.213972787 _7_ RTR ---- 3 cbr 44 [0 0 0 0]----[7:4 9:0 32 0] [1] 0 2
D 0.213972787 _7_ IFQ ARP 2 cbr 1020 [0 0 7 800]----[7:4 9:0 32 0] [0] 0 2
s 0.456784580 _36_ AGT ---- 4 cbr 1000 [0 0 0 0]----[36:2 37:0 32 0] [0] 0 16777215
r 0.456784580 _36_ RTR ---- 4 cbr 1000 [0 0 0 0]----[36:2 37:0 32 0] [0] 0 16777215
s 0.456784580 _36_ AGT ---- 5 cbr 24 [0 0 0 0]----[36:2 37:0 32 0] [1] 0 16777215
r 0.456784580 _36_ RTR ---- 5 cbr 24 [0 0 0 0]----[36:2 37:0 32 0] [1] 0 16777215
```

**实现 50 个节点的 ZigBee 场景 tcl 脚本代码如下：**

```
set val(ant)            Antenna/OmniAntenna
set val(x)              1200    ;# X dimension of the topography
set val(y)              1200    ;# Y dimension of the topography
set val(ifqlen)         50      ;# max packet in ifq
set val(seed)           0.0
set val(rp)             ZIGBEE
set val(nn)             50      ;# how many nodes are simulated
set val(cp)             "cbr-50n-30c-1p"
set val(sc)             "scene-50n-0p-40s-400t-1200-1200"
set val(stop)           100

# Initialize Global Variables
set ns_ [new Simulator]
set tracefd [open wireless50.tr w]
$ns_ trace-all $tracefd

# set up topography
set topo [new Topography]
$topo load_flatgrid $val(x) $val(y)

set namtrace      [open wireless50-out.nam w]
$ns_ namtrace-all-wireless $namtrace $val(x) $val(y)

#
# Create God
#
set god_ [create-god $val(nn)]

# Create the specified number of mobilenodes [$val(nn)] and "attach" them
# to the channel.
# configure node
set channel [new Channel/WirelessChannel]
$channel set errorProbability_ 0.0

        $ns_node-config-adhocRouting $val(rp) \
            -llType $val(ll) \
            -macType $val(mac) \
            -ifqType $val(ifq) \
            -ifqLen $val(ifqlen) \
            -antType $val(ant) \
            -propType $val(prop) \
            -phyType $val(netif) \
            -channel $channel \
            -topoInstance $topo \
            -agentTrace ON \
            -routerTrace ON\
            -macTrace OFF \
            -movementTrace OFF
```

```
for {set i 0} { $ i < $ val(nn) } {incr i} {
    set node_( $ i) [ $ ns_ node]
    $ node_( $ i) random—motion 0;
}
# Tell nodes when the simulation ends
for {set i 0} { $ i < $ val(nn) } {incr i} {
    $ ns_ at $ val(stop).0 " $ node_( $ i) reset";
}
$ ns_ at $ val(stop).0 "stop"
$ ns_ at $ val(stop).01 "puts \"NS EXITING...\" ; $ ns_ halt"

proc stop {} {
    global ns_ tracefd
    $ ns_ flush            trace
    close $ tracefd
}
puts "Starting Simulation···"
$ ns_ run
```

本次实验分别采用 MFLOOD、AODV、AODVjr、RA-AODVjr 协议进行仿真。NS-2 提供了 3 种传播模式:自由空间传播模型、两线地面模型和阴影模型。这里采用两线地面模型,根据式(8-25)可推出 $d$ 的公式,根据无线发送装置设置参数阈值,计算有效距离范围。

$$P_r(d) = \frac{P_t \cdot G_t \cdot G_r \cdot (h_t^2 \cdot h_r^2)}{d^4 \cdot L} \qquad (8-25)$$

$$d = \left[ \frac{P_t \cdot G_t \cdot G_r \cdot (h_t^2 \cdot h_r^2)}{P_r \cdot L} \right]^{\frac{1}{4}} \qquad (8-26)$$

$P_r = -97 \text{ dBm} = 3.162\,3 \times 10^{-13} \text{ W}$      //接受阈值

$P_t = 0.197\,526 \text{ W}$      //发射功率

$G_t = 1.0$      //发射天线增益

$G_r = 1.0$      //接收天线增益

$L = 1.0$      //系统损耗

$h_t = 0.02 \text{ m}$      //发射天线高度

$h_r = 0.02 \text{ m}$      //接收天线高度

$$d = \left( \frac{0.197\,526 \times 1.0 \times 1.0 \times 0.02^2 \times 0.02^2}{3.162\,3 \times 10^{-13} \times 1.0} \right)^{\frac{1}{4}}$$

$$= \left( \frac{0.000\,000\,031\,660\,416}{3.162\,3 \times 10^{-13}} \right)^{\frac{1}{4}}$$

$$= 17.79 \text{ (m)}$$

图 8.14 为在 NS-2 中启动 NAM 动画演示工具在不同时刻显示图,帧间对应的仿真步长为 20 ms。

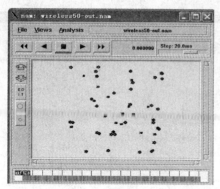

（a）效果图1

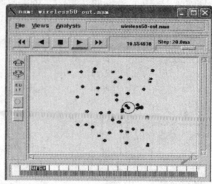

（b）效果图2

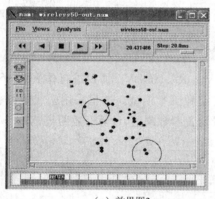

（c）效果图3

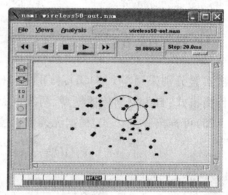

（d）效果图4

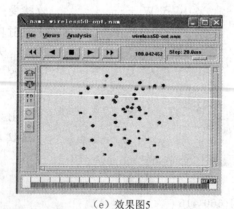

（e）效果图5

**图 8.14　RA-AODVjr 算法 NAM 演示效果**

经过 3 种算法时间延迟比较，从图 8.15 中可以看出，AODV 时延比较长，采用 AODVjr 和 RA－AODVjr 方法可以缩短时延。

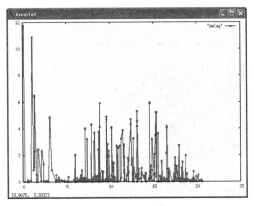

（a）AODV

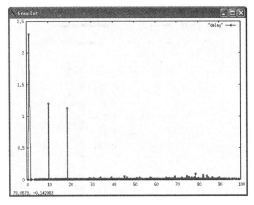

（b）AODVjr

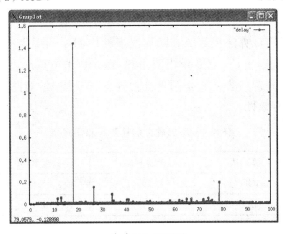

（c）RA-AODVjr

**图 8.15 三种算法时间延迟比较**

从端到端所有包的平均延时以及图 8.16 中可以看出，RA-AODVjr 算法端到端平均延迟最小，均在 0.01 s～0.02 s 之间，较小的延迟说明其路径选择的合理性。

图 8.17 比较了 AODVjr 和 RA-AODVjr 两种算法在资源充足情况下包丢失率情况。比较结果显示，RA-AODVjr 包丢失率和 AODVjr 差不多。在测试中，AODVjr 发

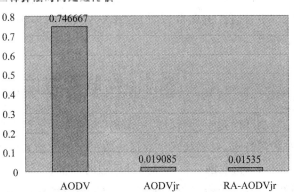

**图 8.16 三种算法平均延迟时间比较**

送了 1121 个包,接收了 702 个包;RA-AODVjr 发送了 1119 个包,接收了 695 个包。实验显示,两种方法的丢包率接近。

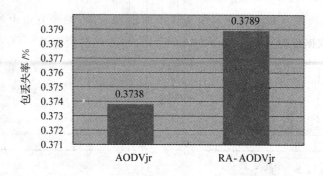

图 8.17　两种算法包丢失率比较

为了验证 RA-AODVjr 算法在资源有限情况下的检测率和误报率高于 AODVjr 算法,本实验模拟实现了路由请求 RREQ 恶意泛洪路由攻击,即攻击节点通过不断发送虚假的 RREQ 路由请求包来消耗网络资源。表 8.4 是两种算法在资源受限时,对路由攻击的检测率和误报率,以此来衡量系统的有效性。

表 8.4　路由攻击的检测率和误报率

| 算　法 | 检测率/% | 误报率/% |
| --- | --- | --- |
| AODVjr | 75.5 | 5.6 |
| RA-AODVjr | 91.2 | 2.1 |

从表 8.7 中可以看出,RA-AODVjr 算法对于路由请求 RREQ 恶意泛洪路由攻击具有很好的检测性能,检测率在 90% 以上,且误报率较低;而 AODVjr 算法检测率不到 80%,而且误报率也较高。由此可以看出,RA-AODVjr 算法在网络资源消耗大时也能保证物联网正常工作。

# 8.6　物联网数据挖掘新技术研究

物联网是一种新兴的短距离、低速率的无线网络,具有规模大、节点资源有限、实时性和分布式等特点,对物联网中数据的数据挖掘面临着如下的挑战:

(1) 物联网系统可以通过远端的声音、图像、压力、温度、烟雾等信号的采集或通过 RFID、指纹、声纹、条码等身份识别,将信息通过物联网传送到中央服务器进行分析。当信息量比较大时,这种物联网传送信息的速度会降低,满足不了对速度和可靠性有高需求的实时系统。实时系统在数据传送过程中,对物联网的传送速度及带宽有很高的要求,需要快速、可靠地将远端的有效信息传送到中央服务器,对远端情况能及时掌握,如果出现异常现象能及时报警并处理。

(2) 物联网的终端采集节点通过电池供电时能源有限,终端节点由单片机等控制时处理能力有限。许多数据挖掘算法需要多次遍历整个网络,耗费资源大,给算法运行造成了极大的负担。

(3) 物联网是由大量终端节点、路由节点及协调器组成的一个大型的分布式网络,其挖掘是分布在各节点进行的。与预先收集数据再集中处理的挖掘方式不同,任务的分布使分布式数据挖掘更能适应动态的、变化较快的数据分析处理。

# 本章小结

随着物联网及云计算的迅速发展,物联网产生的实时数据流及云计算处理的数据量迅速增大,传统的数据挖掘算法已经不能很好地解决分布式环境中的信息挖掘任务。当信息量比较大时,怎样快速、实时、正确地挖掘出有效信息,是当今数据挖掘中亟待解决的问题。由于物联网自身节点多、节点资源有限并且复杂多变的动态特性,基于 Zigbee 技术的物联网系统的路由协议的设计仍然是人们关注的热点问题。本章从优化路由算法、缩短数据传输时间、减少丢包率、分流网络流量、节约节点资源的角度出发,通过对 Ad Hoc 路由协议 AODVjr 及其资源受限数据挖掘算法研究,结合物联网无线传感器采集终端节点内存、计算处理能力以及电源能量等有限资源缺乏的特点,利用 Ad Hoc 网络的相关性,在终端节点资源受限时通过路由选取最佳邻居节点,在最佳邻居节点上实现网络流量的分流。

# 参考文献

[1] 王小妮. 现代电子商务给企业信息管理带来的机遇与挑战[J]. 中国管理信息化,2011,14(9):69－71.

[2] Wang Xiaoni. Resource－Aware Clustering Based AODVjr Routing Protocol in the Internet of Things[J]. Journal of Advanced Computational Intelligence and intelligent Informatics,2013,17(4):622－627.

[3] 田辉,谢芳,杨宁,等. Ad Hoc 网络中信道自适应多径路由算法[J]. 北京邮电大学学报,2005,28(1):59－62.

[4] 陈稼婴,杨震. Ad hoc 网络中基于节能的 AODV 路由算法改进[J]. 南京邮电学院学报,2004,24(3):18－22.

[5] 杨少雯,王秋光. 基于 NS－2.28 的无线自组网 AODV 协议的仿真实现[J]. 哈尔滨理工大

学学报．2006,7(6):26－29.

[6] Zhu Yihua, Wu Wandeng, Pan Jian, et al. An energy－efficient data gathering algorithm to prolong lifetime of wireless sensor networks[J]. Computer Communications, 2010,33(5):639－647.

[7] 刘湘雯,薛峰,李彦,等.一种分布式无线传感器网络能量均衡路由算法[J].计算机科学, 2010,37(1):122－125.

[8] 许力,郑宝玉.自组网环境下基于模糊控制的自适应动态源路由协议[J].小型微型计算机系统,2005,26(10):1703－1706.

# 第9章 数据挖掘新技术

业务活动监控系统作为近年来提出的一种新思想,在商业智能的基础上,通过对业务规则、数据集成和挖掘、实时监控等技术的应用,提高其报警和分析功能。针对互联网上数量众多的网站带宽资源长期浪费或突发资源短缺、响应时间长、服务器宕机、网站受到黑客攻击等问题,利用云计算技术的基于"云"的分布式 Web 安全系统及基于云计算的分布式数据挖掘平台架构,可以方便地通过网络获取强大的计算能力和存储能力。思维流程发现源于认知心理学中"问题解决"的基本理论,心理表征为数据挖掘方法自主确定分析问题和分析任务提供了概念模型,作为形成分析问题和分析任务的问题空间的主要依据。

## 9.1 业务活动监控挖掘技术

随着全球一体化进程的推进,信息技术的迅速发展和广泛应用,越来越多的企业认识到,要实现组织目标、提高组织效率、提升竞争力,就要求企业的业务流程更加柔软和灵活,这也使业务流程中的决策问题被人们所关注。决策的效率和效果直接影响整个业务流程最终目标的实现。数据挖掘技术的引入,极大地改变了业务流程的决策环境,为解决业务流程中的决策问题提供了新的思路。遗憾的是,传统的数据挖掘方法无法直接应用于整个业务流程中,因为BPM(Business Process Management,业务流程管理)中业务流程分析的主要是历史数据,如果要提高业务预测的准确性和时效性,就需要利用 BI(Business Intelligence,商业智能)在数据分析上的优势,通过从业务流程分析上拿到的数据在 BAM(Business Activity Monitoring,业务活动监控)上建立商业智能模型,来实现对业务流程的实时监控。

### 9.1.1 业务活动监控概述

#### 1. 业务活动监控概念

业务活动监控是基于企业应用集成的一种用于监控企业运营状况的软件技术。这个术语是在 2002 年由 Gartner Group 提出的,用于描述一些新兴的能力。这些能力将一些关键技术集中起来,从根本上改变业务系统的状况。BAM 集成了商业智能和业务交易流程,使组织能够通过业务分析对日常的业务操作获得实时的监控。BAM 延伸了 BI 系统的功能,在策略层和战略层的决策制定之外,还能够管理日常业务。Gartner Group 预测,在企业中快速反应将成为衡量企业操作效率的关键,BAM 正好满足这一点。BAM 最显著的特点是对业务活动的监控和调整接近于实时,这一点正好为将商务智能技术扩展到具体的业务流程中提供了可能。BAM 是应用集成技术中发展最为快速、业务高级优化最有效的手段,其宗旨在于实时获得业务流程运行的状态,自动提供客观分析报告,以改进、优化业务流程,其改进包括技术层面,也包括人员、管理层面。业务活动监控的目标是提供当企业的业务环境发生变化时能够及时了解业务事件的能力,这样就能作出及时的决策。通过提供实时的信息,BAM 方案可以降低成本并加速执行事务。BAM 通过采集业务流程运行的实时信息,调用 BPM 对业务流程进行管理,使企业具备了敏捷型企业所要求的素质,能够快速地响应市场变化,快速地调整业务策略,快速地实施业务流程,同时根据反馈的信息对业务流程进行快速地优化调整。图 9.1 显示了 BAM 模块在整个系统中的位置。现在的 BAM 技术还处于发展阶段,功能十分有限。

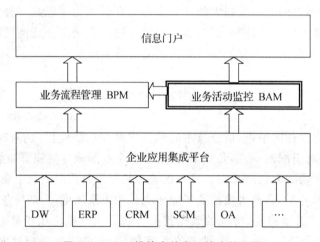

**图 9.1 BAM 模块在整个系统中的位置**

业务活动监控能够从多个不同的数据源提取相关数据,实时地对 ERP(Enterprise Resource Planning,企业资源计划)、CRM(Customer Relationship Management,客户关系管理)、SCM(Supply Chain Management,供应链管理)等管理工具生成的企业数据进行各种分析并给出报告,帮助管理者认识企业和市场的现状,作出正确决策。通过对数据的转换、整理和分析,使用数据挖掘技术,提供对多项 KPI(Key Performance Indicator,关键绩效指标)实时监控,以改变业务流程的效率和速度。

实时、适应性强、可交互响应——这些特性是企业在如今这样一个复杂多变的市场环境中取胜所需要的,也正是业务活动监控系统产生的原动力。业务活动监控涉及软件自动化、组件技术、商业智能和业务规则引擎等多个领域,在这些领域都有一些比较成熟的技术。

商业智能是 20 世纪 90 年代末首先在国外企业界出现的一个术语,其代表为提高企业运营性能而采用的一系列方法、技术和软件。BI 是在 ERP 等信息化管理工具的基础上提出的,是基于信息技术构建的智能化管理工具。它把先进的信息技术应用到整个企业,不仅为企业提供信息获取能力,而且通过对信息的开发,将其转变为企业的竞争优势,也有人称之为混沌世界中的智能。因此,越来越多的企业提出他们对 BI 的需求,把 BI 作为一种帮助企业达到经营目标的一种有效手段。现在有些公司在商业智能方面已经作了一些工作,一些大型的软件厂商也向市场推出了自己开发的商业智能软件产品,这些产品能够基于某个系统平台对数据源进行访问,提供数据分析功能,为企业的决策提供帮助。一些领先的 ERP 供应商也逐渐把商业智能工具转移到分析应用软件上。

业务活动监控作为近年来提出的一种新思想,它是在商业智能的基础上,通过对业务规则、数据集成和挖掘、实时监控等技术的应用,提高其报警和分析功能。其主要特点有:

(1) BAM 是以业务规则为中心,把业务规则从编程中分离出来,实现对业务规则的动态控制。可以根据具体的业务情况,通过可视化操作界面增加、修改业务规则,与企业实际业务保持同步。

(2) BAM 对事件进行实时监视,从已经存在的不同系统中采集数据,对数据进行整合、分析,把相关的数据放在一起,通过对数据进行统计分析,发现潜在危险。

(3) BAM 产生的动作可由用户自行选定,可以发送 Email、短信息、报警指示等,能够更加符合用户的使用习惯,对企业的决策提供帮助。可以通过对各种动作的发生频率、时间等进行统计,从中分析出企业决策所需要的潜在信息。

**2. 业务活动监控系统框架**

业务活动监控系统框架如图 9.2 所示。该框架具体的流程为:BAM 服务器从业务流程中提取相关数据,并根据需要将数据存储在数据仓库和操作层数据库中。操作层数据库中的数据也可以经过处理存储到数据仓库。数据仓库中的数据经过数据挖掘、OLAP 分析等得出相关的信息,有助于战略层和策略层决策的制定,并将结果传递到计划展示板。另外,操作层数据库中的数据通过 BAM 报告和分析工具得到操作层的业务绩效。操作层的业务绩效一方面传递到操作显示板中,计划显示板和操作显示板都集成在企业门户中;另一方面根据得出的绩效水平,通过 BAM 服务器,对业务流程进行调整,达到实时管理企业业务活动的目的。该框架从企业业务流程中提取出日常的业务数据,进行有效地集成,存储到操作层数据库中,利用业务活动监控的绩效准则以及商务智能中的分析技术进行实时的监控与操作,甚至部分操作可以根据制定好的行动规则通过系统自动执行,在第一时间发现并解决问题;同时还兼顾传统的商务智能的技术,使商务智能贯穿于企业决策的各个层次。

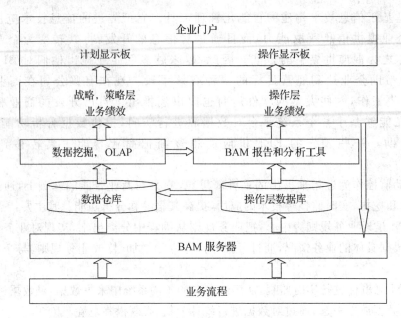

**图 9.2　业务活动监控系统框架**

**3. 业务活动监控系统发展前景**

1）BAM 的应用特性

① BAM 使业务管理人员能够监控企业中的业务服务和流程，使关键绩效指标 KPI 与实际的业务流程本身关联起来；最重要的是，在业务环境变化时快速地修改业务流程或采取正确的措施。

② BAM 是构建实时操作信息板并通过 Web 监控和警示应用程序的一套完整解决方案。该技术能够使业务用户构建实时的交互式信息板和预测性的警告，来监视业务服务和流程。

③ 事件和警报（非原始数据）是一个业务活动监控系统的主动力。数据收集、下钻、止损信号、操作者干涉以及自动关机，都属于业务活动监控系统内置的操作范围。

④ BAM 系统负责跟踪、整合并报告主要的业务事件，它们都使用底层的集成来访问并操作数据。通常实时商务智能与分析应用偏好使用胖客户端浏览器作为用户界面。

⑤ BI 和 BAM 有诸多共同之处：BI 系统通常是分析历史数据，对照该历史数据运行复杂的分析流程，以支持决策者所关注的战略问题；BAM 同样支持决策者，但通常更多的是面向操作等的战术性问题。如果将这两种技术融合在一起，取长补短，优势互补，将会发挥更大的作用。

2）业务活动监控模块的实际应用

业务活动监控就是综合了商业智能和实时应用集成，用以减少管理和执行企业关键业务流程的延误。所以 BAM 工具的功能如下：

① 提供关于系统中的 IT 事件（诸如网络失败、数据库存取加载、网站活动、所有资源上的

规律性变化)影响高层商业交易流程的即时透视。

② 允许响应系统事件(如当银行报告服务减速导致业务流程被停止时进行的重新调度)的实时业务决策。

③ 出现违反或即将违反业务层政策的事件时能自动发出实时通知。

④ 提供业务流程绩效的统计数据。

## 9.1.2　业务活动监控系统预测模型

### 1. 业务活动监控模型

业务活动监控系统可以大致分为 4 个环节:捕获、过滤、分析和警告。在这 4 个环节当中,如何准确、有效地分析,将会直接影响到一个业务活动监控系统的可靠性、准确性及有效性。故而根据数据的历史发展规律,构建预测模型,进行合理高效的趋势预测,才是有效监控的保证,才是业务活动监控系统的模型设计的核心。

1) 数学建模

MATLAB 是由 Mathworks 公司开发的一种用于数值计算及可视化图形处理的工程语言,是当今最优秀的科技应用软件之一。它将数值分析、矩阵运算、图形图像处理、信号处理和仿真等诸多强大的功能集成在较易使用的交互式计算机环境之中,为科学研究、工程应用提供了一种功能强、效率高的编程工具。它拥有强大的科学计算与可视化功能、简单易用、开放式可扩展环境,特别是所附带的 30 多种面向不同领域的工具箱支持,使得它在许多科学领域中成为计算机辅助设计和分析、算法研究和应用开发的基本工具和首选平台。

2) 模型设计

所谓 MATLAB 引擎(engine),是一组 MATLAB 提供的接口函数,支持 C/C++、Fortran 等语言。通过这些接口函数,开发人员可以在其他编程环境中对 MATLAB 实现控制。可以实现的功能有:打开和关闭一个 MATLAB 对话;向 MATLAB 环境发送命令字符串;从 MATLAB 环境中读取数据;向 MATLAB 环境中写入数据等。与其他各种接口相比,引擎所提供的 MATLAB 功能支持是最全面的。通过引擎方式,应用程序会打开一个新的 MATLAB 进程,可以控制它完成任何计算和绘图操作,对所有的数据结构提供 100% 的支持;同时,引擎方式打开的 MATLAB 进程会在任务栏显示自己的图标,打开该窗口,可以观察主程序通过 engine 方式控制 MATLAB 运行的流程,并可在其中输入任何 MATLAB 命令。

### 2. Petri 网

企业信息化系统建模是当前人们研究的热点,一个好的模型将对想要构造或分析的系统性质给出严格的定义,同时也为实现和验证这些系统提供基础。为了描述复杂系统的不同层次、不同子系统、不同侧面的系统行为,人们开发并研究了多种模型和方法,希望借助于这些模型和方法推动问题的解决。被较多采用的模型和方法包括马氏链、神经网络、GA、排队论和 Petri 网(PN)等。

Petri 网的概念最早在 1962 年德国科学家 Carl Adam Petri 的博士论文中提出来。Petri 网是一个状态变迁模型,可用来描述系统中各异步成分之间的关系,同时允许同时发生多个状态变迁,也是一个并发模型,图 9.3 所示为一个 Petri 网。用 Petri 网描述的系统有一个共同的特征——系统的动态行为表现为资源的流动。这里"资源"指物质资源和信息资源。Petri 网被认为是系统建模最重要的方法之一。一个 Petri 网的结构元素包括:位置、变迁、弧。一个 Petri 网模型的动态行为是由它的实施规则规定的,在变迁的每一个输入库所中都要包含至少等于连接弧权的标记个数,它才

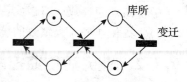

图 9.3 Petri 网示例

可以实施;这个变迁的实施将清除在该变迁的每一个输入库所的相应的标记个数,并在变迁的每一个输出库所产生相应的标记个数。变迁的实施是一个原子操作,清除输入库所的标记和在输出库所产生标记是一个不可分割的完整操作。

**定义 9.1** Petri 网是一个三元组 $(P,T,F)$:$P$ 是有限个库所的集合;$T$ 是有限个变迁的集合,并且 $P \cap T = \emptyset$;$F = (P \times T) \cup (T \times P)$ 是弧的集合。当且仅当存在一个从 $p$ 到 $t$ 的有向弧时,库所 $p$ 称为变迁 $t$ 的输入库所。当且仅当存在一个从 $t$ 到 $p$ 的有向弧时,库所 $p$ 称为 $t$ 的输出库所。用 $\cdot t$ 表示变迁 $t$ 的输入库所的集合,符号 $t \cdot$、$\cdot p$、$p \cdot$ 有类似的定义。

任何时刻,库所中包含着零到多个标记(token),标记用一个黑点表示。状态 $M$,也称为标示,标记在库所上的分布。对任意两个状态 $M_1$ 和 $M_2$,$M_1 \leqslant M_2$,当且仅当对于所有的 $p \in P$ 时,有 $M_1(p) \leqslant M_2(p)$,这里 $M(p)$ 表示状态 $M$ 下库所 $p$ 中标记的个数。

给定一个 Petri 网 $(P,T,F)$ 和两个状态 $M_1$、$M_2$,记:

$M_1 \xrightarrow{t} M_2$:变迁 $t$ 在状态 $M_1$ 下是就绪的,而且在 $M_1$ 下实施 $t$ 得到状态 $M_2$;

$M_1 \longrightarrow M_2$:存在一个变迁 $t_0$,使得 $M_1 \xrightarrow{t_0} M_2$;

$M_1 \xrightarrow{\alpha} M_n$:存在序列 $\alpha = t_1, t_2, t_3, \cdots, t_{n-1}$,使得状态 $M_1$ 可以通过一组(可能为空)中间状态 $M_2, M_3, \cdots, M_{n-1}$ 到达 $M_n$,即 $M_1 \xrightarrow{t_1} M_2 \xrightarrow{t_2} M_3 \xrightarrow{t_3} \cdots \xrightarrow{t_{n-1}} M_n$。

当且仅当存在一个实施序列 $\alpha$ 使得 $M_1 \xrightarrow{\alpha} M_n$,状态 $M_n$ 称为 $M_1$ 可达(记为 $M_1 \xrightarrow{*} M_n$)。注意 $\alpha$ 可以为空序列,即 $M_1 \xrightarrow{*} M_1$。

用 $(PN, M)$ 表示一个具有初始状态 $M$ 的 Petri 网 PN。当且仅当 $M \xrightarrow{*} M'$ 时,一个状态 $M'$ 是 $(PN, M)$ 的可达状态。

**定义 9.2** 活性(Live):当且仅当对于每一个可达状态 $M'$ 和每一个变迁 $t$,存在一个从 $M'$ 可达的状态 $M''$,能够实施 $t$ 时,Petri 网 $(PN, M)$ 是活的。

**定义 9.3** 有界性和安全性(Bounded & Safe):当且仅当对于每一个库所 $p$,存在一个自然数 $n$,使得对每一个可达状态来讲,$p$ 中的标记个数小于 $n$ 时,Petri 网 $(PN, M)$ 是有界的;当

且仅当对于每一个可达状态下的每个库所中的标记最大数目不超过 1 时,Petri 网是安全的。

**定义 9.4** 强连通性(Strong Connected):当且仅当对于每一对节点(库所和变迁)$x$ 和 $y$,存在从 $x$ 到 $y$ 的有向路经时,Petri 网(PN,M)是强连通的。

**定义 9.5** 自由选择(Free-choice):当且仅当对于每一对库所 $p_1$ 和 $p_2$,或者 $(p_1 \cdot \bigcap p_2 \cdot) = \varnothing$,或者 $p_1 \cdot = p_2 \cdot$ 时,Petri 网(PN,M)是自由选择 Petri 网。

Petri 网既有严格的数学形式化定义,又有直观的图形表示;既有丰富系统描述手段和系统行为分析技术,又为计算机科学提供了坚实的概念基础,是一种适用于多种系统的图形化、数学化建模工具,为描述并行、异步、分布式和随机性等特性的复杂系统提供了强有力的支持。

Petri 网的缺陷是:在描述真实系统时往往过于复杂,工作量较为庞大;对于特定环境约束(如时间限制,尤其是动态时间的限制等)下的流程描述,其描述能力也显得不够;不能很好地处理模糊信息等。为了充分发挥 Petri 网的潜能,避免它的缺陷,不少研究者在探讨扩展 Petri 网和改进 Petri 网建模的方法。通过结合面向对象等技术对 Petri 网进行扩展,在很大程度上弥补了传统 Petri 网的不足,改善了对时间、模糊数据的处理能力,提供了模型的重用能力,也增强了模型的交互性,降低了资源的开销。

**3. 基于 Petri 网的实时系统建模**

Petri 网是一个非常适合实时系统建模的方法,因为在时间 Petri 网中能很好地表示冲突的情况、共享的资源、同步和异步通信、优先约束、并行和时间明确的时间限制。使用 Petri 网理论规定的方法,可以验证实时系统的一些特性。可通过线性代数技术或调查可达状态集进行分析。此外,为了评估一个系统的性能,它可以模拟时间 Petri 网模型。基于 Petri 网的执行和分支定界技术的 p-time Petri 网模型用于解决优化调度问题。使用时间 Petri 网模型的问题是有必要了解所有转换的确切期限,这实际上是不可能的。具体持续时间模型不能计算出一个现实的时间表,在正式模型中必须引入不确定持续时间(时间间隔)。正如 2000 年 Julia 和 Valette 指出的,在实时系统中存在的明确的时间限制可以正式使用一个 p-time Petri 网模型定义。在 p-time Petri 网中,时间间隔被添加到每一个地方。

## 9.1.3 结构数据挖掘理论

**1. 结构数据挖掘与处理研究的重要性**

物质世界中,各类对象之间或对象内部具备各种各样的关系。那么在计算机的虚拟世界中,就需要采用一些数据结构来表达它们。如集合表达了事物间的松散关系,序列主要是前后关系,树和图则具备了结构关系等。集合作为无结构化数据的载体,它显得非常的简单、易处理;但表达能力不够,应用范围会受到限制。序列具有一些半结构化数据的特性,有一定的表达关系的能力,如前后关系,同时也简单易用。树和图具备了很强的表达能力,它们可以刻画物质世界内大多数的关系,因此具备了广泛的应用基础。我们发现,当结构关系被引入到对象描述中时,许多难以表达的问题就可以顺利解决。目前,在这个信息膨胀的时代,海量数据中包含了大量的具有复杂关系的信息，对这些数据的挖掘处理也就显得尤为重要。

结构数据挖掘与处理的应用已经涉及各个学科，并在生物基因序列挖掘、社会网络监控、XML 数据查询、网络日志分析等领域取得令人鼓舞的进展。在美国，结构数据挖掘已经得到国家学术研究机构和情报部门的有力支持。2004 年，美国国家自然科学基金会和中央情报局特别寻求社会学、人口学、心理学、网络、数据挖掘等方面的专家学者，研究建立社会网络监控的项目，目的是为了打击国际恐怖分子，维护国家安全。社会网络监控中很重要的一项，是对社会网络拓扑结构的挖掘分析。社会网络是极端复杂的结构，网络内部对象之间发生错综复杂的关系，而此时如果采用常规的挖掘方法，显然很难达到目的。在这种情况下，就需要具有复杂关系结构挖掘能力的算法，因此，结构数据挖掘和处理的研究为社会网络监控项目带来了福音。同时，在生物基因学研究中，生物学家经常为基因配位实验而费心。很大程度上，不同基因之间的反应现象多变，要掌握基因结构对药物反应的决定因素，需要经过大量的基因实验。而目前，这些实验费用昂贵，且费时费力，因此生物学家希望能通过少量的实验过程，尽快发现合适的方法，快速定位基因结构的性质和作用。举例来说，蛋白质基因序列反应时，序列上有许多复杂的结构关系，利用简单数据结构，如集合、序列等，很难表达这些关系，更谈不上在简单数据结构上高效地挖掘出准确的结果。这些问题也为结构数据挖掘带来了应用前景。

显然，结构数据挖掘处理不仅仅是计算机科学家的兴趣所在，还受到了各国政府、事业机构、人类生物基因组、社会专家等的密切关注。其研究发展将不仅促进计算机科学和技术的进步，还会对其他学科甚至各国国力产生影响。

**2. 图结构数据的频繁模式挖掘**

自从 20 世纪 90 年代以来，数据挖掘的研究已经取得了巨大的进展，而且相关技术正在被各应用领域的专家所关注。在商业领域，市场分析能帮助企业家掌握市场动态和用户需求。及时、准确地描述和概括市场行为，是成功的市场分析的关键。"购物篮"分析就是借助于关联规则挖掘技术进行市场分析的最经典的案例。在虚拟网络环境中，分析用户行为的变化是非常困难的。借助于数据挖掘技术，如网络日志挖掘等，可以在一定程度上帮助网络管理员对网站进行管理。在 XML 数据索引方面，同样可以利用频繁模式挖掘技术发现 XML 查询模式树，而这些模式树可以用来索引 XML 数据，并提高 XML 数据的查询效率。

上述的相关数据挖掘方法，都是建立在简单结构或简单关系的数据集上的。在绝大多数应用环境中，对象之间或对象内部的关系是错综复杂的，它们很难用简单的数据结构表述。这就为数据挖掘研究提出了新的课题，即挖掘复杂的图结构数据。图结构是最通用的数据结构类型，它可以描述世界万物之间错综复杂的联系。在社会网络分析中，人与人之间、人与物之间的联系是复杂的。通过抽象方法，可以将整个社会变成一个网络拓扑图，其中每个人可以是图中的节点，而人与人之间的联系则可以看作图中的边。对社会人群的分析，自然就可以转化为对社会网络结构的挖掘。

在生物技术领域，生物学家发现蛋白质基因结构配位实验是费时、费力、费钱的工作。他们希望引入数据挖掘技术,以降低结构匹配实验的代价。蛋白质结构可以被描述为图结构,其中的原子是图中的顶点,而原子间的价位则是图中对应的边。通过对蛋白质结构图集的挖掘,可以预先发现蛋白质结构之间的内在关系或共享模式。这些共享模式可以反过来指导基因配位实验,降低实验的代价。正是由于这些应用的紧迫要求,图结构数据挖掘的研究成为目前数据挖掘领域的一个重要研究方向。

图结构数据的频繁模式挖掘的研究成果主要有:

1987 年,Y. Takahashi 等人介绍了一个生物应用领域的问题,并进一步提出了解决这个问题的相关算法。通过挖掘化合物结构集中最大的共享结构,以获得化合物的特性关系,并指导生物实验。

1992 年,R. J. Bayada 等人提出了在生物化合物数据库中挖掘共享子图的问题,并给出了相应的子图挖掘算法;但该算法是属于近似挖掘的范畴,且不考虑挖掘时间和空间的代价。这也是图挖掘研究初期比较朴素的挖掘方法。

1994 年,L. B. Holder 等人提出了著名的挖掘子图的算法 SUBDUE,随后还继续提出了若干改进的方法。SUBDUE 采用最小描述长度原则压缩原始图,并利用启发式的搜索策略挖掘频繁子图,但不能保证结果集的完整性。算法使用了模糊计算的方法,从而减少了挖掘时间,提高了挖掘效率。算法的主要目标仍是针对生物应用领域的特殊问题。

1994 年,K. Yohsida 等人提出了一个子图挖掘算法 GBI。它类似于 SUBDUE 算法,但采用了不同的启发式搜索策略。

2000 年,A. Inokuehi 等人提出了一个基于 Apriori 思想的频繁子图模式挖掘算法 AGM。该算法与以往的近似算法不一样,它是挖掘频繁模式完全集的。算法采用顶点增长的方法,利用矩阵计算,逐层挖掘频繁子图。

2001 年,M. Kuramoehi 等人提出了一个频繁子图模式挖掘算法 FSG。FSG 算法与 AcGM 算法一样,采用了 Apriori 思想;但不同之处在于通过边增长的方式,逐层挖掘频繁子图。因此,在挖掘性能上,FSG 算法优于 AcGM 算法。

2002 年,X. Yan 等人提出了一个新颖的深度优先搜索图空间的方法,并在此基础上给出了频繁子图挖掘算法 gSpan。gSpan 算法与 AcGM 算法、FSG 算法不同,它没有采用 Apriori 思想,而是利用边模式增长的方式深度优先挖掘频繁子图。gSpan 算法的模式增长思想起源于频繁项集挖掘算法 FP-Growth,具有更好的挖掘性能。随后在 2003 年,他们在 gSpan 算法的基础上,进一步提出了挖掘频繁闭合子图的算法 Closegraph。频繁闭合子图集是频繁子图集的压缩表达方式。它可以有效地去除冗余的频繁子图,减少结果集大小,并能保证不丢失任何信息。在有还原需求时,可将频繁闭合子图集还原成为频繁子图集。

2003 年,J. Huan 等人提出了一个新的子图扩展策略,并在此基础上形成了频繁子图挖掘算法 FFSM。算法主要依赖子图"交"和"扩展"这两种操作,深度逐层递归挖掘频繁子图,并在实验分析中给出实验结果,说明 FFSM 算法优于 gSpan 算法。随后在 2004 年,他们在 FFSM

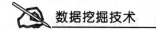

算法的基础上,更进一步提出了最大频繁子图挖掘算法 Spin。最大频繁子图集是频繁子图集的一种近似压缩表达方式。在生物技术应用领域中,往往不需要所有精确的频繁子图结果,只需要少数有代表性的子图模式即可,如最大频繁子图模式。因此,最大频繁子图模式挖掘仍是有应用价值的。

# 9.2　云计算平台架构及数据挖掘方法

针对互联网上数量众多的网站带宽资源长期浪费或突发资源短缺、响应时间长、服务器宕机、网站受到黑客攻击等问题,提出了基于"云"的分布式 Web 安全系统及基于云计算的分布式数据挖掘平台架构,并在此基础上提出一种新型的分布式数据挖掘模式和分布式数据挖掘算法。该算法利用云计算技术,可以方便地通过网络获取强大的计算能力和存储能力,将消耗大量计算资源的复杂计算通过网络路由优化及资源约束自适应策略分布到多节点上进行计算,然后通过组合不同数据站点上的局部数据模型,最终得到全局数据模型。考虑到当前涉及的云计算平台下的分布式算法非常少,因此在借鉴分布式数据挖掘算法的基础上,运用到云计算平台。本节需要调整分布式数据挖掘算法,选择了以分布式 K-means 算法为基础;在此基础上加入优化策略,提出了基于资源敏感的自适应优化云计算平台的分布式数据挖掘算法 CDKmeans(Cloud Distributed K-means),包括基于云计算平台的局部挖掘算法设计和基于云计算平台的全局挖掘算法设计。

## 9.2.1　基于云计算的分布式数据挖掘平台架构

云计算因为其弹性可伸缩的计算模式,受到以 IBM、亚马逊、谷歌等为代表的众多高科技公司的重视,成为各公司应对海量信息处理的利器。

云理论是由李德毅教授提出的用于处理不确定性的一种新理论,由云模型(Cloud model)、虚云(Virtual cloud)、云运算(Cloud operation)、云变换(Cloud transform)和不确定性推理(Reasoning under uncertainty)等主要内容构成。云模型将模糊性和随机性结合起来,解决了作为模糊集理论基石的隶属函数概念的固有缺陷,为 DMKD 中定量和定性相结合的处理方法奠定了基础;虚云和云变换用于概念层次结构生成和概念提升;云推理用于不确定性预测等。云理论在知识表达、知识发现、知识应用等方面都可以得到充分的应用。

云计算的出现,给各个行业带来了巨大的发展机遇;而当大家正在讨论各个应用领域如何向首先应用云计算的互联网行业学习云计算的部署的时候,互联网行业有可能再一次走到云计算应用的前沿。

### 1. 设计理念

首先介绍一下目前的网站托管情况:一个典型的网站用户,购买一台服务器,托管在一家 IDC,然后根据用户的增长情况购买相应的带宽资源,如图 9.4 所示。

一个典型的 IDC,内部托管了几千个上述的典型网站。IDC 为互联网内容提供商(ICP)、企业、媒体和各类网站提供大规模、高质量、安全可靠的专业化服务器托管、空间租用、网络批发带宽以及 ASP、EC 等业务。IDC 是对入驻(Hosting)企业、商户或网站服务器群托管的场所;是各种模式电子商务赖以安全运作的基础设施,也是支持企业及其商业联盟(其分销商、供应商、客户等)实施价值链管理的平台。这种情况下,每个网站用户都会面临如下问题:

(1)多数情况下,购买的带宽都处于空闲状态,或者是不饱和状态,造成了资源的浪费。

(2)在多数情况下资源浪费的同时,特殊情况还表现出资源短缺,比如突发流量。由于互联网网络活动的不确定性,使得这种突发流量的情况普遍存在。

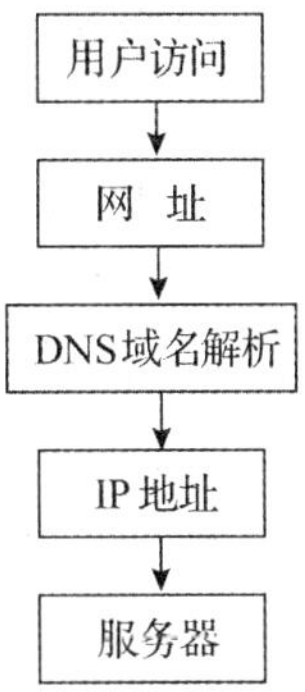

(3)随着网站服务用户数量的增加,用户的体验(比如响应时间)明显下降。

(4)此外还有一些常规的不可靠、不可用的问题,比如服务器宕机、网站受到黑客攻击等。

为了解决如上诸多问题,应用云计算平台的新一代互联网平台应运而生,将为广大的网站用户带来革命性的创新。这些创新将主要为用户带来如下好处:

(1)零安装:方便用户使用。用户无需安装任何软、硬件,只需通过网络配置接入我们的系统网址,即可享受新技术带来的便利。

(2)零中断:为用户提供持续服务。使用新系统,用户就不用担心令人烦扰的宕机问题。基于云计算体系,以服务器集群提供高可靠性。

(3)零管理:为用户降低管理成本。使用新系统,用户无需投入相应的人员管理成本、相应的设备管理成本。

(4)零消耗:为用户降低消耗成本。使用新系统,用户无需担心由于硬件投入而产生的系统消耗、成本消耗、电力消耗以及设备本身的折旧消耗,这一切均有云平台承担。

(5)零维护:为用户节约维护成本。新平台系统基于云计算体系,用户无需像购买传统产品那样,要专门进行升级和系统维护。该系统实时在线,永远保持最新版本和最佳的防护能力。

(6)零浪费:为用户节约预算成本。新系统提供按需服务、随时扩展,按量付费的先进云服务模式,用户可以根据业务需求来选用相应的使用方式,也可以随着业务的发展随时扩充使用方式,节约网站用户的预算。

这些优势和好处正是云计算的本质优势。当然,如果只有一个网站用户,采用了云计算,那么由于无法发挥规模效益,因此不但费用无法承担,云计算的各项灵活性功能也没有办法获得。因此,云计算在为大规模用户提供服务时,才能够把它的各项优势充分发挥出来,而互联网上数量众多的网站,就特别适合,而且也是最先享受到云计算服务的一个领域。

图 9.4　目前网络托管流程

用户访问 → 网址 → DNS域名解析 → IP 地址 → 服务器

## 2. 系统架构

云计算已经成为一个泛概念，它包含了 IT 产业的各个方面。云计算的学术定义是：并行计算（Parallel Computing）、分布式计算（Distributed Computing）和网格计算（Grid Computing）的发展及商业化实现。它是虚拟化（Virtualization）、效用计算（Utility Computing）、IaaS（基础设施即服务）、PaaS（平台即服务）、SaaS（软件即服务）等概念混合演进并跃升的结果。一种新型的云计算互联网平台能够从云计算的两个参与主体（一个是云，一个是端）方面来彻底改变原来的架构，带来云计算各个好处的同时，为互联网网站以及网站访问者带来更高的价值。基于云计算的分布式数据挖掘平台架构，如图 9.5 所示，加入了数据仓库，对数据进行预处理。

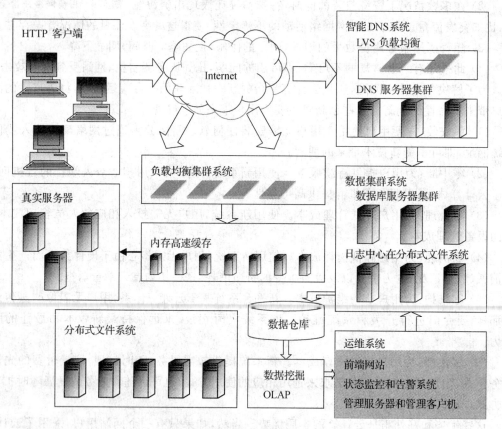

**图 9.5 云计算平台架构**

1）云计算平台的功能

（1）CDN（内容分发网络）

CDN 被认为是能够实现云计算的一个技术流派。CDN（Content Delivery Network，内容分发网络),其基本思路是尽可能避开互联网上有可能影响数据传输速度和稳定性的瓶颈和环节,使内容传输得更快、更稳定。通过在网络各处放置节点服务器所构成的在现有的互联网基础之上的一层智能虚拟网络,CDN 系统能够实时地根据网络流量和各节点的连接、负载状况以及到用户的距离和响应时间等综合信息,将用户的请求重新导向离用户最近的服务节点上。其目的是使用户可就近取得所需内容,解决 Internet 网络拥挤的状况,提高用户访问网站的响应速度。内容分发网络是一种新型网络构建方式,它是为能在传统的 IP 网发布宽带丰富媒体而特别优化的网络覆盖层;而从广义的角度,CDN 代表了一种基于质量与秩序的网络服务模式。

内容发布网是一个经策略性部署的整体系统,包括分布式存储、负载均衡、网络请求的重定向和内容管理 4 个要件,而内容管理和全局的网络流量管理(Traffic Management)是 CDN 的核心所在。通过用户就近性和服务器负载的判断,CDN 确保内容以一种极为高效的方式为用户的请求提供服务。总的来说,内容服务基于缓存服务器,也称作代理缓存(Surrogate),它位于网络的边缘,距用户仅有"一跳"(Single Hop)之遥。同时,代理缓存是内容提供商源服务器(通常位于 CDN 服务提供商的数据中心)的一个透明镜像。这样的架构使得 CDN 服务提供商能够代表他们客户,即内容供应商,向最终用户提供尽可能好的体验,而这些用户是不能容忍请求响应时间有任何延迟的。

CDN 的主要特点:

① 本地 Cache 加速:提高了企业站点(尤其含有大量图片和静态页面站点)的访问速度,并大大提高了以上性质站点的稳定性。

② 镜像服务:消除了不同运营商之间互联的瓶颈造成的影响,实现了跨运营商的网络加速,保证不同网络中的用户都能得到良好的访问质量。

③ 远程加速:远程访问用户根据 DNS 负载均衡技术,智能、自动选择 Cache 服务器,选择最快的 Cache 服务器,加快远程访问的速度。

④ 带宽优化:自动生成服务器的远程 Mirror(镜像)Cache 服务器,远程用户访问时从 Cache 服务器上读取数据,缩减远程访问的带宽、分担网络流量、减轻原站点 WEB 服务器负载等功能。

⑤ 集群抗攻击:广泛分布的 CDN 节点加上节点之间的智能冗余机制,可以有效地预防黑客入侵以及降低各种 D.D.o.S 攻击对网站的影响,同时保证较好的服务质量。

CDN 关键技术:

① 内容发布:它借助于建立索引、缓存、流分裂、组播(Multicast)等技术,将内容发布或投递到距离用户最近的远程服务点(POP)处。

② 内容路由:它是整体性的网络负载均衡技术,通过内容路由器中的重定向(DNS)机制,在多个远程 POP 上均衡用户的请求,以使用户请求得到最近内容源的响应。

③ 内容交换:它根据内容的可用性、服务器的可用性以及用户的背景,在 POP 的缓存服

务器上,利用应用层交换、流分裂、重定向(ICP、WCCP)等技术,智能地平衡负载流量。

④ 性能管理:它通过内部和外部监控系统,获取网络部件的状况信息,测量内容发布的端到端性能(如包丢失、延时、平均带宽、启动时间、帧速率等),保证网络处于最佳的运行状态。

CDN 能涵盖几乎国内所有互联网通信线路。而在可靠性上,CDN 在结构上实现了多点的冗余,即使某一个节点由于意外发生故障,对网站的访问也能够被自动导向其他的健康节点进行响应。CDN 能轻松实现网站的全国铺设,不必考虑服务器的投入与托管,不必考虑新增带宽的成本,不必考虑多台服务器的镜像同步,不必考虑更多的管理维护技术人员。

CDN 在一定程度上满足了网站对云计算的要求,也对网站进行了优化,同时根据用户的访问情况进行动态负载均衡;但是有些方面还没有达到理想效果,比如,尽管许多 CDN 产品都是按需付费并承诺为用户节约带宽使用成本,但是目前还远没有做到。从商业模式来讲,我们甚至可以说,CDN 厂商正是把节约出来的这部分带宽转化成为自己的利润,因此,对广大网站用户来说,CDN 产品带来的成本节约并不明显。

从架构上讲,CDN 也只实现了网站层面的调整与优化;而从用户端角度,就几乎没有做任何动作,因此所达到的效果也就可见一斑。

(2) DNS 网关级的超级代理

新型云计算互联网平台通过 DNS 的智能切换,来实现对数量众多的网站进行的代理。通过这样一个超级代理,可以从目前大家普遍采用的 CS(Client-Server)结构的两端分别采取智能手段,达到更快速、更智能、更优化的新一代基于云计算的互联网应用平台。DNS 服务器集群采用云计算的方式构建。

(3) 网站访问日志分析

各个网站都会对访问进行日志记录,一条标准的日志如下:

"119.191.183.178 - ┐ [02/Sep/2011:09:32:31 +0800] "GET /bbs/DV_getcode.asp HTTP/1.1" 404 1308 "http://www.stardisc.net/bbs/reg.asp? action=apply" "Mozilla/4.0(compatible; MSIE 6.0; Windows NT 5.1; SV1)" "-" "-" 121.101.214.10:80"

"源地址—访问时间—访问方式—访问网址—返回类型—浏览器类型—操作系统—目的地址"

把所有网站和用户的访问日志加入到数据仓库,对其进行数据挖掘,根据结果来决定网站的新的部署或者内容分发的方式;在用户端,则根据详细的用户行为,定制特定的查询和反馈模式,从而达到更加优化的效果。

(4) 网站内容的动态分发

除了像新浪、搜狐、百度这样的超级网站,一般的网站都有一定的地域性,即它们服务的用户常常集中在某个区域。这样,就能够根据用户的地域特征动态地分发到网站的新代理。网站分发之后,在互联网上形成了云计算方式的部署,它在访问用户最近的地方响应访问,从而让用户在最短的时间内得到访问内容。

（5）根据用户行为的智能调度

采用数据仓库的形式对用户访问行为进行数据挖掘,在超级代理的架构中,根据用户行为特征进行重新的数据索引。当用户进行访问时,就不需要像原来的方式那样根据 DNS 的解析而跳转多次才能到达目的网站。用户访问的实际情况是,有绝大多数的网民,都会经常访问很少的网站,也就是他们经常访问的网站数量并不多;根据这些用户行为而构建的智能调度系统,与智能网站分发系统相结合,可以为用户带来意想不到的良好用户体验,提升用户的访问速度,提高网站的性能,提高网站的承载能力。

（6）数据仓库

数据仓库是决策支持系统和联机分析应用数据源的结构化数据环境。数据仓库研究并解决从数据库中获取信息的问题。数据仓库的特征在于面向主题、集成性、稳定性和时变性。每一家公司都有自己的数据,并且许多公司在计算机系统中储存有大量的数据,记录着企业购买、销售、生产过程中的大量信息和客户的信息。通常这些数据都储存在许多不同的地方。使用数据仓库之后,企业将所有收集来的信息存放在一个唯一的地方——数据仓库。仓库中的数据按照一定的方式组织,从而使得信息容易存取并且有使用价值。企业在它们的事务操作过程中收集数据。在企业运作过程中,随着定货、销售记录的进行,这些事务型数据也连续地产生。为了引入数据,必须优化事务型数据库。

（7）DNS

DNS(Domain Name System,域名管理系统)是计算机域名的缩写,它是由解析器和域名服务器组成的。域名服务器是指保存有该网络中所有主机的域名和对应的 IP 地址,并具有将域名转换为 IP 地址功能的服务器。其中域名必须对应一个 IP 地址,而 IP 地址不一定有域名。域名系统采用类似目录树的等级结构。域名服务器为客户机/服务器模式中的服务器方,它主要有两种形式:主服务器和转发服务器。将域名映射为 IP 地址的过程就称为“域名解析”。在 Internet 上,域名与 IP 地址之间是一对一(或者多对一)的,域名虽然便于人们记忆,但机器之间只能互相认识 IP 地址。域名解析需要由专门的域名解析服务器来完成,DNS 就是进行域名解析的服务器。DNS 命名用于 Internet 等 TCP/IP 网络中,通过用户友好的名称查找计算机和服务。当用户在应用程序中输入 DNS 名称时,DNS 服务可以将此名称解析为与之相关的其他信息,如 IP 地址。因为,上网时输入的网址,是通过域名解析系统解析找到了相对应的 IP 地址,这样才能上网。其实,域名的最终指向是 IP。

在 IPv4 中,IP 是由 32 位二进制数组成的,将这 32 位二进制数分成 4 组,每组 8 个二进制数,再将这 8 个二进制数转化成十进制数,就是我们看到的 IP 地址,其范围是在 0～255 之间。因为,8 个二进制数转化为十进制数的最大范围就是 0～255。现在已开始试运行,将来必将代替 IPv4 的 IPv6 中,将以 128 位二进制数表示一个 IP 地址。

大家都知道,当我们在上网的时候,通常输入的是网址,其实这就是一个域名,而计算机网络上的计算机彼此之间只能用 IP 地址才能相互识别。再如,我们去 Web 服务器中请求 Web

页面,可以在浏览器中输入网址或者是相应的 IP 地址。例如要上新浪网,可以在 IE 的地址栏中输入网址,也可输入 IP 地址;但是这样的 IP 地址我们记不住或说是很难记住,所以有了域名的说法,这样的域名会让我们容易记住。DNS 是由圆点分开的一串单词或缩写词组成的,每一个域名都对应一个唯一的 IP 地址,这一命名的方法或这样管理域名的系统叫做域名管理系统。申请了 DNS 后,客户可以自己为域名作解析,或增设子域名。客户申请 DNS 时,建议客户一次性申请两个。DNS 服务器在域名解析过程中的查询顺序为:本地缓存记录、区域记录、转发域名服务器、根域名服务器。DNS 中包含了用来按照一种分层结构定义 Internet 上使用的主机名字的语法,还有名字的授权规则,以及为了定义名字和 IP 地址的对应,系统需要进行的所有设置。实际上,DNS 是一个分布式数据库。它允许对整个数据库的各个部分进行本地控制;同时整个网络也能通过客户服务器方式访问每个部分的数据,借助备份和缓存机制,DNS 将更强壮并具有更强的性能。DNS 数据库的结构就像一棵倒挂着的树,如图 9.6 所示。

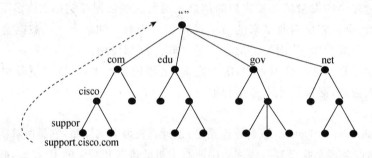

**图 9.6　DNS 数据库结构**

DNS 工作原理:

当 DNS 客户端需要为某个应用程序查询名字时,它将联系自己的 DNS 服务器来解析此名字。DNS 客户发送的解析请求包含以下 3 种信息:

① 需要查询的域名。如果原应用程序提交的不是一个完整的 FQDN,则 DNS 客户端加上域名后缀以构成一个完整的 FQDN。

② 指定的查询类型。指定查询的资源记录的类型,如 A 记录或者 MX 记录等。

③ 指定的 DNS 域名类型。对于 DNS 客户端服务,这个类型总是指定为 Internet[IN]类别。

2) 云计算的特点

云计算的特点是超大规模、虚拟化、高可靠性、高通用性、高可扩展性、按需服务以及极其廉价。

3) 云计算的层次

云计算的三个层次是:SaaS、PaaS 和 IaaS。

(1) SaaS

SaaS 是 Software-as-a-Service(软件即服务)的简称,是随着互联网技术的发展和应用软件的成熟,而在 21 世纪开始兴起的一种完全创新的软件应用模式。它与 on-demand software(按需软件)、the Application Service Provider(ASP,应用服务提供商)、hosted software(托管软件)具有相似的含义。它是一种通过 Internet 提供软件的模式,厂商将应用软件统一部署在自己的服务器上,客户可以根据自己的实际需求,通过互联网向厂商定购所需的应用软件服务,按定购的服务多少和时间长短向厂商支付费用,并通过互联网获得厂商提供的服务。用户不用再购买软件,而改用向提供商租用基于 Web 的软件来管理企业经营活动,且无需对软件进行维护。服务提供商会全权管理并维护软件,软件厂商在向客户提供互联网应用的同时,也提供软件的离线操作和本地数据存储,让用户随时随地都可以使用其定购的软件和服务。对于许多小型企业来说,SaaS 是采用先进技术的最好途径,它消除了企业购买、构建和维护基础设施和应用程序的需要。

SaaS 提供商为企业搭建信息化所需要的所有网络基础设施及软件、硬件运作平台,并负责所有前期的实施、后期的维护等一系列服务,企业无需购买软硬件、建设机房、招聘 IT 人员,只需前期支付一次性的项目实施费和定期的软件租赁服务费,即可通过互联网使用信息系统。就像打开自来水龙头就能用水一样,企业根据实际需要,从 SaaS 提供商租赁软件服务。SaaS 是一种软件布局模型,其应用专为网络交付而设计,便于用户通过互联网托管、部署及接入。SaaS 应用软件的价格通常为“全包”费用,囊括了通常的应用软件许可证费、软件维护费以及技术支持费,将其统一为每个用户的月度租用费。对于广大中小型企业来说,SaaS 是采用先进技术实施信息化的最好途径;但 SaaS 绝不仅仅适用于中小型企业,所有规模的企业都可以从 SaaS 中获利。

2008 年前,IDC 将 SaaS 分为两大组成类别:托管应用管理(hosted AM),以前称作应用服务提供(ASP),以及“按需定制软件”,即 SaaS 的同义词。从 2009 年起,托管应用管理已作为 IDC 应用外包计划的一部分,而按需定制软件以及 SaaS 被视为相同的交付模式对待。目前,SaaS 已成为软件产业的一个重要力量。只要 SaaS 的品质和可信度能继续得到证实,它的魅力就不会消退。SaaS 服务模式与传统许可模式软件有很大的不同,它是未来管理软件的发展趋势。相对于传统服务方式而言,SaaS 具有很多独特的特征:SaaS 不仅减少了或取消了传统的软件授权费,而且厂商将应用软件部署在统一的服务器上,免除了最终用户的服务器硬件、网络安全设备和软件升级维护的支出,客户不需要除了个人电脑和互联网连接之外的其他 IT 投资,就可以通过互联网获得所需要的软件和服务。此外,大量的新技术,如 Web Service,提供了更简单、更灵活、更实用的 SaaS。另外,SaaS 供应商通常是按照客户所租用的软件模块来进行收费的,因此用户可以根据需求按需订购软件应用服务,而且 SaaS 的供应商会负责系统的部署、升级和维护。而传统管理软件通常是买家需要一次支付一笔可观的费用才能正式启动。

ERP 这样的企业应用软件,软件的部署和实施比软件本身的功能、性能更为重要,万一部署失败,那所有的投入几乎全部白费,这样的风险是每个企业用户都希望避免的。通常的

ERP、CRM 项目的部署周期至少需要一两年甚至更久的时间；而 SaaS 模式的软件项目部署通常只占五分之一时间，而且用户无需在软件许可证和硬件方面进行投资。传统软件在使用方式上受空间和地点的限制，必须在固定的设备上使用；而 SaaS 模式的软件项目可以在任何可接入互联网的地方与时间使用。相对于传统软件而言，SaaS 模式在软件的升级、服务、数据安全传输等各个方面都有很大的优势。

SaaS 的一些应用：

① 主要是在 CRM 软件领域。

② 进销存，物流软件等方面。

③ 更广义的是工具化 SaaS，比如视频会议租用、企业邮箱等也成为 SaaS 的主要应用。

服务提供商通过有效的技术措施，可以保证每家企业数据的安全性和保密性。企业采用 SaaS 服务模式在效果上与企业自建信息系统基本没有区别，但节省了大量用于购买 IT 产品、技术和维护运行的资金，且像打开自来水龙头就能用水一样，方便地利用信息化系统，从而大幅度降低了中小企业信息化的门槛与风险。对企业来说，SaaS 的优点在于：

① 从技术方面来看：企业无需再配备 IT 方面的专业技术人员，同时又能得到最新的技术应用，满足企业对信息管理的需求。

② 从投资方面来看：企业只以相对低廉的"月费"方式投资，不用一次性投资到位，不占用过多的营运资金，从而缓解企业资金不足的压力；不用考虑成本折旧问题，并能及时获得最新硬件平台及最佳解决方案。

③ 从维护和管理方面来看：由于企业采取租用的方式来进行物流业务管理，不需要专门的维护和管理人员，也不需要为维护和管理人员支付额外费用。很大程度上缓解企业在人力、财力上的压力，使其能够集中资金对核心业务进行有效的运营。

(2) PaaS

PaaS(Platform-as-a-Service，平台即服务)，所谓 PaaS，实际上是指将软件研发的平台作为一种服务，以 SaaS 的模式提交给用户。因此，PaaS 也是 SaaS 模式的一种应用。但是，PaaS 的出现可以加快 SaaS 的发展，尤其是加快 SaaS 应用的开发速度。PaaS 之所以能够推进 SaaS 的发展，主要在于它能够提供企业进行定制化研发的中间件平台，同时涵盖数据库和应用服务器等。PaaS 可以提高在 Web 平台上利用的资源数量。例如，可通过远程 Web 服务使用数据即服务(Data-as-a-Service)，还可以使用可视化的 API，甚至像 800app 的 PaaS 平台还允许混合并匹配适合应用的其他平台。用户或者厂商基于 PaaS 平台可以快速开发自己所需要的应用和产品。同时，PaaS 平台开发的应用能更好地搭建基于 SOA 架构的企业应用。

此外，PaaS 对于 SaaS 运营商来说，可以帮助其他进行产品多元化和产品定制化。例如，Salesforce 的 PaaS 平台让更多的 ISV 成为其平台的客户，从而开发出基于他们平台的多种 SaaS 应用，使其成为多元化软件服务供货商(Multi Application Vendor)，而不再只是一家 CRM 随选服务提供商。而国内的 SaaS 厂商 800app 通过 PaaS 平台，改变了仅是 CRM 供应商的市场定位,实现了 BTO(Built To Order,按订单生产)和在线交付流程。使用 800app 的 PaaS 开发平台,用户不再需要任何编程即可开发包括 CRM、OA、HR、SCM、进销存管理等任何企业管理软件,而且不需要使用其他软件开发工具并立即在线运行。

还有 Google 合同,其在世界上构筑并运行了非常多的数据中心,以搜索引擎以及新的广告模式而闻名。他们使用便宜的计算机和强有力的中间件,以及自己的技术装备出了世界上强大的数据中心,以及超高性能的并行计算群。2008 年 4 月发表的 PaaS 服务[Google App Engine]和 Amazon 的 EC2、S3、SimpleDB 等服务拥有相似的功能。这些稳定的平台上同样搜索引擎、GMail 等服务也在运行。他所提供的 PaaS 服务里采用 Java 类似的语言 Apex 以及 Eclipse 开发平台,整合的开发环境也作为服务进行提供(Development as a Service)。Google、Amazon、Salesforce 这三个软件巨头非常重视 PaaS 这种新的商业模式,Amazon 的 PaaS 服务,为用户可以自由的组合服务提供了更多的自由度;Google 提供了更多的服务,使用户能够方便地使用,去掉了一些繁琐的作业。

PaaS 能将现有各种业务能力进行整合,具体可以归类为应用服务器、业务能力接入、业务引擎、业务开放平台。向下根据业务能力需要测算基础服务能力,通过基础设施即服务 IaaS 提供的 API 调用硬件资源;向上提供业务调度中心服务,实时监控平台的各种资源,并将这些资源通过 API 开放给 SaaS 用户。PaaS 主要具备以下 3 个特点:

① 平台即服务:PaaS 所提供的服务与其他的服务最根本的区别是,PaaS 提供的是一个基础平台,而不是某种应用。在传统的观念中,平台是向外提供服务的基础。一般来说,平台作为应用系统部署的基础,是由应用服务提供商搭建和维护的;而 PaaS 颠覆了这种概念,由专门的平台服务提供商搭建和运营该基础平台,并将该平台以服务的方式提供给应用系统运营商。

② 平台及服务:PaaS 运营商所需提供的服务,不仅仅是单纯的基础平台,而且包括针对该平台的技术支持服务,甚至针对该平台而进行的应用系统开发、优化等服务。PaaS 的运营商最了解他们所运营的基础平台,所以由 PaaS 运营商所提出的对应用系统优化和改进的建议也非常重要。而在新应用系统的开发过程中,PaaS 运营商的技术咨询和支持团队的介入,也是保证应用系统在以后的运营中得以长期、稳定运行的重要因素。

③ 平台级服务:PaaS 运营商对外提供的服务不同于其他的服务,这种服务的背后是强大而稳定的基础运营平台,以及专业的技术支持队伍。这种"平台级"服务能够保证支撑 SaaS 或其他软件服务提供商各种应用系统长时间、稳定地运行。PaaS 的实质是将互联网的资源服务化为可编程接口,为第三方开发者提供有商业价值的资源和服务平台。有了 PaaS 平台的支撑,云计算的开发者就获得了大量的可编程元素,这些可编程元素有具体的业务逻辑。这就为开发带来了极大的方便,不但提高了开发效率,还降低了开发成本。有了 PaaS 平台的支持,Web 应用的开发变得更加敏捷,能够快速地响应用户的开发需求,也为最终用户带来了实实在在的利益。

（3）IaaS

IaaS(Infrastructure-as-a Service)基础设施即服务,消费者通过 Internet 可以从完善的计算机基础设施获得服务。基于 Internet 的服务,如存储和数据库,是 IaaS 的一部分。Internet 上其他类型的服务包括平台即服务 PaaS 和软件即服务 SaaS。PaaS 提供了用户可以访问的完整或部分的应用程序开发;SaaS 则提供了完整的可直接使用的应用程序,比如通过 Internet 管理企业资源。

作为 IaaS 在实际应用中的一个例子,The New York Times 使用成百上千台 Amazon EC2 实例在 36 小时内处理 TB 级的文档数据。如果没有 EC2,The New York Times 处理这些数据将要花费数天或者数月的时间。

IaaS 分为两种用法:公共的和私有的。Amazon EC2 在基础设施云中使用公共服务器池。更加私有化的服务会使用企业内部数据中心的一组公用或私有服务器池。如果在企业数据中心环境中开发软件,那么这两种类型都能使用,而且使用 EC2 临时扩展资源的成本也很低——比方说测试。结合使用两者,可以更快地开发应用程序和服务,缩短开发和测试周期。

但是,IaaS 也存在安全漏洞,例如服务商提供的是一个共享的基础设施,也就是说一些组件,例如 CPU 缓存,GPU 等对于该系统的使用者而言并不是完全隔离的,这样就会产生一个后果,即当一个攻击者得逞时,全部服务器都向攻击者敞开了大门,即使使用了 hypervisor,有些客户机操作系统也能够获得基础平台不受控制的访问权。解决办法:开发一个强大的分区和防御策略,IaaS 供应商必须监控环境是否有未经授权的修改和活动。

4）云计算的优势

① 超大规模。"云计算管理系统"具有相当的规模,Google 云计算已经拥有 100 多万台服务器,Amazon、IBM、微软、Yahoo 等的"云"均拥有几十万台服务器。企业私有云一般拥有数百上千台服务器。"云"能赋予用户前所未有的计算能力。

② 虚拟化。云计算支持用户在任意位置、使用各种终端获取应用服务。所请求的资源来自"云",而不是固定的有形的实体。应用在"云"中某处运行,但实际上用户无需了解、也不用担心应用运行的具体位置。只需要一台笔记本或者一个手机,就可以通过网络服务来实现所需要的一切,甚至包括超级计算这样的任务。

③ 高可靠性。"云"使用了数据多副本容错、计算节点同构可互换等措施来保障服务的高可靠性,使用云计算比使用本地计算机可靠。

④ 通用性。云计算不针对特定的应用,在"云"的支撑下,可以构造出千变万化的应用,同一个"云"可以同时支撑不同的应用运行。

⑤ 高可扩展性。"云"的规模可以动态伸缩,满足应用和用户规模增长的需要。

⑥ 按需服务。"云"是一个庞大的资源池,可按需购买;云可以像自来水、电、煤气那样计费。

⑦ 极其廉价。由于"云"的特殊容错措施可以采用极其廉价的节点来构成云,"云"的自动

化集中式管理使大量企业无需负担日益高昂的数据中心管理成本。"云"的通用性使资源的利用率较之传统系统大幅提升,因此用户可以充分享受"云"的低成本优势,经常只要花费几百美元、几天时间就能完成以前需要数万美元、数月时间才能完成的任务。

## 9.2.2　基于云计算的分布式数据挖掘算法

CDKmeans(Cloud Distributed K-means)是本文提出的新的基于云计算平台的分布式算法。整个分布式数据挖掘程序分为基于地域性路由优化、资源约束自适应策略、局部挖掘(位于各个服务器节点上)、全局挖掘(位于提交任务的机器上)。

**1. 分发网站路由优化算法**

原来的用户要访问网站信息需通过域名解析找到对应网站的 IP 地址,然后通过互联网路由的方式访问到数据。这种方式的缺点是,寻找路径时间长,而且一旦终端网站繁忙打开网页速度会很慢,网站服务器有故障影响实时访问。而采用基于"云"的分布式 Web 安全系统,会在云里事先做好网站内容镜像并在主要城市做备份。用户访问网站信息不再是到终端网站 IP 对应的服务器中访问,而是直接到云里读取。

云平台会架在全国多个城市,把网站分发到哪个城市的服务器上会加速用户访问时间,缩短寻找路径的时间? 这就需要对分发网站进行优化。

1) 基于地域性路由优化算法

**算法 9.1　根据地域性特点进行优化算法**

一般的网站都有一定的地域性,即它们服务的用户常常集中在某个区域。这样,就能够根据用户的地域特征动态地分发到网站的新代理。网站分发之后,在互联网上形成了云计算方式的部署,它在访问用户最近的地方响应访问,从而让用户在最短的时间内得到访问内容。进行分发网站路由优化也会解决流程瓶颈,改变传统的遍历搜索模式,并采用多轮迭代的方式并行运算,解决了复杂图的数据挖掘问题。

算法描述:

输入:DNS。

输出:优化后的 IP 地址。

① 根据地域性将 DNS 解析为就近的云平台里的服务器的 IP 地址。

② 如果该 IP 访问量小,则直接输出该 IP。

③ 如果该 IP 访问量大,则先在本节点内调度,转换为新的 IP,不需要路由,多一跳。

④ 如果该 IP 还不满足要求,则在临近领域中寻找 IP 进行转换,直到找到合适的为止。

⑤ 输出 IP 地址。

2) 基于资源敏感的自适应云计算分布式聚类算法

**算法 9.2　基于资源敏感的自适应云计算分布式聚类算法**

根据 CPU、内存资源缺乏及访问量过大等特点,向附近节点转移数据进行优化聚类算法。

分布式计算模型中,主要目标是给予一个用户指定的运行时间和收集数据等任务,其目的是使我们的网络能够完成预设的运行时间并生产尽可能准确的结果。另一个目的是,尽量减少在由于资源的低使用率,比如内存存满、CPU满负荷、访问量过大的情况下,几个节点死亡或停止工作而导致的精确度损失。

我们的做法是,把当前结果从即将死亡的节点移到另一个"最好的"邻居。这样就产生了3个主要问题:迁移到哪些邻居?何时迁移?如何迁移(并合并这些收集过的数据)?一般来说,问题可分为3个方面:数据迁移、预测动态阈值和云平台网络的问题。

我们介绍一个新的分布式策略:如果CPU负荷下降到低于一个最低门槛,一个节点将迁移它的数据到合适的邻居那里。这里要针对CPU、内存资源和网站访问流量分别分析和建模。

针对CPU和内存资源,使用线性外推法模型来估计动态迁移门槛:

一个节点必须动态地估计该节点在每个时间表内是否能完成运行任务。如果不能,则它可能会把目前的结果迁移到最好的邻居那里。为了回答这个何时迁移的问题,我们用一个简单的线性回归模型去动态并迭代地估计3个阈值的降序排列:自适应阈值、发现最好的邻居阈值、迁移阀值。

自适应阈值是一个触发资源适应过程;然而在一些情况下,自适应资源无法在很大程度上改善这个情况。在这种情况下,我们选择在其死亡之前迁移现有的结果。第二阈值被称为发现最好的邻居阀值。当资源下降到低于这个阈值时,这个节点开始对其邻居广播要求,答复中的信息是剩余的资源水平,链路质量也可以从答复中估算。在这些信息中,一个"最好"的邻居会被标记。最后,当资源达到迁移的阀值时,这只是代表它有足够的能量在它死亡之前把它的数据传送出去,这个节点将把它的数据迁移到已选择的邻居那里。可用启动自适应算法或迁移数据的方法是使用一些预定义的阈值。举例来说,当CPU空负荷达到70%时,一个节点可以开始适应资源供应量;当CPU空负荷达到30%时,它开始搜索最好的邻居;而当CPU空负荷达到10%时,它迁移结束。这种方法是最简单,也最容易实现的。在某些情况下,比如所有节点都以同样的操作和资源稳定地消耗,也许这是最好的方法。但是,也有资源不是稳定消耗的情况,对这些节点得动态估计这些阈值,用户并不需要指定这些顶定义的阈值。我们选择使用一个简单的线性外推模型,来估计一个节点是否能够完成其指定的运行时间。它是唯一合适的回归模型,因为非线性回归模型实施起来很复杂,而且会浪费大量的能源和计算资源。

下面介绍自适应非线性回归法模型:

针对网站访问流量分析使用自适应非线性回归法模型去估计动态迁移门槛。自回归模型(AR)可以较好地描述时间序列频谱的谱峰,而滑动平均模型(MA)可以较好地描述频谱的谱谷,所以用其两者结合的自回归滑动平均模型(ARMA)来描述时间序列会具有更好的效果。该模型可以改善AR和MA的不足,能够有效地降低模型的阶次。

表9.1列出了资源约束自适应符号。

创建聚类半径阈值的公式为：

$$radius = ub - X \times \frac{ub - lb}{X\_crit\_threshold} \qquad (9-1)$$

$X$ 可取值为 memory、cpu、visit。

假设，一个节点被规划运行 10 min，把它标记为 $t10$。在每一个时间框架 $t0$、$t1$、$t2$ 的节点检查其可用资源，但它只保持在最近的时间框架的资源记录。在 $y$ 轴显示 CPU 空负荷使用情况。不久后，开始运行，在 $t0$ 时，节点测量它的 CPU 空负荷。在时间 $t1$，它重新测量 CPU 空负荷并计算 CPU 通过 $T0$ 和 $T1$ 的直线方程，它是用来检查它是否

**表 9.1 资源约束自适应符号**

| 变　量 | 作　用 |
| --- | --- |
| lb | 最低阈值 |
| ub | 最高阈值 |
| memory | 剩余内存百分比 |
| X_crit_threshold | 资源 X 临界阈值百分比 |
| cpu | CPU 当前利用率百分比 |
| visit | 访问量阈值 |

能完成 10 min 的运行时间。在这种情况下，节点继续正常运行。在时间 $t2$，这个节点重新测量 CPU 空负荷。在这种情况下，CPU 空负荷显著下降并检测到它不能达到 10 min 的运行时间，因此，它启动资源自适应过程。接着，如果节点检测该资源自适应无法改善当下情况，它就开始查询最好的邻居。最后，当 CPU 空负荷达到发送数据所需的最低必要数量时，它将迁移结束。目前，为了简单起见，这种 CPU 空负荷的最低水平是预先定义的。

```
Algorithm:
Input: DS, RTMem, RTCPU, Radiusthreshold
Output: micro—clustering
① Repeat
② Repeat
③ Get next DS record DSRec
④ Find ShortDist which is the shortest distance between DSRec and micro—cluster centers
⑤ If ShortDist < Radiusthreshold
⑥ Assign DSRec to that micro-cluster
⑦ Update micro—cluster statistics
⑧ Else
⑨ Create new micro-cluster
⑩ EndIf
⑪ Until (End of Time Frame)
⑫ Calculate NoFMem, NoFCPU
⑬ If NoFMem < RTMem
⑭ Reclaim outlier memory
⑮ Increase Radiusthreshold (discourage micro—cluster creation)
⑯ ElseIf available memory increases
⑰ Decrease Radiusthreshold (encourage micro—cluster creation)
⑱ EndIf
⑲ If NoFCPU < RTCPU
⑳ Decrease randomization factor (less processing per unit)
```

㉑ ElseIf unused CPU power increases
㉒ Increase randomization factor (more processing per unit)
㉓ EndIf
㉔ Until (End of Stream)

**2. 云计算平台的分布式数据挖掘算法**

由于每个网站数据会在云平台里存储 3 个备份,因此在挖掘数据时就要考虑有 2 个节点的数据是冗余的。

云计算平台的数据挖掘可以挖掘用户端数据,也可以挖掘网站数据,如有哪些地区的用户集中访问哪些网站。大致分为 3 类挖掘:内容挖掘、结构挖掘和使用挖掘。

① 内容挖掘是指在人为组织的 Web 上,从文件内容及其描述中获取有用信息的过程;

② 结构挖掘则是从人为的链接结构、文档的内部结构和文档 URL 中的路径结构中获取有用知识的过程;

③ 使用挖掘是通过挖掘相应站点的日志文件和相关数据,来发现该站点上的浏览者和顾客的行为模式。

1)基于云计算平台的局部挖掘算法

**算法 9.3** 基于云计算平台的局部挖掘算法设计

对局部数据进行数据分析,生成局部数据模型。

假设云计算平台即"云"里有 $P$ 个服务器节点,用 $N_i$ 表示,其中 $i$ 取值为 $1,2,\cdots,P$。用户即"端"访问某个网站用 $X^{(i)}$ 表示,其中 $i$ 取值为 $1,2,\cdots,P$。则 $X=X^{(1)} \wedge X^{(2)} \wedge \cdots \wedge X^{(P)}$ 是整个数据集合,其中 $X^{(i)}$ 是 $X$ 的子集,$i$ 取值为 $l,2,\cdots,P$,表示数据在服务器节点 $N_i$ 上的子集。目标是使用算法将每个数据集合 $X^{(i)}(i=1,2,\cdots,P)$ 在云计算平台其中一个备份中划分成 $K$ 个簇 $Y^{(i)}$,与集合 $X$ 的全局聚类保持一致。"云"里有 $M$ 个备份供"端"就近访问,则有 $Y_j = X_i^{(1)} \bigcup X_i^{(2)} \bigcup \cdots \bigcup X_i^{(P)}$。其中 $i$ 取值为 $l,2,\cdots,P$,$j$ 取值为 $1,2,\cdots,K$。

假设 $m=(X_{m1},X_{m2},\cdots,X_{mp})$ 和 $n=(X_{n1},X_{n2},\cdots,X_{np})$ 是数据集合中的两个对象,每个对象都有 $P$ 个属性。那么它们之间的距离为:

$$d(m,n)=\sqrt{|x_{m1}-x_{n1}|^2+|x_{m2}-x_{n2}|^2+\cdots+|x_{mp}-x_{np}|^2} \quad (9-2)$$

2)基于云计算平台的全局挖掘算法

**算法 9.4** 基于云计算平台的全局挖掘算法设计

组合不同数据站点上的局部数据模型,最终得到全局数据模型,其中要考虑时间复杂度和通信复杂度。每台 CPU 均有通信链路与其他 CPU 通信,通信操作可以与聚类本身的执行重叠进行。这种系统总运行时间 $R$ 为:

$$R=E \cdot \max_{k=1}^{N}\{I_k\}+\frac{C}{2N}\sum_{k=1}^{N} I_k(T-I_k) \quad (9-3)$$

式中:$E$ 为有效计算的执行时间,$C$ 为处理机间的通信等辅助开销时间,$N$ 为 CPU 数,$T$ 为聚类中心点总数,$I$ 为分配给其他 CPU 的聚类中心点数,$K$ 为将 $I_K$ 个聚类中心点分配给第 $K$ 台 CPU。

根据公式可以将全局挖掘算法分为两种:一种是,当通信耗时长,局部聚类相似点多时,可在局部合并多个相似服务器聚类中心,先进行计算,然后再将结果传到中央服务器;另外一种是,如果局部聚类相似点少,计算大于通信时间,则直接将各聚类中心点传送到中央服务器,然后再在中央服务器中进行全局聚类。

算法描述:

输入:用户端及访问网站 IP 地址。

输出:全局 $k$ 个簇的质心。

步骤:

① 读取用户访问网址,解析 DNS,找到云里最近服务器。

② 如果为第一次访问该网站,则从该网站读取网页内容,并同时备份到云里其他主要城市服务器中;如果不是第一次访问,则直接在服务器端将数据返回给用户。

③ 在每个云服务器中随机选取 $K$ 个对象作为初始聚类中心,开始局部挖掘。如果新到的数据流点与中心点的距离小于阈值范围,则将该数据并入原聚类;如果大于阈值范围,则生成新聚类中心点。

④ 计算该服务器 CPU、内存资源利用率及访问量。如果访问量过大,大于最高门槛,这个服务器节点将迁移它的数据到合适的邻居服务器节点那里,进行步骤③。

⑤ 将③局部挖掘结果考虑时间复杂度和通信复杂度汇总到中央服务器,进行全局挖掘,输出 $K$ 个簇的质心。

实验结果显示,可以有效地对服务器上的服务进行有效监控,第一时间发现问题。图 9.7 为 Nagios 调度频率问题,13170924 接近 2 分钟发起了 118 次请求,后续几分钟都没有请求。

图 9.7 Nagios 调度频率问题

通过异常数据的挖掘,进行有效报警,如图 9.8 所示,2 min 发起请求超过 100 次调度频率的点将发送短信报警信号。

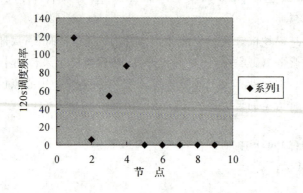

图 9.8 异常报警显示图

# 9.3 思维流程数据挖掘技术

针对数据挖掘无法自主确定分析问题和分析任务的问题,本节提出了思维流程数据挖掘方法。

## 9.3.1 思维流程发现的基本思想

根据认知心理学中关于问题解决的理论,数据挖掘分析问题和分析任务的确定与数据分析人员的经验知识直接相关。构建适于数据挖掘分析问题和分析任务确定的知识经验认知体系,将是解决数据挖掘分析问题和分析任务确定问题的本质方法。采用何种方式构建适于数据挖掘分析问题和分析任务确定的知识经验认知体系,使之具备完备的元认知策略,能够保证知识经验的快速查询、有效运用和持续更新,最终支持数据挖掘分析问题与分析任务的确定成为思维流程发现所要解决的主要问题。在寻求于数据挖掘分析问题和分析任务确定的知识经验认知体系构建方式的过程中,思维流程发现借鉴了心智图的结构方式。

**1. 心智图**

心智图,又称思维导图,最初是在 20 世纪 60 年代由英国人托尼·巴赞创造的一种改进笔记的方法。心智图是一种辐射状的思维表达方式,现已发展为一种高级思维的认知工具。托尼·巴赞认为,心智图是对发散性思维的形象表达,符合人类思维的自然功能状态,有利于人们记忆和对未来事业的规划。心智图是一种非常有用的图形技术,将对发掘人类大脑潜力起巨大的作用。

如图 9.9 所示,心智图将注意的焦点清晰地集中在中央图形上。主题的主干作为分枝从中央图形向四周放射。分枝由一个关键的图形或写在产生联想的线条上面的关键词构成,不重要的话题也以分枝地形式表现出来,附在较高层次的分枝上。各分枝形成一个连接的节点结构。心智图采用了以中心主题为"辐射中心",用"树状"知识结构图标明放射性思考的表现形式,运用线条、符号、词汇和图像,把一长串枯燥的信息变成彩色的、容易记忆的、有高度组织性的图,帮助人们改善思维,提高学习效率。心智图直观形象地表示了人脑的思维特征,同时也是一个打开大脑潜能的强有力的图解工具。

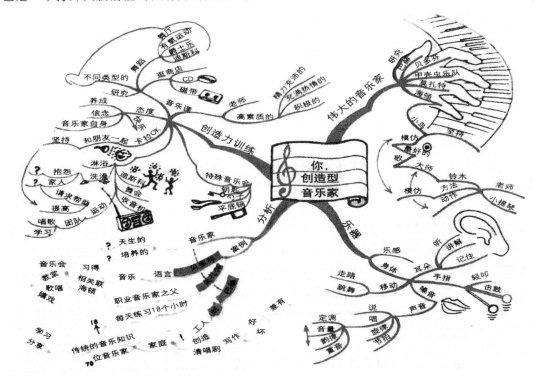

图 9.9　创造性音乐家培养心智图

心智图勾画出了认知主体的认知全景图,合理地将大量的认知内容集中在一起,展示了构建者的思维路线和思维方式,帮助构建者记忆、选择和决策。而在构建心智图的过程中,构建者的想象和联想成为各级主题连接的纽带,成为勾画心智图的关键。心智图体现了认知主体的思维方式,展现了不同的思维路线,是一种思维路线的形象描述。认知主体能够借助心智图梳理自身的认知结构,进一步明确了自身的目标、状态和所拥有的知识和技能,为解决问题打下基础。

思维流程发现在构建适于数据挖掘分析问题和分析任务确定的知识经验认知体系时,所面对的是庞杂散乱的思维碎片。这些思维碎片如同心智图中的各个节点。这些节点单独看来杂乱无序,毫无意义。只有将这些节点以主题的形式聚集起来,才能层次清晰地表达思维的过程和含义。在心智图中,全部概念构成了不同层级的主题。这些主题按照一定的层次关系构成了心智图。思维流程发现的信息组织方式借鉴心智图的构成方式,以概念以及概念之间的联系作为基本信息单元,以主题的形式构建认知主体的对外部世界的心理表征,形成认知主体的完整图式。但是思维流程发现构建适于数据挖掘分析问题和分析任务确定的知识经验认知体系的流程与构建心智图的过程却是截然相反的。心智图根据认知主体已有的心理表征顺向构建概念模型,其本质上是对已有心理模型的读取。思维流程发现从大量杂乱无序的思维碎片中构建心智模型,关键在于信息的挖掘与重组。心智图构建依靠认知主体内部认知结构和先验知识的引导,但思维流程发现构建心智图没有任何支持,仅凭一定的信息处理机制,或元认知策略,完成信息的挖掘和重组,构建合理的心智模型。

**2. 思维流程发现的问题模式**

思维流程发现的信息处理机制源于认知心理学中信息加工理论。思维流程发现的目的在于,在构建数据挖掘分析问题和分析任务的问题空间过程中,为认知主体提供可靠的概念模型。人们认识问题和思考问题的基本过程是对自身认知中的已有信息进行检索和组织,结合外部环境信息,形成反应外部实体的概念模型来指导自身的行为。当外部实体出现在认知主体面前时,客观世界的外部实体被映射为认知主体认知知识系统中的某个或某些概念。认知主体以所映射的概念为思维的起点,采用想象和联想的方式,不断将思维向问题解决的目标方向延伸,并在思考的过程中不断将所涉及的概念集合进行归纳和抽象,最终形成一个或多个新的概念。这些新的概念以及概念之间的联系将成为新的思考主题,形成概念模型,映射成为其他客观世界的外部实体,指导主体的行为。这些思考主题组成了主体对客观世界的认知,是主体认知结构重要组成部分。认知过程如图 9.10 所示。

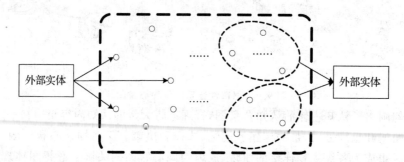

图 9.10 思考问题模式

思维流程发现所关注的重点在于概念的聚集、主题的确定和概念模型的形成。思维流程发现根据认知心理学与认知科学中关于问题解决的相关理论的总结,借鉴多种认知体系,借用传统数据挖掘的方法,通过模拟认知主体认知问题的方式,以某个或某些概念为起点,根据概念集中的概念以及概念与概念之间的联系,抽取思维链路,并将相关思维链路上所涉及的概念进行重构,形成新的概念组织结构,建立认知主体的信息组织模型。思维流程发现以工程化的方法将认知主体的知识和经验进行提取和保存,为数据挖掘任务对象数据特征的提出提供专家的知识和经验的支持。基本信息单元、信息组织形式和元认知策略构成了思维流程发现的基本组成。

1）基本信息单元

概念是思维的基础,思维从概念出发,进行判断和推理,完成思考过程。概念是大脑对客观事物本质的高度抽象概括,它包含了某一类事物本身属性的描述以及事物之间的联系。大量的概念构成了人对世界的认识,思维作为人独有的行为,正是以概念为起点,不断探索事物之间的联系,然后不断融合已有概念,形成新概念,不断完善自己对世界的认识。

思维流程发现以概念对为基本信息单元。概念对又称为思维碎片,表示思维的片断,它由两个相互紧密联系的概念和它们之间的联系构成。在概念对中,每个概念都是对某一类事物本质属性的描述,它们之间的关系具有方向性。根据前述专家在解决问题时习惯使用顺向思维的方式,假定思维流程发现中所面对的概念之间具有方向性,且相同一对概念之间不存在反向关系。思维流程发现假定概念对之中的关系是从抽象到具体,从高层到底层的偏序关系。思维流程挖掘采用组块作为知识的存储单元。概念对作为思维流程发现的最小信息组块,是思维流程发现的基础数据。

2）信息组织

思维流程发现的信息组织形式包括思维序列、分析问题、思维主题和思维模式 4 种。思维序列源于认知心理学的组块理论。组块是人类聚集知识经验的一种基本方式。组块将大量细小的信息单元聚集成具有一定层次的知识经验集合,便于认知主体检索信息,降低认知负担。思维序列将大量杂乱无序的思维碎片拼接成表示思维过程的序列,使信息初步有序,为心智模型构建提供了基础数据。分析问题是思维序列的初步聚集,是对思维序列的抽象和概括。分析问题表示认知主体对问题的某一方面或某一角度的思考,是思维主题的主要部件。思维主题在分析问题的基础上再次聚集,形成认知主体认识世界的信息原型。每一个思维主题都完整地刻画了认知主体对某一问题各个方面和各个角度的认知。所有的思维主题共同构成了认知主体反映外部世界的认知体系。思维主题源于认知心理学的图式理论。思维模式表示特定思维主题的关键思考模式。思维模式详细描述了思维主题中关键信息的流向过程,是对思维主题的进一步补充说明。

良好的信息组织是思维流程发现构建信息完整、层次分明和内容清晰的心智模型的必要条件之一。思维流程发现以良好的信息组织形式和系统的信息组织策略从大量杂乱无章的概念中梳理出思维的主题,并对思维主题进行分析,去除细枝末节信息的干扰,突显问题的关键信息,帮助数据挖掘快速锁定分析问题和分析任务。

3）元认知策略

如前所述,元认知策略是指一系列控制识别认知活动并保证识别认知活动能实现其目标的连续处理过程,这些过程可以实现对识别认知活动的监督和计划,并最终对识别认知结果进行检查,如自我质疑就是一种元认知策略。在思维流程发现中,元认知策略具体表现为对思维路径跟踪、思维主题发现与更新,以及对思维模式挖掘的定义和维护。思维路径跟踪、思维主题发现与更新和思维模式的挖掘作为思维流程发现的核心,直接影响思维流程发现的聚集信息,分析信息结构的每一步,并最终影响着概念模型的形成。对思维路径跟踪、思维主题发现与更新和思维模式的挖掘过程的定义和控制是思维流程发现的核心。

## 9.3.2 思维流程发现的关键任务

思维流程发现采取从局部到全局的策略建立主体的思维模型,如图 9.11 所示。人们在没有先验知识支持的条件下接触到新事物,难以对新事物的全局特征有正确全面的认识。人们总是从局部入手,首先认识事物的局部特征,然后随着时间的推移,认识的逐步深入,逐渐总结概括出事物的全局特征,得出事物的全貌。思维流程发现模拟人类从局部到全局的认识过程,采取跟踪思维路径、确定思维主题、解析主题结构、挖掘思维模式,逐步获得认知主体心智模型的策略,建立认知主体的心智模型,为构建数据挖掘分析问题和分析任务的问题空间提供概念模型。思维流程发现的关键任务包括思维路径跟踪、思维主题发现与更新和思维模式挖掘 3项。这 3 项任务按照先后顺序,依次进行,每一次 3 项任务完整地进行表示 1 次认知过程的完整运行。3 项任务共同构成了 1 次完整的认知循环过程。

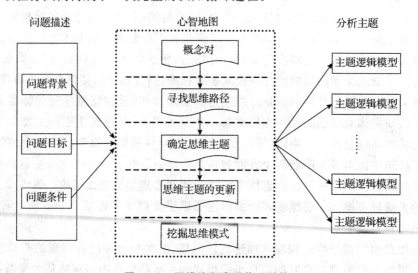

图 9.11 思维流程发现体系结构

### 1. 思维路径跟踪

在问题解决之后,认知主体通过将问题空间内纷乱的数据整理成有序的信息进行学习,形成针对某一特定问题的初步认识。这种初步认识随着认知主体经历的不断丰富而不断积累、更新和转变,形成认知主体的经验知识。大量的经验知识使认知主体从新手转变为专家。根据文献综述中对专家问题解决基本特征的阐述,专家在使用经验知识解决熟悉领域内的相关问题时,惯于采用"顺向法"方式思考,即使从思考方向为问题条件出发,从抽象到具体,直指问题目标状态,给出问题解决方案。思维流程发现称这种顺向思考的过程为思维路径。思维路径跟踪记录了思维路径上所有的概念。

思维路径跟踪将思维序列上的概念按出现的先后顺序进行排列,形成一条条概念的序列,称为思维序列。思维序列表示认知主体对某一项问题的纵向思考,含有认知主体思维的纵向局部特征。思维序列上的概念是认知主体在思考过程中涉及的概念节点,概念的顺序关系表明了认知主体思考过程中的层级关系。由于思考过程具有层级递进特征,一条思维序列上的任何一个概念都具有唯一性,只可能出现一次。

在思维流程发现实际的运行过程中,面临的数据是大量杂乱无序的概念对。思维路径跟踪转变为从这些无序的概念对中构建有序的思维序列,表示认知主体的思维过程。思维流程发现以某一概念为起点,依照某种约束,沿着概念对包含的概念之间的联系,寻找到目标概念,延续思维,直至思维无法延续为止。思维路径跟踪所产生的思维序列是思维主题发现的基础数据。思维路径跟踪是思维流程发现的首要任务。

**2. 思维主题发现和更新**

认知主体经过长时间对各种具体问题的思考,自动将问题分类,形成对问题类的抽象认识。认知主体再次将各种问题类抽象概括,形成思维主题,构成了反映外部世界的基本信息原型。思维主题不断融入认知体系之中,促使认知体系不断更新演化。

思维主题表示认知主体对某一类主题的界定,确定了此类主题所涉及的全部相关问题,是对问题类的横向思考。思维序列彼此之间具有一定的相似性。思维序列之间相似性越大,表明思维序列所代表的问题思考方式相似程度越高,越有可能聚集成某一类问题。思维序列聚集的结果代表认知主体对某一类问题的某个方面或某个角度的纵向思考,称为分析问题。思维主题不断融合分析问题形成对某一类问题的全面思考。思维主题发现包括思维序列聚集成为分析问题和分析问题聚集成为思维主题两部分构成。

随着知识经验增长,认知主体对某类问题的思考方式可能发生变化,即思维主题可能产生变化。思维分析问题更新根据概念对的变化,增量式更新现有思维分析问题,伸其及时反映认知主体的新的思维模式。当思维主题发生变化时,通过重新构建全部思维序列,并在其上重新发现思维分析问题的思维主题更新方法将面对大量杂乱无章的概念对以及海量的思维序列,要进行的比对分析和计算融合,耗费资源巨大。增量式更新方法是思维主题更新的最好选择。增量式的思维分析问题更新能够快速捕捉由思维碎片变化引起的分析问题和思维序列的变化,符合人类学习进化过程的特征。思维主题更新包括思维碎片变化产生影响确定、主题及相关因素更新和新主题的结构分析。思维主题发现和更新是思维流程发现的重点任务。

**3. 思维序列模式发现**

人在长期思考某一问题时会形成一定的思维模式,即频繁出现的思考方式。思维定势表示认知主体在思考问题时惯用的信息处理流程。思维流程发现另一个重要任务就是从思维序列中寻找表示认知主体思维定势的频繁序列模式。

每一条思维序列表示主体在思考某一项问题的纵向思考过程。挖掘思维序列模式就是从大量的思维序列中找出频繁出现的子思维序列。从大量的原始思维序列中挖掘思维模式规模大、耗时长、难度大,并且有可能产生大量无意义的思维模式。针对这一问题,思维流程发现采用首先确定思维主题,然后在思维主题划定范围之内挖掘思维模式的策略发现思维模式。采用这种策略不仅可以有效降低数据规模,还能将思维序列模式的实际含义准确定位到具体的思维主题。思维序列模式可以简化思维主题,并对思维主题的表征作进一步补充。思维序列模式发现是对思维主题发现的进一步完善。

## 9.3.3 思维流程发现研究的关键问题

思维流程发现的关键问题包括:思维序列构建、思维主题发现与更新和基于思维主题的思维序列模式发现。思维流程采用自底向上、逐步凝聚的策略,通过思维序列构建、思维主题发现、思维主题更新和基于思维主题的思维序列模式发现构建用于引导数据挖掘自动确定分析问题和分析任务的心智模型,如图 9.12 所示。

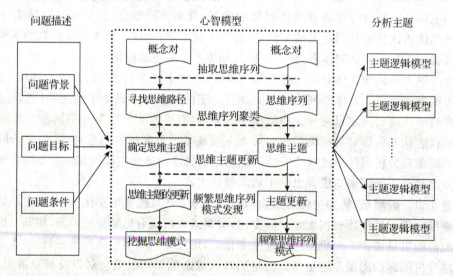

**图 9.12 思维流程发现问题结构**

### 1. 思维序列构建

思维序列构建杂乱无序的思维碎片相互联系,形成思维序列,形成有序的数据集合。概念对包含概念的组成和概念之间的关系两方面信息。通过概念之间的偏序关系,可以获得整个概念集的层次关系。通过概念对的概念组成可以从概念集中产生思维序列。思维序列构建算法包含概念层次分析和思维序列产生两部分。

1) 概念层次分析

概念对中概念之间存在偏序关系,概念对所对应的概念集存在概念层级关系。不同层次的概念对于思维序列的影响程度不同。概念层次高的概念更能影响思维序列的走向。本文采用可达矩阵逐级分层的方式,对概念集中概念的概念层次进行分析,最终获得每个概念的概念层次。

2)思维序列产生

思维序列表示认知主体对某一项问题的纵向思考过程。思维具有延续性,不完整的思维无法完整地描述认知主体对问题的思考。思维序列构建必须保证思维序列的完整性和思维序列集的完备性。思维序列的完整性是指,每个思维过程是从第一个概念开始直到最后一个概念结束的全部思考过程都要由一条思维序列完整记录。思维序列集的完备性是指思维序列集包含所有的思维序列,所有的思维过程都可以在思维序列集中找到相应的思维序列。

**2. 思维主题发现与更新**

1)思维主题发现

根据前面思维主题发现任务的描述,思维主题发现方法的基本思想为对思维序列构建方法所得的思维序列进行初步聚类,形成多个思维序列类作为分析问题。由于具有发散性,思维主题将容纳多个相关的分析问题,作为其分支。思维主题发现方法在思维序列聚类的基础之上再次聚类,形成关于分析问题的簇。所得到的分析问题簇即为思维主题。思维主题表示认知主体对相关问题类的全面认识。

2)思维主题更新

随着外部环境的改变,认知主体认知的不断发展,思维主题结构也将随之变化。在思维流程发现中,概念对的变化影响着思维主题结构的改变。思维主题的更新可采用重新构建思维序列,重新计算思维主题的批量式方式完成。但思维序列数量过于庞大,重新构建思维序列、聚集分析问题,最终发现思维主题的方法将耗费大量的资源。思维主题更新方法需结合人的渐进式认知特点,通过分析概念对变化所产生的影响,针对概念对变化的具体情况,以增量更新的方式,高效地完成思维主题的更新。

**3. 基于思维主题的思维序列模式发现**

思维序列模式发现是在特定的思维主题下进行的。思维序列模式表示认知主体在面对具体主题时所反映出的特定思维定势。基于思维主题的思维序列模式发现在思维主题发现结果的基础之上更加深入地挖掘思维主题的具体内容,更加详细地解析思维主题的概念结构组成。思维主题发现方法虽然挖掘出了思维主题集,并对思维主题的基本结构进行了结构分析,但是却没有详细具体地指出主题所包含概念之间的结构关系。思维主题发现方法得出的思维主题,在进行思维序列模式发现之前还不能作为完善的心理模型应用于实际。基于思维主题的思维序列模式发现本质是发现构成思维主题的概念之间的关系模式。结合思维主题发现给出的概括性的思维主题框架和基于思维主题的思维序列模式发现给出的具体性的概念关系模式,认知主体的心智模型被完整地表达出来。完整的心智模型可用作指导数据挖掘确定分析问题和分析任务的概念模型。

基于思维主题的思维序列模式发现利用数据挖掘中频繁序列模式挖掘算法的思想,对思维主题中的思维序列进行频繁序列模式挖掘,得到思维序列模式集,完成对思维主题的详细分析。基于思维主题的思维序列模式发现最终得出必须是思维主题的全部长度的思维模式,不能有所缺失。

思维序列构建从杂乱无序的概念对形成思维序列,散乱的思维碎片整理成为表示具体问题思考过程的思维序列,作为进一步挖掘的数据基础。根据思维序列构建所形成的大量思维序列,思维主题发现聚集思维序列形成思维主题,并对思维主题进行结构分析,提取思维主题特征。思维主题更新捕捉了导致思维主题发生变化的因素,通过相应的运算使思维主题不断更新。基于思维主题的思维序列模式发现从思维主题中挖掘思维模式,完成一次完整的认知循环。思维流程发现三项关键问题的具体解决方案是思维流程挖掘元认知策略的重要组成。

# 本章小结

业务活动监控系统能给企业带来实时的、准确的、快速的决策,发现潜在的知识和规律,从而最大限度地减少收集相关商务信息(财政、库存、采购)所需的时间,以降低运营成本。基于资源敏感的自适应优化云计算平台的分布式数据挖掘算法 CDKmeans 将消耗大量计算资源的复杂计算通过网络路由优化及资源约束自适应策略分布到多节点上进行计算,然后通过组合不同数据站点上的局部数据模型,最终得到全局数据模型。思维流程发现通过模拟人类的认知过程,借用传统的数据挖掘方法,从大量零散无序的思维碎片中,挖掘信息、重组信息,构造外部世界在内部认知世界中形成的心理表征。

# 参考文献

[1] Gaber M M, Yu Philip S. A framework for resource-aware knowledge discovery in data streams: A holistic approach with its application[C]//Proceedings of the ACM symposium on Applied computing. Dijon, France: ACM Press, 2006:649 656.

[2] 邵亮,曹尉. 基于业务活动管理的适时商务智能框架研究商务智能框架研究[J].物流科技,2008,(06):130-133.

[3] Gaber M M, Zaslavsky A, Krishnaswamy S. Mining data streams: a review[R]. [S. l. ]:SIGMOD Rec. , 2005, 34(2):18-26.

[4] Deng Xiong, Ghanem M M, Guo Yike. Real-Time Data Mining Methodology and a Supporting Framework[C]// 2009 Third International Conference on Network and System Security. Gold Coast, QLD:[s. n. ], 2009:522-527.

[5] Bourne L E, Eksreand B R, Dominowski R L. The Psychology of Thinking[M]. Englewood Cliffs, NJ:Prentice-Hall,1971.

[6] 杜拴柱,谭建荣.一个基于 TWF-net 的扩展时间工作流模型及其应用[J].计算机研究与发展,2003,40(4):524-530.

[7] 张鹏程.模糊着色 Petri 网及其在工作流建模中的应用[J].计算机辅助设计与图形学学报,2002,14(8):713-716.

[8] 蒋国银,何跃.基于高级对象 Petri 网的工作流过程建模研究[J].系统工程理论与实践,2005,25(3):86-95.

[9] 王小妮.现代电子商务给企业信息管理带来的机遇与挑战[J].中国管理信息化,2011,14(9):69-71.

[10] 陈磊,王鹏,董静宜,等.基于云计算架构的分布式数据挖掘研究[J].成都信息工程学院学报,2010,25(6):577-579.

[11] 蔡键,王树梅.基于 Google 的云计算实例分析[J].电脑知识与技术,2009,5(25):7093-7095.

[12] 王小妮,高学东,倪晓明.基于云计算的分布式数据挖掘平台架构[J].北京信息科技大学学报,2011,26(5):19-24.

[13] 黄庭希.心理学导论[M].北京:人民教育出版社,1991:418-468.

[14] 陈学昌.思维导向的数据挖掘方法[J].中国管理信息化,2009,12(21):16-19.